COLOR & MATERIAL

色·材

中国建筑色·材趋势报告 第一辑

CHINESE ARCHITECTURE COLOR AND
MATERIAL TREND REPORT
(THE FIRST SERIES)

建筑色·材趋势研究组 编著

中国建筑工业出版社

《中国建筑色·材趋势》编辑委员会

主　　　任：李吉祥（中国建筑文化中心副主任）

钟中林（立邦中国区总裁）

赵晓钧（CCDI 悉地国际董事长兼总经理）

主　　　编：尹祥哲、李岩

执 行 主 编：谢志和、钱平

执行副主编：周晴 、尤斌、李会琴、米姝玮

编 写 单 位：中国建筑文化中心、CCDI 悉地国际、立邦涂料（中国）有限公司

执行编写组：傅炯 、王蓉、朱莉、汪祺、乔松、莫和君、李旭鑫、郑璐佳、张全良 、李蜀、高枫、李瑞、陈广海

编　　　辑：林惠赐、严炯伟、乔彩霞、蔡俊、王峰、吴佳、栾天茹、张康、李扬波

美 术 设 计：姚佳

封 面 设 计：ON DESIGN 工作室

作者介绍

中国建筑文化中心：

住房和城乡建设部直属科研事业单位，作为国家政府机构社会服务职能的深化和延伸，中国建筑文化中心自成立起就深耕建筑文化领域，将文化产业与建设行业有机结合，整合行业多方资源，创造性地构建起了科学的建筑文化产业运行模式。

建筑色·材趋势组：

成立于 2013 年，由悉地国际、立邦工程和专业建筑文化论坛——新立方联合创建，趋势组由经验丰富的一线建筑师、专业成熟的室内设计师以及国内外色彩和材料方面的权威专家等多维度业内资深人士组成，中国建筑文化中心鼎力支持，凭借强有力的技术支撑和专业化设计理念，以敏锐的洞察力、前瞻的预见性和国际化的视角，共同探索了新中国成立后半个世纪以来中国建筑色彩和材料的发展规律，总结了行业发展趋势，致力于创造更美好的城市人文环境，引领行业健康有序发展。

序言一

这是一本轻松有趣的书，一本把建筑色彩、建筑材料与建筑类型之间关系写活了的建筑专业书，作者用简洁平实的语言辅助精美的图片，脉络清晰地阐明各个时期建筑及各种功能类型建筑在色彩和材料运用上的艺术特征、技术特点和历史背景。

恩格斯说："希腊式建筑使人感到明快，摩尔式建筑使人觉得忧郁，歌特式建筑神圣得令人心醉神迷。希腊式建筑风格像艳阳天，摩尔式建筑风格像星光闪烁的黄昏，哥特式建筑风格像朝霞。"这里所指除了建筑造型、内部空间，很重要的就是色彩和材料的运用所给人带来的直观感受。我们知道，不论是西方还是东方，在人类几千年建筑历史的长河中，建筑材料的运用和建筑表皮的处理始终是内外统一的，这不由得使人想起在欣赏古器物时俗称的"包浆"。瓷器、木器和玉器经过长年累月之后在表面形成一层自然的光泽，那是悠悠岁月的积淀，它滑熟可喜，幽光沉静，显露出一种温存的旧气和人文的欣喜，那恰恰是与刚出炉的新货那种刺目的"贼光"、浮躁的色彩、干涩的肌理相对照的。我们在建筑领域也有太多经典的案例，如印度白色大理石砌筑的泰姬陵、巴黎城区砂岩砌筑的暗粉色建筑群、北京大片青灰色民居烘托的黄红宫殿群、威尼斯闪烁的金色建筑贴砖，这些都显示了建筑色彩、材料和质感所构成的建筑内涵，通过时间打磨传达出的动人气息与建筑生命的升华。

建筑材料与构造技术发展到今天，已经呈现出"万花筒"般的多样性与千奇百怪的效果。在当今我国从粗放式扩张转为精细式增长和新型城镇化建设的今天，我们更有必要在城市文化营造、注重城市设计的前提之下，进一步研究建筑色彩和材料运用的整体关系，准确把握好建筑色彩和材料的实际运用与创新发展，尽量能设计创作出一些经典传世的作品，而不是经不住时间考验和大众审美的、容易"香消玉损"的、缺乏文化内涵的建筑。

潘亚元

中国建筑文化中心副总规划师 / 公共艺术部主任　　潘亚元

■ 序言二

2013 年，由悉地国际、立邦工程和专业建筑文化论坛——新立方联合创建了中国建筑色・材趋势小组，来自一线的建筑师、室内设计师和色彩专家强强联手，致力于色彩和设计趋势研究。作为阶段性成果的展示和总结，《中国建筑色・材趋势》第一辑即将付梓出版，全书以新中国成立后为时间锚点，选取住宅建筑、商业建筑、教育建筑和医疗建筑为研究对象，总结分析了中国现代建筑色彩和材料的演变和发展过程，推演了未来建筑色彩和材料的发展趋势，对行业具有一定的指导和参考意义，和立邦工程多年以来坚持色彩领域的研发创新和可持续发展不谋而合。

作为国内涂装体系的领跑者和涂装整合服务提供商，立邦一直秉持匠心精神，深耕涂装体系和色彩领域，不断研发创新，坚持可持续发展。2014 年立邦开始了从供应商向服务商的升级转型，通过技术革新和自我提升，整合系统资源，为消费者提供更高效的革新产品和整体解决方案，有效地激发了设计师的创作激情，同时为开发商提供完整的产品和服务体系，极大地提升了立邦的品牌附加价值。

在社会责任方面，立邦希望积聚正能量，以正向思维去面对随时出现的问题，让社会能量正向循环。不管是对生态环保的关注、对儿童的艺术人文关怀“为爱上色”项目的持续开展，以及为年轻设计师提供展现自我的绚丽舞台的 iColor 设计峰会（暨 iColor“未来之星”青年设计师大赛），立邦始终心怀企业责任，传递正能量和幸福感。

企业的核心竞争力来源于改变世界的热情和创造美好的内心渴望，希望本书能在建筑色彩和材料领域起到抛砖引玉的作用，引导更多的学者和业内人士，多方面、多维度分析探讨建筑设计和室内设计中色彩和材质科学性运用原则，建立起科学的色彩和材质运用体系，创造出更加美好和谐的人居环境。立邦愿意一直走在国内研究色彩和设计趋势的前沿，以工匠精神、独立创新，帮助更多人实现多彩家园的梦想。

立邦中国区总裁　钟中林

前言

《中国建筑色・材趋势》（第一辑）通过对新中国成立后中国建筑色彩和材料的发展趋势潜心研究总结，提取典型建筑案例的色彩和材料要素，综合分析编著而成。

全书由建筑师、室内设计师、色彩专家和材料专家跨领域精耕细作，历经 4 年多，汇总典型案例 100 多个，以住宅建筑、商业建筑、教育建筑和医疗建筑四种建筑类型为横轴，以每种类型的建筑色彩和材料演变为纵轴，分为若干阶段，从政策导向和行业背景入手，深入探讨每一阶段建筑色彩和材料的发展规律，挖掘其背后的深层次时代特征和精神意义，深刻反思建筑色彩和材料设计对建筑使用者的影响，如建筑外立面色彩对城市环境的影响、室内色彩和材料对使用者的生理和心理影响等，多方面多角度探讨合理和谐的建筑色彩和材料设计对建筑设计和室内设计的重要指导意义。

住宅建筑、商业建筑、教育建筑和医疗建筑是当代人居环境的重要议题和典型空间场所，随着城市化进程的不断发展和城市空间的拥挤化和失衡化，人们迫切希望未来的人居空间更加方便舒适、充满情趣、秩序井然和具有强烈的归属感和领域感，而这种可持续发展的人居环境构建离不开处于其中的各种类型的建筑和场所设计，中国当代建筑设计发展至今，从借鉴西方现代主义到地域化多样性发展，建筑设计色彩和材料方面的研究始终处于相对空白的状态，这也是中国建筑色・材趋势研究报告的出发点和意义所在，本书希望通过对建筑色彩和材料设计多角度、多维度的分析探讨，填补目前的研究空白，建设和谐舒适的建筑和室内外环境提供一种新的分析评价维度和工具。

CCDI 悉地国际设计副总裁　　钱平

目录

1 建筑色·材概述

2 住宅建筑色·材趋势

3 教育建筑色·材趋势

4 商业建筑色·材趋势

5 医疗建筑色·材趋势

参考文献

CHAPTER 01

建筑色·材概述

Overview of Architectural Color and Materials

色彩的三个变量色相、明度和彩度造就了缤纷多彩的世界，人的第一感觉就是视觉，而对视觉影响最大的则是色彩。色彩通过记忆和联想直接影响人的心理和生理。色彩附着于材料之上，是材料外在属性的直接表现。色彩和材料不仅影响建筑的外观，更进一步对城市环境造成影响。

1.1研究背景及意义

Background and Significance of Architectural Color and Materials Research

色彩的三个变量色相、明度和彩度造就了缤纷多彩的世界，人的第一感觉就是视觉，而对视觉影响最大的则是色彩。色彩通过记忆和联想直接影响人的心理和生理。对建筑而言，色彩不仅影响建筑的外观从而进一步对城市环境造成影响，还通过对使用者的心理和生理影响，对建筑功能产生或积极或消极的作用。

色彩作为物质的基本属性之一依附于材质之上，建筑材质不仅具有保温隔热等物理属性，还成为未来新技术发展的重点领域，决定建筑细部特征和使用舒适度等。建筑除了形体、空间给人的带来直接的使用体会，其内部和外部的表面特性，也会给人带来不同的感受。而材料和色彩作为表面特征的主要载体，可直接影响建筑感受。

1.2建筑色彩概述

Overview of Architectural Color

1.2.1 色彩体系 Color Order System

1. 光与色

我们在白天欣赏大自然的景物时，能够看到缤纷的色彩。可是一旦进入黑夜就什么也看不见了，可见我们辨识宇宙万物的色彩全靠光，没有光就没有色。1676 年英国物理学家牛顿做了一个光学实验：在墙壁上挖一个小洞让太阳光照射进来， 然后阳光透过三棱镜，使白色的太阳光分散为彩虹一样的色带，这种分散的色带在银幕上便形成了光谱，在色带上从上而下分布着红、橙、黄、绿、青、蓝、紫七种颜色。将这种彩虹般的色带用聚集透镜进行收敛，投射的七种色光会再恢复为原来的白光。这个实验被称为色散实验，实验中将太阳光分解成各种单色光及将各种单色光合成白光的现象叫色散现象，这是牛顿在色彩学上具有划时代意义的发现。

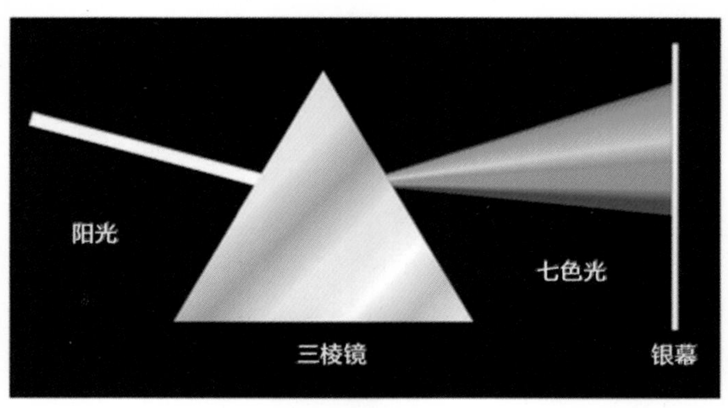

（牛顿的光学实验）

要了解光的色散现象的产生原因，还必须从光的本质中寻找答案。光是客观存在的电磁辐射，它属于电磁波中的一部分。电磁波的波长范围很广，包括宇宙射线、伽马射线、X 射线、紫外线、可见光、红外线和无线电波等，它们都具有不同的波长和振动频率。在整个电磁波范围内，只有波长在 380~780nm 的光才能引起人的色彩感觉。

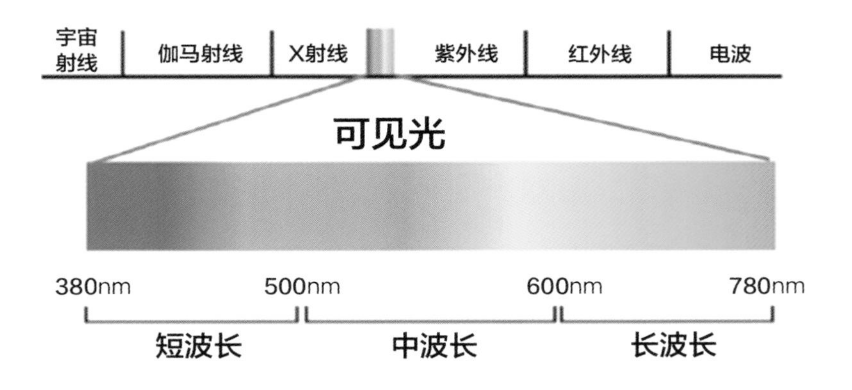

（光的波长）

2. 色彩的三属性

（1）色相

色相即色彩的相貌，英文为 Hue（个别领域有翻译为色调的，本书中色调另指 Tone），指不同波长的光给人的不同的色彩感受。色相是色彩的首要特征，是区别各种不同色彩的最准确的标准。色相感知的种类除了光谱色中就有的红、橙、黄、绿、青、蓝、紫色相，还包括紫红色相，并且色相的变化是连续渐变的过程。色相的均匀性是根据最终视觉效果而定的，生搬硬套三色学说的红绿蓝或者四色学说的红绿黄蓝的色相划分，在视觉均匀性方面都存在比较大的问题。下图为图案相同色相不同的两张图片，同一物体，色相不同，给人的感受完全不同。

（色相）

（2）彩度

彩度是指色彩的鲜艳程度，英文是 chroma，有些显色系统称为饱和度，彩度在色光构建的表色系统中比较容易理解，单色光就是最纯的，饱和度只是根据心理量认为不同单色光彩度相同但有不同的饱和度，但在物体色领域不可能达到最纯，如果设定不是最纯的物体色为最高彩度，就会把很多高彩度颜色排除在色空间之外。因此显色系统使用基于物体色心理量的彩度更为合理，不同明度或色相的物体色所能达到的彩度参差不齐。这才能反映出自然界物体颜色的真实面貌。下图为同样图案不同彩度的两张图片。

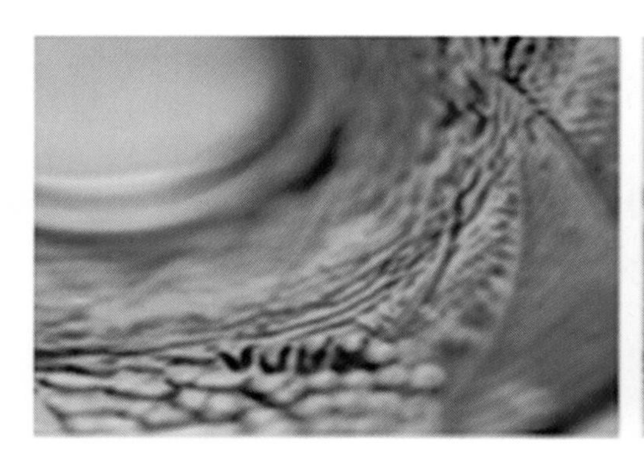
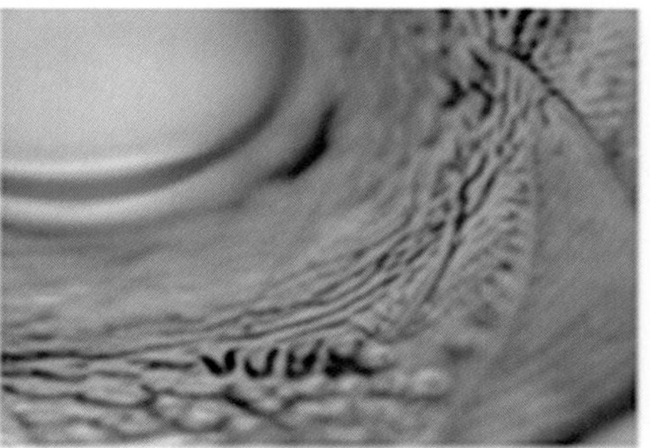

（彩度）

彩度体现了色彩内在的品质，同一个色相，只要彩度发生了细微的变化，就会立即带来色彩性格的变化。

（3）明度

明度即色彩的明暗程度，在无彩色中则指黑、白、灰程度，明度以白为最高极限，以黑为最低极限。下图为相同图案不同明度的两幅图。

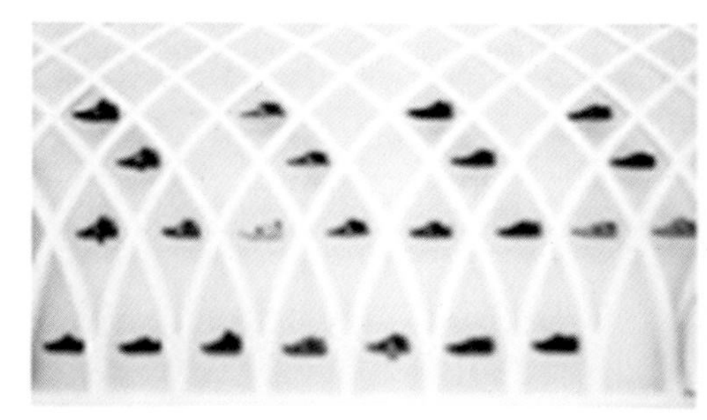
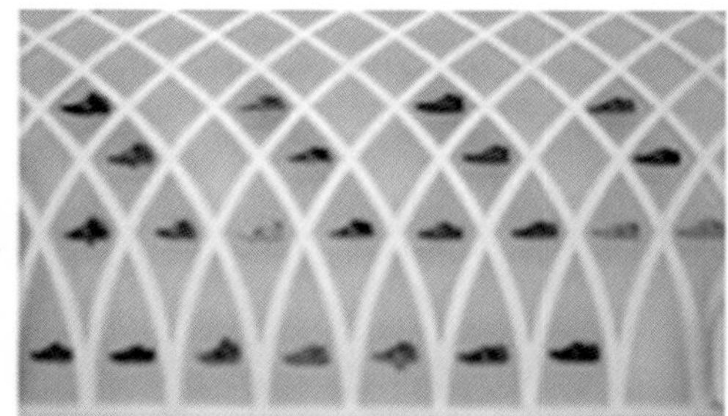

（明度）

明度最明显的表现方式是由白至黑的灰度级差。纯粹的黑色和白色是在完全黑暗或者完全明亮的环境下形成的，现实生活中并不存在，我们只能无限地接近纯粹的黑色和白色。人的视觉可以感知黑白两端之间数百个明度级差。

3. 孟赛尔色彩体系

在绘画创作和教学活动之余，对色彩规律性进行了研究，并于 1905 年发表了色彩体系学说。在此后继续研究的基础上，他创立了以颜色视觉为特点的、用颜色立体模型来表示物体表面色的一种方法。 1943 年美国国家标准局和美国光学会对孟赛尔颜色图谱中所有的色票进行了检测和纠正。修订后的《孟赛尔颜色图册》中所有色票都和国际照明委员会（CIE）规定的色度系统数据结合，纠正了孟赛尔最初用人进行的完全目测法所带来的误差，同时给产业界提供了一个视觉均匀度较好的色立体样品对应的视觉均匀性较好的色空间数据。受到了缺乏色彩均匀性数据支撑的色彩工作者们的重视，并逐成为色彩研究领域常用的表色系统。

孟赛尔色立体的色相环由 10 个色相组成，红（R）、黄（Y）、绿（G）、蓝（B）、紫（P），以及它们的中间色黄红（YR）、黄绿（YG）、蓝绿（BG）、蓝紫（BP）、红紫（RP）。为了做更细的划分，每个色相又分成 10 个等级，构成 100 个色的色相环。色相环上，所有直径两端的颜色混合会形成灰色，是物理补色。

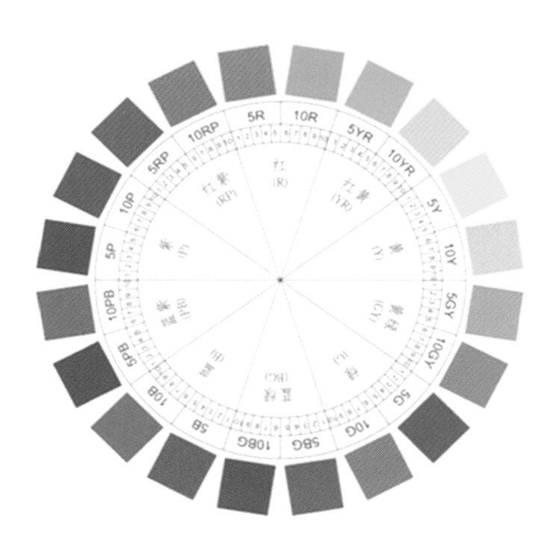

（孟赛尔色相环）

色立体的中心轴为无彩色。白在上，黑在下，中间分成明度间隔相等的 11 阶。明度最高为 10，是理想白。最下端是 0，为理想黑。中间 1 ~ 9 为等差明度灰色组成。

彩度垂直于中心轴。中心轴是无彩色的黑白灰组成，其彩度为零。离中心轴垂直距离越远表示彩度越高，彩度呈等距离增加。孟赛尔彩度是基于物体色的心理饱和度值，不是其他颜色体系定义的基于单波长纯色光为 100 的彩度概念，没有固定的最高值，这是因为各色相单波长纯色光的心理饱和度并不相同，加上各色相物体表面色最高彩度与纯色光的差距也不相同。基于物体色的实际情况，同色相明度不同彩度阶数也不同。这种组织法就是孟赛尔色立体的结构。人们所知的每一种物体表面颜色，应该都能用数字表达，即色相（H）、明度（v）、彩度（C）。

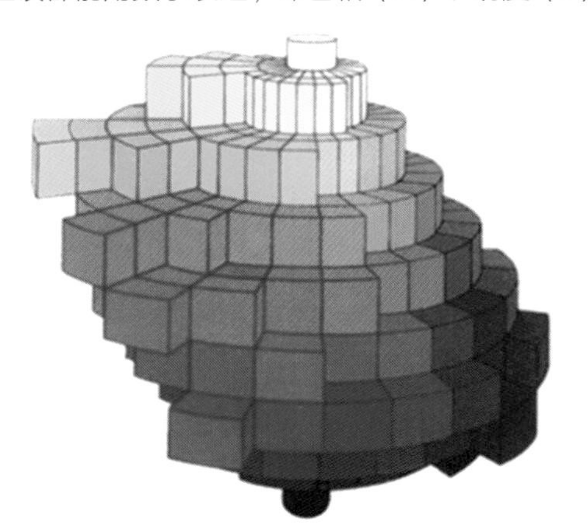

（孟赛尔色立体）

4.CNCSCOLOR 中国应用色彩体系

如何对颜色进行排序，是颜色体系的首要问题。从已有各种颜色体系来看，CIE 基于光源色混合的色度系统采用三种原色就可以混合出所有色光，所以色度系统可以建立在三刺激值基础上。

而基于物体色混合的色序系统中，无法通过色料三原色混合出所有颜色，所以存在两种排序思路：一种是类似化学家奥斯特瓦尔德的思路，在每个色相中用黑白和纯色混合出所有该色相颜色，再把每个色相集合起来就是色立体。这种思路也接近于色光三原色的构建思路，存在的问题是物体色的黑、白和纯色都是不纯的，所以其混合出的颜色只是该色相的一大部分，还有一部分颜色特别是不同明度最高彩度的颜色往往在这个色三角之外。这种方案构建的表色系由于缺失了很重要的高彩度颜色，在纺织服装等很多需要大量高彩度颜色的领域就无法准确命名颜色和管理颜色。另一种思路是基于人类视觉特性的色相、明度、彩度三属性的色彩体系，孟赛尔颜色体系由一个画家而不是化学家创造出来有其必然性，正是由于画家管理颜色是依靠视觉，所以才能构建出基于人类心理量的明度（value），而不是基于物理量的白度、黑度、亮度，构建出基于人类心理量的彩度，而不是基于单波长色光的彩度，也才能不被赫林四色学说这种权威学说左右，发现色相的视觉等色差划分中紫色和红绿黄蓝一样重要。

中国应用颜色体系 cncscolor 站在前人的肩膀上，也认为基于人类视觉特性的色相、明度、彩度三属性是构建色彩体系的更合理方案，容易命名和管理所有自然界色彩和人工合成新颜色，也容易应用基于人类美学的色彩调和理论来指导生产。

CNCSCOLOR 体系的色相（Hue）用符号 H 表示，其色相环的基本色由五种主色和五种间色组成。这 10 个基本色将色环分成色相间距比较均匀的 10 个区间，每个区间又被根据视觉均匀性细分，20 色 - 40 色 - 80 色 - 160 色 - 320 色，当细分到 320 色时我们发现相邻色相的差距很小，已经没有细分的价值了。所以最终确定把有彩色色相分为 160 个，其数值范围是 001~160。色相是按由红向黄、绿、蓝、紫等颜色顺序以逆时针方向在一个圆环上首尾相接顺次排列，数值 000 是无彩色黑白灰的标号，没有色相意义。CNCSCOLOR 体系色相值与颜色的对应关系（见下图），图中 CNCSCOLOR 体系的色相值中各范围的中间值是该颜色的纯正颜色。

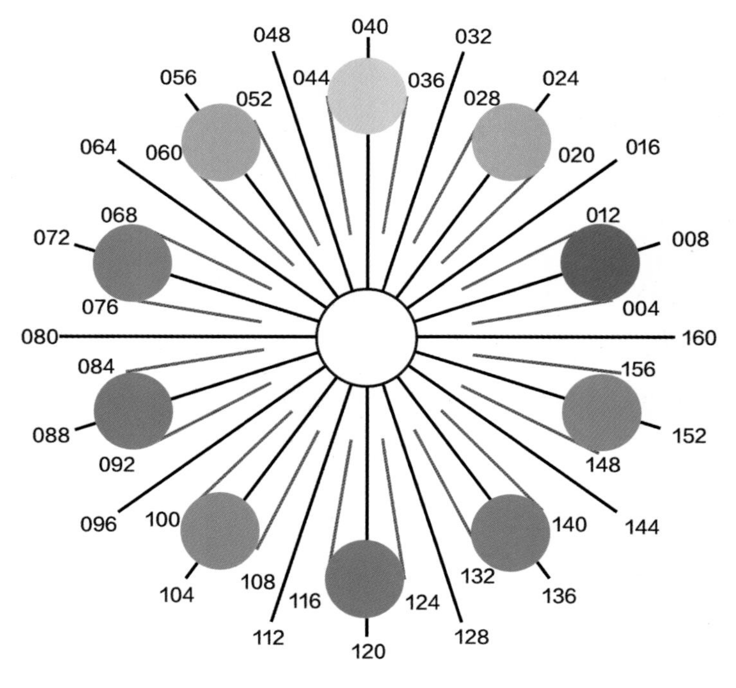

（CNCSCOLOR色相环）

（CNCSCOLOR基本色）

色调值	001-016	016-032	032-048	048-064	064-080
颜色	红	黄红	黄	绿黄	绿
色调值	080-096	096-112	112-128	128-144	144-160
颜色	蓝绿	蓝	紫蓝	紫	红紫

（CNCSCOLOR体系色调值与颜色的对应关系）

色调值	008	024	040	056	072
颜色	纯正红	纯正黄红	纯正黄	纯正绿黄	纯正绿
色调值	088	104	120	136	152
颜色	纯正蓝绿	纯正蓝	纯正紫蓝	纯正紫	纯正红紫

（纯正颜色与CNCSCOLOR体系色调值的对应关系）

CNCSCOLOR 体系的明度（Value）是表示颜色明暗程度的心理量，用符号 V 表示。CNCSCOLOR 体系的明度以理想白色为 100，理想黑色为 0，中间从 01~99 共分成 99 个明度级。实际物体色的明度级主要集中在 20~90 之间，所以常用的明度级约 70 个，这个级数也是物体色明度划分的临界点，划分得更细颜色就会太接近了。

（CNCSCOLOR明度）

CNCSCOLOR 体系的彩度（Chroma）用符号 C 表示。彩度值用两位数整数值表示，从 01 开始，依次递增，如 01、02、03、04、05、06……。CNCSCOLOR 体系的彩度由色相环的中心向外辐射线方向排列，彩度数值由小向射线辐射方向增大。

无彩色系没有彩度，会使用 00 标号，例如 0009000 是一个明度 90 的无彩色（白色），彩度极低的有彩色，在 CNCSCOLOR 颜色体系中划分为有彩色，但彩度规定为 00，例如 0087000 是一个明度 70 的极低彩度浅红灰色。

01 02 03 04 05 06 07 08 09 10 11 12 13 14 15 ... ...

（CNCSCOLOR彩度）

CNCSCOLOR 体系采用色相、明度、彩度三个变量来标定一个颜色。色相、明度和彩度形成一个三维空间，即 CNCSCOLOR 色立体。色立体中心轴是无彩色黑白灰，称为明度轴，明度从黑到白由下向上排列。色相按由红向黄、绿、蓝、紫等颜色顺序以逆时针方向在一个圆环上首尾相接顺次排列。彩度轴垂直于明度轴，彩度由圆环的中心向外辐射线方向排列，彩度数值由小向射线辐射方向增大，色立体最外围的色彩彩度最高。 CNCSCOLOR 色立体中，有 160 个色相，开放式的彩度可以包容未来新技术可能达到的新色彩。由于工艺和人眼对色彩识别的限制，以及不同色相的色彩固有明度值不同，所以 CNCSCOLOR 色立体的最外围是参差不齐的。

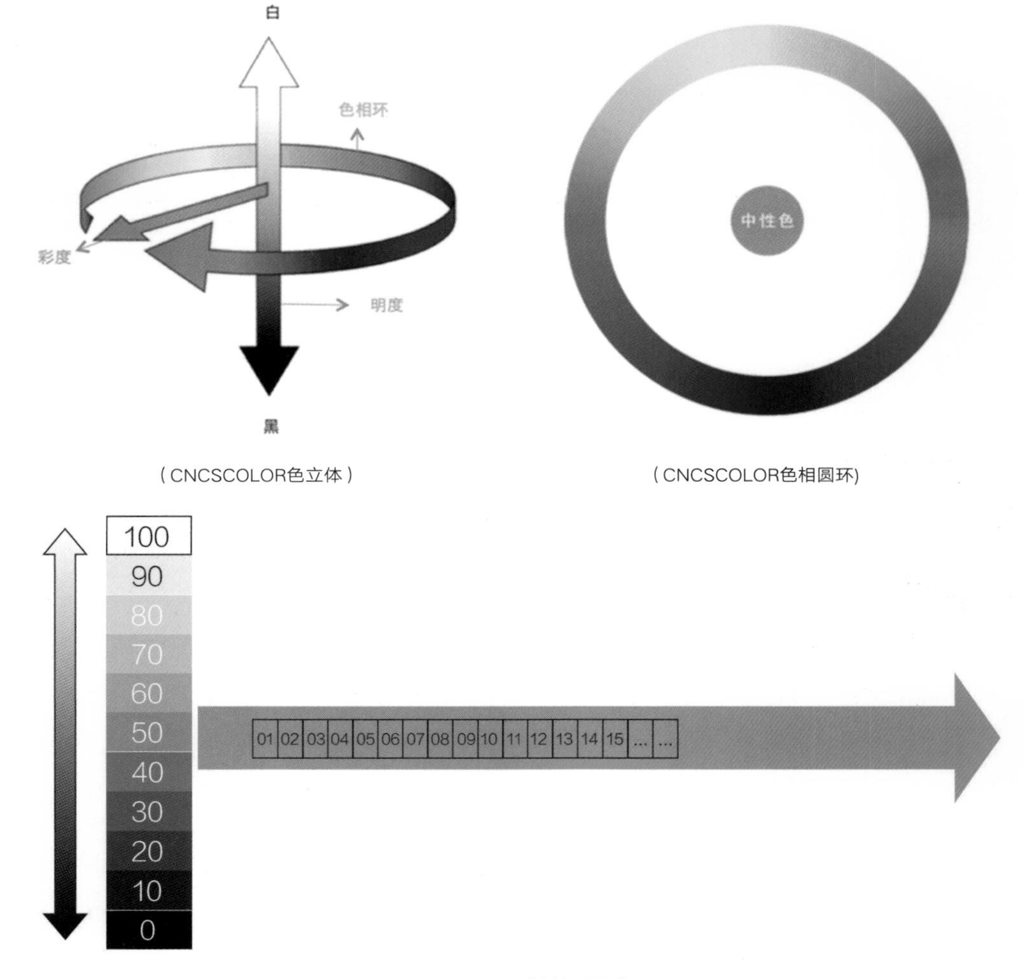

（CNCSCOLOR色立体）

（CNCSCOLOR色相圆环)

(CNCSCOLOR明度轴与彩度轴)

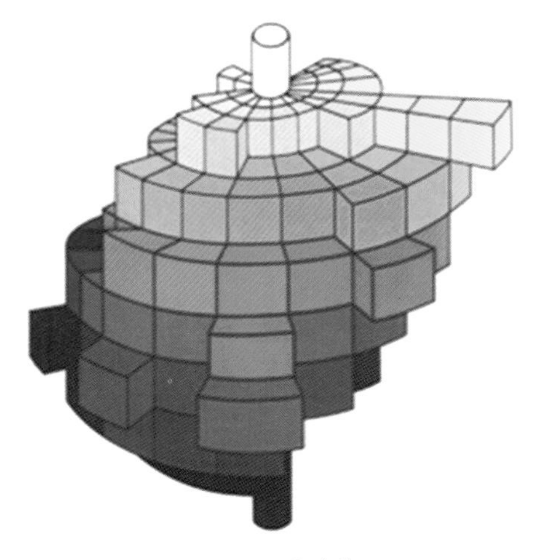

(CNCSCOLOR色立体)

依照上述对 CNCSCOLOR 体系的论述，CNCSCOLOR 体系采用色相、明度和彩度来描述一个颜色，并且全部用数字编码。如果我们把 CNCSCOLOR 体系的色相、明度、彩度值顺次排列，就可以用一组 7 位数字串来对颜色编码，即 CNCSCOLOR 体系的颜色标号，简称 CNCSCOLOR 标号。CNCSCOLOR 标号前 3 位是 CNCSCOLOR 色相，中间 2 位是 CNCSCOLOR 明度，后 2 位是 CNCSCOLOR 彩度。如下图中，方块中的色彩的 CNCSCOLOR 标号为 0084517，即色相 008，明度 45，彩度 17。

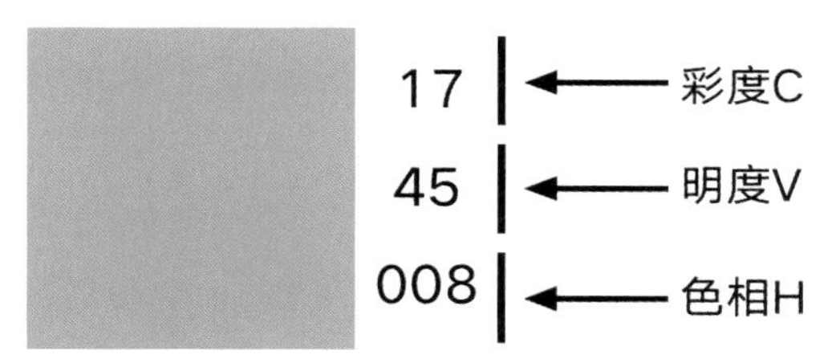

(CNCSCOLOR颜色标号)

从 CNCSCOLOR 色立体中取出一个纵向的切面，这个面中包含某一色相及其明度与彩度，这个面叫做色彩扇面。 以色相 160 的色彩为例，在这个切片上可以找到此色相的不同明度与彩度的色彩，色彩 1608512、1606507、1605517、1604512、1603517、1602512 这些颜色虽然乍看不同，但其实它们有相同的色相，处于同一片色彩扇面上，但是由于明度和彩度不同导致它们看上去不太一样。

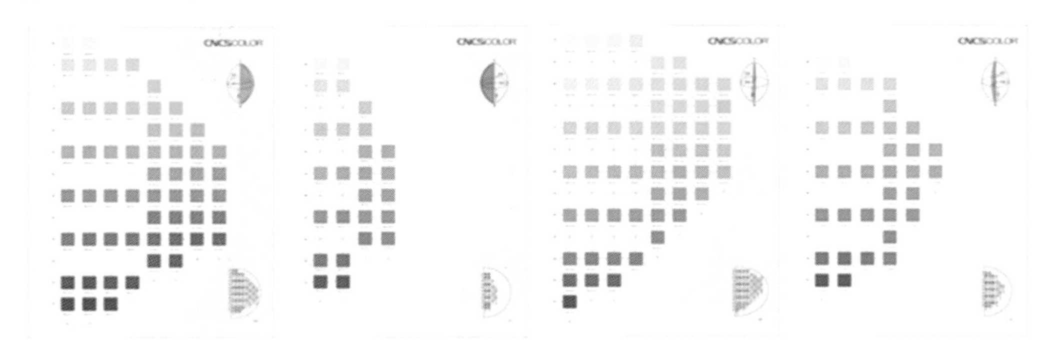

(CNCSCOLOR色彩扇面)

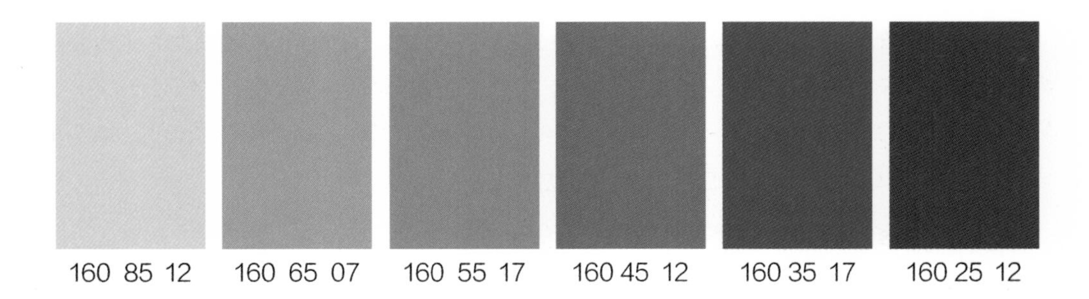

(色相160)

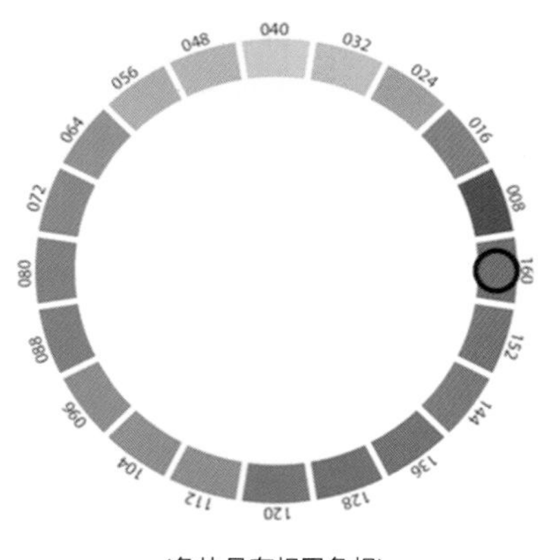

(色块具有相同色相)

1.2.2 色彩心理学 Color Psychology

人们的切身体验表明，色彩对人们的心理活动有着重要影响，特别是和情绪有非常密切的关系。

在我们的日常生活、文娱活动、军事活动等各种领域都有各种色彩影响着人们的心理和情绪。各种各样的人：古代的统治者、现代的企业家、艺术家、广告商等都在自觉不自觉地应用色彩来影响、控制人们的心理和情绪。人们的衣、食、住、行也无时无刻不体现着对色彩的应用：夏天穿上湖蓝色衣服会让人觉得清凉，把肉类调成酱红色，会更有食欲。

心理学家认为，人的第一感觉就是视觉，而对视觉影响最大的则是色彩。人的行为之所以受到色彩的影响，是因人的行为很多时候容易受情绪的支配。颜色源于大自然的先天的色彩，蓝色的天空、鲜红的血液、金色的太阳……看到这些与大自然先天的色彩一样的颜色，自然就会联想到与这些自然物相关的感觉体验，这是最原始的影响。这也可能是不同地域、不同国度和民族、不同性格的人对一些颜色具有共同感觉体验的原因。

比如，红色通常给人带来这些感觉：刺激、热情、积极、奔放和力量，还有庄严、肃穆、喜气和幸福等等。而绿色是自然界中草原和森林的颜色，有生命永久、理想、年轻、安全、新鲜、和平之意，给人以清凉之感。蓝色则让人感到悠远、宁静、空虚、寒冷等等。随着社会的发展，影响人们对颜色感觉联想的物质越来越多，人们对于颜色的感觉也越来越复杂。比如，对于绿的感觉体验，经历过“文化大革命”与没有此经历的人的感觉是不一样的。

色彩可影响人的心理和生理

对色彩与人的心理情绪关系的科学研究发现，色彩对人的心理和生理都会产生影响。国外科学家研究发现：在红光的照射下，人们的脑电波和皮肤电活动都会发生改变。在红光的照射下，人们的听觉感受性下降，握力增加。同一物体在红光下看要比在蓝光下看显得大些。在红光下工作的人比一般工人反应快，可是工作效率反而低。

粉红色具有安抚情绪的效果

粉红色象征健康，是美国人常用的颜色，也是女性最喜欢的色彩，具有放松和安抚情绪的效果。有报告称，在美国西雅图的海军禁闭所、加利福尼亚州圣贝纳迪诺市青年之家、洛杉矶退伍军人医院的精神病房、南布朗克斯收容好动症儿童学校等处，都观察到了粉红色安定情绪的明显效果。例如把一个狂躁的病人或罪犯单独关在一间墙壁为粉红色的房间内，被关者很快就安静下来；一群小学生在内壁为粉红色的教室里，心率和血压有下降的趋势。

还有研究报告指出：在粉红色的环境中小睡一会儿，能使人感到肌肉软弱无力，而在蓝色中停留几秒钟，即可恢复。有人提出粉红色影响心理和生理的作用机制是：粉红色光刺激通过眼睛—大脑皮层—下丘脑—松果腺和脑垂体—肾上腺，使肾上腺髓质分泌肾上腺素减少，使得心脏活动舒缩变慢，肌肉放松。

绿色能提高效益消除疲劳

与红色相反，绿色则可以提高人的听觉感受性，有利于思考的集中，提高工作效率，消除疲劳。还会使人减慢呼吸，降低血压，但是在精神病院里单调的颜色，特别是深绿色，容易引起精神病人的幻觉和妄想。

此外，其他颜色如橙色，在工厂中的机器上涂上橙色要比原来的灰色或黑色更好，可以使生产效率提高，事故率降低。可以把没有窗户的厂房墙壁涂成黄色，这样可以消除或减轻单调的手工劳动给工人带来的苦闷情绪。

1.2.3 建筑色彩演化趋势 Evolution Trend of Architectural Color

建筑色彩包括居住建筑色彩、商业建筑色彩、办公建筑色彩、娱乐建筑色彩、教育建筑色彩等，这些不同功能的建筑，其色彩的选择也不同。

1. 中国古代的建筑色彩

我国古代建筑，无论是单体建筑的色彩运用还是群体建筑的色彩组合搭配，都是非常成功的，形成了一套独具特色的色彩系统，其特色之一便是彩画的大量使用而使建筑色彩鲜明华丽。据宋《营造法式》卷三十四记载，彩画的种类分为五彩、青绿、朱白三大类。朱白色系配上灰瓦很可能是唐朝建筑的主色；北宋绿色琉璃瓦大量生产后，唐代以赤白装饰配以灰色的做法就显得单调而不相称，因此建筑外观开始趋向华丽，梁枋斗栱也随之变为宋朝流行的青绿系统，使檐下更为森肃清冷，整个建筑外观更加明确生动；明朝宫殿黄绿瓦面、青绿梁枋、朱红墙柱、白色栏杆的风格，更成为中国古代木构建筑在一般人心目中的典型色彩特征。这种大面积使用朱、青、黄、白、金等原色的方法，效果强烈鲜明，在对比中寻求协调统一，正是明清官式建筑用色的成功之处。

2. 西方古代的建筑色彩

在西方，色彩最早也曾作为神权与皇权的象征应用于建筑环境之中，如希腊罗马时期，崇高的英雄主义之美是人们的审美理想，建筑造型拙朴完美，建筑色彩强烈华丽，多采用明快的对比色以表达欢乐的情绪。伊瑞克神庙中，爱奥尼克柱头的盘蜗被涂上红色再加金边，与蓝色的圆鼓形成对比。到罗马时期，维特鲁威在《建筑十书》中记载，当时的建筑材料已使用了砖、石灰、混凝土、金属材料和大理石等古材，因此建筑的色彩也更加丰富。

中世纪欧洲的拜占庭、罗马风以及哥特建筑则更注重形式，与古典时期对比，色彩显得阴暗、沉重。

15 世纪以后的欧洲文艺复兴时期，建筑的色彩也由灰暗的色调转为明朗。但是对理性的过分强调，使文艺复兴后期的建筑风格趋于僵化。被称为“畸形珍珠”的巴洛克风格，是对这种僵化形式的突破，在色彩的使用上，表现为用色大胆，对比强烈。

3. 物理作用

色彩具有一定的物理性能，不同的色彩对太阳辐射的吸收是不同的，热吸收系数（取值介于 0~1）也就不同，因此会产生不同的物理效能。最明显的例子是，在炎热的夏天，人们总爱穿浅淡色的服装，感觉凉爽些；而在寒冷的冬季，则偏爱穿红色、橙色等暖色调的衣服。同样，对于装有全空调的楼宇而言，其外粉刷色彩宜选用浅淡色调，具有节能省电的功效。日本已将浅色作为墙体外隔热的一种主要色调。还有墙面的色彩若选择不当，则墙面温度高，使外墙面粉刷脱落，而影响美观。另外，不同色彩对光的反射系数也不同，黄、白色等反射系数最高，浅蓝、淡绿等浅淡色彩次之，紫、黑色反射系数最小，因此在建筑外墙上采用高反射系数的色彩可以增加环境的亮度。

4. 装饰作用

色彩在城市建筑中的首要功能就是装饰。形形色色的城市建筑经过色彩的装点，与地面、植物、天空等背景融合在一起，构成了丰富多彩的城市环境，徜徉其中，人们由于接触到多姿多彩的不同景致而使身心感到愉悦，城市建筑也由于丰富色彩的加盟而魅力独具。

通过色彩的装饰，建筑可以很好地融入周围环境，也可以从周围环境中“跳”出来，充分显示个性。

5. 标识作用

色彩在装饰城市建筑的同时，也在不同的建筑之间和同一建筑的不同组成部分之间起着重要的区分标识作用，增加了建筑的可识别性。

譬如勒·柯布西耶设计的马赛公寓，在不同单元之间的隔墙上涂抹了各种鲜艳的颜色，这些高饱和度的红、黄、蓝等原色为每个单独的居住单元抹上了个性化的色彩，同时形成了明显的标识作用，使居住者在楼外可以凭借不同的颜色方便地找到自己的居住单元。

6. 情感作用

色彩的情感作用是从人们的心理、心理特点及需要出发，赋予城市建筑的一种抽象意义。譬如城市中的居住建筑，目前大多采用高明度、低彩度、偏暖的颜色，这样的颜色能给人带来温暖、明亮、轻松、愉悦的视觉心理感受；而办公建筑为了体现理智、冷静、高效率的工作气氛，往往采用中性或偏冷的颜色，如白色、淡蓝、浅灰、灰绿等。所以，色彩的情感作用来自于对它的联想与象征。

1.3建筑材料概述

Overview of Architectural Materials

建筑材料可分为结构材料、装饰材料和某些专用材料。结构材料包括木材、竹材、石材、水泥、混凝土、金属、砖瓦、陶瓷、玻璃、工程塑料、复合材料等；装饰材料包括各种涂料、油漆、镀层、贴面、各色瓷砖、具有特殊效果的玻璃等；专用材料指用于防水、防潮、防腐、防火、阻燃、隔音、隔热、保温、密封等。

1.4建筑色彩与装饰材料之间的联系

The Relationship Between Architectural Color and Decorative Materials

装饰材料（finishing material）：装修各类土木建筑物以提高其使用功能和美观，保护主体结构在各种环境因素下的稳定性和耐久性的建筑材料及其制品，又称装修材料、饰面材料。主要有草、木、石、砂、砖、瓦、水泥、石膏、石棉、石灰、玻璃、马赛克、陶瓷、油漆涂料、纸、金属、塑料、织物等，以及各种复合制品。

按主要用途分为 3 大类：地面、内墙、外墙。

1. 地面

地面装饰材料。常用的有：水泥砂浆地面，耐磨性能好，使用最广，但有隔声差、无弹性、热导率大等缺点。大理石地面，纹理清晰美观，常用于高级宾馆等公共活动场所。水磨石地面，有很好的耐磨性，光亮美观，可按设计做成各种花饰图案。木地板，富有弹性，热导率小，给人以温暖柔和的感觉，拼花硬木地板还铺成席纹、人字形图案，经久耐用，多用于体育馆、排练厅、舞台、宴会厅。新型的地面装饰材料有木纤维地板、塑料地板、陶瓷锦砖等。陶瓷锦砖质地坚硬、耐酸、耐碱、耐磨、不渗水、易清洗，除作为地砖外，还可作内外墙饰面。

2. 内墙

内墙装饰材料。传统的做法是刷石灰水或墙粉，但容易污染，不能用湿法擦洗，多用于一般建筑。较高级的建筑多用平光调和漆，色泽丰富，不易污染，但掺入的有机溶剂挥发量大，污染大气，影响施工人员的健康，随着科学的发展，有机合成树脂原料广泛地用于油漆，使油漆产品面貌发生根本变化而被称为涂料，成为一类重要的内外墙装饰材料。用纸裱糊室内墙面和顶棚有悠久的历史，但已被塑料壁纸和玻璃纤维贴墙布所替代。石膏板有防火、隔声、隔热、轻质高强、施工方便等特点，主要用于墙面和平顶；做平顶时，可打成各种花纹的孔，以提高吸声和装饰效果。钙塑板有良好的装饰效果，能保温隔声，是多功能板材。大理石板材、花岗石板材用于装饰高级宾馆、公寓的也日益增多；复合材料作为新兴的复合材料，已经越来越广泛地被应用于建筑内饰及家具领域。以 PET 材料作为芯材的夹心板材、以巴沙轻木（Baltek 木）作为材料的复合板，以及以铝塑板为代表的建筑用复合材料，具有较强的可设计性（易于加工）、密度低但强度好、良好的耐腐蚀性能、透光性好、隔热性好、隔音性能好等优点。此外，复合材料应用于建筑还有助于减轻建筑整体重量，可以有效提升建筑的防震等级。

3. 外立面

外立面装饰材料。常用的有水泥砂浆、剁假石、水刷石、釉面砖、陶瓷锦砖、油漆、白水泥浆等。新的外立面装饰材料如涂料、聚合物水泥砂浆、聚丙烯纤维，石棉水泥板、无机水泥发泡保温板、FTC 自调温相变节能材料、玻璃幕墙、铝合金制品等，正在被一些工程所采用。

外立面饰面材料对建筑物起装饰保护作用，提高建筑物的耐候性、耐久性，延长其使用寿命。20 世纪 50 年代，建筑外立面广泛应用红砖、混凝土等朴素材料。进入 21 世纪，随着城市的逐渐发展及建筑材料技术的突飞猛进，外立面装饰材料得到了长足的发展和广泛的应用，砖贴面、金属饰面、玻璃幕墙、石材幕墙、涂料等在不同的建筑上大展身手，使建筑更为时尚和个性化，让城市环境更加绚丽多彩，充分满足了人们对物质和精神生活的新需求。

（1）20 世纪 50~60 年代外立面饰面主要材料

红砖饰面材料

（红砖外墙）

红砖是以黏土、页岩、煤矸石等为原料，经粉碎、混合捏炼后以人工或机械压制成型，经干燥后在 900 摄氏度左右的温度下以氧化焰烧制而成的烧结型建筑砖块，也叫黏土砖。普通黏土砖既有一定的强度和耐久性，又因其多孔而具有一定的保温绝热、隔音等优点，因此适用于作墙体材料，老式建筑多用它作建筑材料。由古罗马人发明，欧洲很多留存的古典主义建筑的屋顶和墙面都有红砖的影子。

混凝土饰面材料

混凝土分为钢筋混凝土、现浇混凝土、预制混凝土、混凝土砌块、蒸压多孔混凝土、纤维混凝土等。

清水混凝土：也称装饰混凝土，属于一次浇注成型，不做任何外装饰，直接采用混凝土本身的自然质感和精心设计安排的对拉螺栓孔、明缝、蝉缝、装饰片等组合形成自然状态作为饰面。

预制混凝土：采用规模化预制的混凝土构件作为建筑结构及装饰部件，在工厂加工，现场完成组装。

（混凝土外墙）

着色混凝土：彩色预制混凝土可替代天然石材的材料，色彩及纹理可以自行设计。

玻璃纤维混凝土：当构件作为不承担结构作用的外墙饰面时，可采用较薄较轻的高强度混凝土 GRC，采用玻璃纤维网 加强抗拉和耐久性。

优点：表面不需要装饰材料，只需喷保护层即可使用，降低装饰成本，所以环保。

缺点：工艺要求高，模板需要定制，螺杆洞都需算准确，混凝土原材料要求高，砂石水泥都需同一批次，否则有色差，混凝土需配制自密实混凝土，不能振捣或者稍加振捣，否则一旦跑模就要重新来过，所以清水混凝土造价很高，高到超过有装饰面。

（2）20 世纪 70~80 年代外立面饰面主要材料

砖贴面饰面材料

目前，我国大量而且广泛使用的外墙饰面砖主要是优质陶土经压制成型后于高温 (1000℃左右) 烧结而成的。外墙饰面砖是一种无机硅酸盐装饰材料，具有一定的机械强度、硬度和化学稳定性，色彩持久稳定，表面亮丽光洁，易于自洁和清洗。因而外墙饰面砖在建筑外墙装饰中得到了广泛的应用。然而近来有些地区对外墙饰面砖提出要限制甚至淘汰，其主要理由为使用不安全和生产能耗大。

瓷砖：是以耐火的金属氧化物及半金属氧化物，经由研磨、混合、压制、施釉、烧结的过程，而形成一种耐酸碱的瓷质或石质等的建筑或装饰材料。其原材料多由黏土、石英砂等混合而成。

锦砖：又称马赛克或纸皮砖。建筑上用于拼成各种装饰图案用的片状小瓷砖。坯料经半干压成形，窑内焙烧成锦砖。泥料中有时用 CaO、Fe_2O_3 等作为着色剂。主要用于铺地或内墙装饰，也可用于外墙饰面。

（砖贴面外墙）

外墙饰面砖的最大缺点是使用不安全，面砖在镶贴于饰物的表面后，存在起壳脱落的问题。这种起壳和脱落大体有 2 种情况：一是由于砂浆的黏结力不够或砂浆的厚薄不均，造成收缩不一而导致墙面砖自身脱落：二是由于盐析结晶的破坏作用，使基层面的黏结性变差而导致墙面砖与底面的砂浆一起脱落。由于裂缝、起壳会积聚水分，水结冰后体积膨胀，使裂缝和起壳的范围不断扩大，就会发生大片脱落现象。解决起壳脱落的措施首先是控制好施工中的各个环节，提高施工镶贴的质量。例如将基层面清洗干净，以保证砂浆和基层的黏结力。其次是采用优质的黏结剂，提高粘贴强度。

玻璃外墙饰面材料

玻璃幕墙，是指由支承结构体系与玻璃组成的、可相对主体结构有一定位移能力、不分担主体结构所受作用的建筑外围护结构或装饰结构。墙体有单层和双层玻璃两种。玻璃幕墙是一种美观新颖的建筑墙体装饰方法，是现代主义高层建筑时代的显著特征。

1910 年，建筑设计大师格罗皮乌斯在包豪斯新校舍中首次采用玻璃幕墙，另一位设计大师密斯于 1958 年与约翰逊合作设计出全玻璃幕墙的纽约西格拉姆大厦，玻璃幕墙作为一种新的建筑语言的出现，在世界范围内得到迅速发展，1985 年，我国北京长城饭店第一次采用玻璃幕墙。因玻璃幕墙造型简洁、豪华、现代感强，能反映周围的景色，具有很好装饰效果，并且将墙与窗合二为一，质轻，相当于砖砌体质量的 1 / 12、混凝土质量的 1 / 10，所以，玻璃幕墙在全世界范围内发展迅猛，形成一种流行风格。

20 世纪 80 年代以来，玻璃幕墙在北京、上海、广州、深圳、天津、武汉等地相继采用，产生了十分理想的建筑装饰效果。它美观、雅致、亮丽，是大城市建筑外墙流行趋势，它与国家和城市的经济发达程度紧密相关。一段时期，富裕、发达的国家和城市，拥有较多的玻璃幕墙建筑，体现了其经济的发达。据有关资料报道，我国已建的隐框半隐框玻璃幕墙远超过国外。

（玻璃幕墙）

但是由于幕墙材料本身的特点，也呈现出一系列新的问题：其反射的强烈光线在一定程度上影响了人们的正常生活：它映射的周围环境造成变幻的影像，给行人、司机造成了视觉疲劳，容易导致意外事故的发生。这些现象被称为“光污染”。国内外均已对幕墙建筑（特别是玻璃幕墙）的“光污染”加以重视，有些国家已有限制玻璃幕墙使用的法规或提议。规定住宅、公寓、宿舍、中小学、托儿所、幼儿园、医院等建筑不宜采用玻璃幕墙。

（3）30 世纪 90 年代 ~2000 年外立面饰面主要材料

金属饰面材料

常见的金属饰面板是将各种花色的铝箔热压在 MDF 板材上，可以制作成单面或双面。金属饰面板除了拥有金属光亮质感外，再加上花纹处理，可展现出各种图案及风格，如拉丝效果、彩绘效果等，使金属板的种类更加多样化，满足各种各样的家具、整体金属板橱柜、室内背景等需求，更显高贵大方。不同于三聚氰胺板，它还有防火防水的特性，是装修装潢的最佳选材。尤其适合于大型公共场所。

金属饰面板一般有彩色铝合金饰面板、彩色涂层镀锌钢饰面板和不锈钢饰面板三种。它具有自重轻、安装简便、耐候性好的特点，还可以使建筑物的外观色彩独特、线条清晰、庄重典雅，这种独特的装饰效果受到建筑设计师的青睐。缺点是金属板色彩不够丰富，以冷色调为主，有“冰冷”的感觉，稍微碰撞后就容易留下凹槽状的坑点，划伤较难修复。

（金属板外墙）

石材外墙饰面材料

我国是世界石材幕墙的生产和使用大国。据不完全统计，国内年均石材装饰板材用于墙面装饰的约 2500 万平方米，所用石材幕墙挂件约 1.4 亿套。石材幕墙已在国内呈上升趋势，挂件的用量也随之增大，如今业内最为关心的问题就是挂件的质量，虽然在整个石材幕墙中挂件只是一个小小的配件，但它却起着“四两拨千斤”的作用，也可以说在整个石材幕墙的质量与安全问题中挂件是最关键的配件之一。

石材幕墙通常由石板支承结构（铝横梁立柱、钢结构、玻璃肋等）、不承担主体结构荷载与作用的建筑围护结构组成。

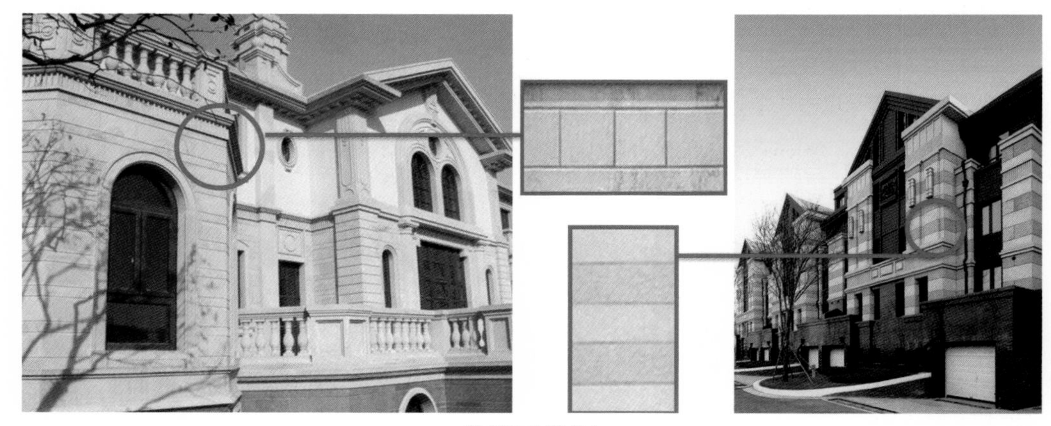

（天然石材外墙）

虽然天然饰面石材装饰效果好、耐久，但造价高；由于人工大量的开采，资源稀缺，破坏生态环境，不环保；而且在施工方面不易施工，因为对其底材很有依赖性，石材的稳固完全取决于基材的稳定，一旦产生脱落，便存在安全隐患。

常见的石材分为天然饰面石材与人造饰面石材。

天然饰面石材

①大理石

特点：大理石的质感柔和、美观、庄重，格调高雅，是装饰豪华建筑的理想材料 ，但其产生的辐射会对人体形成不好的影响，而且造价高。

适应范围：天然大理石可制成高级装饰工程的饰面板，用于宾馆、展览馆等公共建筑工程内的室内墙面、地面、窗台板、服务台、电梯间门脸的饰面等。

备注：空气中所含的酸性物质和盐类对大理石都有腐蚀作用，导致边面失去光泽甚至被破坏，因此，绝大部分大理石不适合作外立面材料。

②花岗岩

特点：花岗岩不易风化，颜色美观，在户外使用能长期保持光泽不变，大多数高档建筑物的外墙都用花岗石装饰，也是大厅地面和露天雕刻的首选之材。

适应范围：商业楼、高档写字楼、公共建筑、高档住宅。

备注：一般用在建筑的地下二到四层，主要是给建筑物增加厚重牢固的感觉，因其成本较高，产生的辐射会对人体形成不好的影响，同时自重也比较大，通常不用于整幢高层建筑。

③天然文化石

特点：抗压强度和耐磨率介于花岗岩和大理石之间，且吸水性低，易安装，耐酸性好，不易风化，耐热耐冻 ，色彩丰富，无论是屋面、外墙、地坪，都是一种理想的建筑材料。

适应范围：高档别墅、公共建筑。

备注：一般用于建筑外立面的局部点缀。

人造饰面石材

特点：人造石材是人工根据实际使用中的问题而研究出来的，它在防潮、防酸、防碱、耐高温、拼凑性方面都有长足的进步，且具有重量轻、强度高、耐腐蚀、价格低、施工方便等优点。但其自然性不足。一般不用于对建筑品质要求较高的项目。

适应范围：公共建筑、普通住宅。

备注：人造石适合应用在一些恶劣环境中，因为纹理相对太假，极少被用于装饰性较强的项目，如高档别墅、高档写字楼、高档商业。

（人造石材外墙）

木材饰面材料

在建筑外立面中运用最多的木材有防水防腐天然木材、防水防腐人造板材。

①防水防腐天然木材

一般采用传统 CCA（不宜用于人体常接触部位）或环保 ACQ 对木材进行防腐，或可采用透明或有色抗腐蚀性的涂料涂饰表面。

②防水防腐人造木材

采用各种经过防水防腐处理的饰面胶合板及饰面密度板作为外墙面材料。

（木材外墙）

优点：易于加工；木材质轻而强度高，木材的某些强度与重量的比值较诸一般金属的比值高；木材具有天然的美丽花纹、光泽和颜色，有特殊的装饰作用。

缺点：木材容易腐朽和虫蛀；木材有天然缺陷，如节疤等；大量开采树木容易破坏生态环境，易发生水土流失。

涂料外墙饰面材料

我国建筑涂料的研制始于 20 世纪 60 年代，在 70 年代得到较大的发展。改革开放给我国外墙涂料行业带来了大发展的第一次好机遇。80 年代初，日本的涂料技术首先传入我国沿海发达地区，随后涂料行业不断发展，技术水平逐年提高。进入 90 年代世界上几乎所有大型涂料公司均已在我国登陆。

我国建筑涂料的发展道路曲折，但前景十分诱人。过去几十年建筑业作为我国经济发展新的利润增长点，高品质的建筑涂料正步入发展的黄金时期。为了满足高层建筑、超高层建筑的装饰和保护，替代瓷砖玻璃幕墙和马赛克，高性能外墙涂料的发展将更加迅速。

全国化学建材协调组已将外墙涂料列为继塑料管、塑料门窗和建筑防水之后的又一重点推广的产品。总体上来说，我国建筑外墙涂料的发展趋势和国际发展的大趋势是一致的，即遵守“4E”发展的基本原则。由于我国各地企管部门先后就应用外墙涂料的文件已经出台或正在拟订有关政策，再加上我国在今后的几年里都有大量的工业与民用建筑的基建规模和维修工程，以及人们对外墙涂料在外墙装饰中的优势认识的不断加深等诸多原因，我国外墙涂料的用量在以后将会大大增加。上海市于 1999 年初开始推出限制 3 层以上建筑物外墙装饰采用玻璃面砖和烧结面砖，推广使用外墙优质涂料的有关政策，并且已经颁布在环线以内停止使用玻璃幕墙外装饰的文件，将建筑涂料作为新型建筑材料加以推广。大连市和青岛市是我国最早全面推行外墙涂料作为建筑物主要外装饰材料的城市。

涂料以及石材幕墙是应用最广泛的，可以应用到建筑的任意领域。但是涂料与石材的相对性能及施工都是有很大区别的。

天然石材光亮晶莹，坚硬永久，高贵典雅；有很好的耐冻性；抗压强度大。但是其优点仅仅是装饰、性能上的优异，而缺点才是决定石材在今后发展的关键因素。

①笨重的石材做高层建筑外墙有诸多严重危险性，在建筑业中的招投标尚未完全规范，不少石材幕墙工程是谁的造价最低谁中标，这样低价中标，为了不赔钱就要偷工减料，这使得石材幕墙的安全性很难得到保障。

②设计中存在不规范行为，不少设计院对石材幕墙不熟悉，只在图纸上标明什么幕墙，而不考虑实际情况。石材幕墙有些由中标的幕墙公司自己设计，有的设计院请结构师认真审查，但大部分设计院走形式的审查，设计并不过关。

③石材幕墙防火性能很差，尤其在高层建筑，火灾一般均在室内燃起，楼内的大火会使挂石板的不锈钢板和金属结构温度升高，使钢材软化，失去强度，石板将会从高层形成石板“雨”落下，不仅对行人造成危险，也给消防救火造成困难。

但是涂料就不存在石材幕墙所存在的安全隐患，石材脱落以及石材的色差等问题。

外墙涂料的主要功能是装饰和保护建筑物外墙面，使建筑物外貌美观整洁，从而达到美化城市环境的目的。同时外墙涂料也能够起到保护建筑外墙的作用，延长其使用寿命。

①装饰性好：外墙涂料色彩丰富且保色性优良，能较长时间保持原有的装饰性能。

②耐候性好：因涂层暴露于大气中，外墙涂料要经受风吹、日晒、盐雾腐蚀、雨淋、冷热变化等作用，在这些外界自然环境的长期反复作用下，涂层易发生开裂、粉化、剥落、变色等现象，使涂层失去原有的装饰保护功能。因此，外墙在规定的使用年限内，涂层不发生上述破坏现象为其硬性要求。

③耐沾污性好：由于我国不同地区环境条件差异较大，对于一些重工业、矿业发达的城市，由于大气中灰尘及其他悬浮物质较多，会使易沾污涂层失去原有的装饰效果，从而影响建筑物外貌。因此，外墙涂料应具有较好的耐沾污性，使涂层不易被污染或污染后容易清洗掉。

④耐水性好：外墙涂料饰面暴露在大气中，会经常受到雨水的冲刷。因此，外墙涂料涂层应具有较好的耐水性。

⑤耐霉变性好：外墙涂料饰面在潮湿环境中易长霉。因此，要求涂膜抑制霉菌和藻类的繁殖生长。另外，根据设计功能要求不同，对外墙涂料也提出了更高要求：如在各种外墙外保温系统涂层应用，要求外墙涂层具有较好的弹性延伸率，以更好地适应由于基层的变形而出现面层开裂，对基层的细小裂缝具有遮盖作用；对于防铝塑板装饰效果的外墙涂料还应具有更好的金属质感、超长的户外耐久性等。

随着我国加入 WTO，我国外墙涂料面临着更好的机遇与挑战，相信外墙涂料在这大好形势之下将迅速发展，追赶甚至超越国外发达国家涂料的发展水平。

（涂料外墙）

（4）21 世纪 ~ 未来外立面饰面主要趋势

从天然建材到效果涂料，建筑外立面风格演变日趋环保。

古代人类就地取材，使用木材与石材搭建避身之所，经过漫长的发展，过度开采问题日趋严重，自然生态环境遭到了严重破坏，节能和环保越来越被有识之士重视，新型人工材料替换势在必行，衍生而来的是各种人工建材的研发，如玻璃、铝合金、涂料等都是目前外墙装饰上应运较多、较为常见的素材，而涂料作为外装饰材料因其性价比高，展现效果从过去的彩色平涂到小点浮雕的微质感效果，直至现在能完美仿石材、仿瓷砖效果的质感，涂料日趋完善，亦得到越来越多的运用。

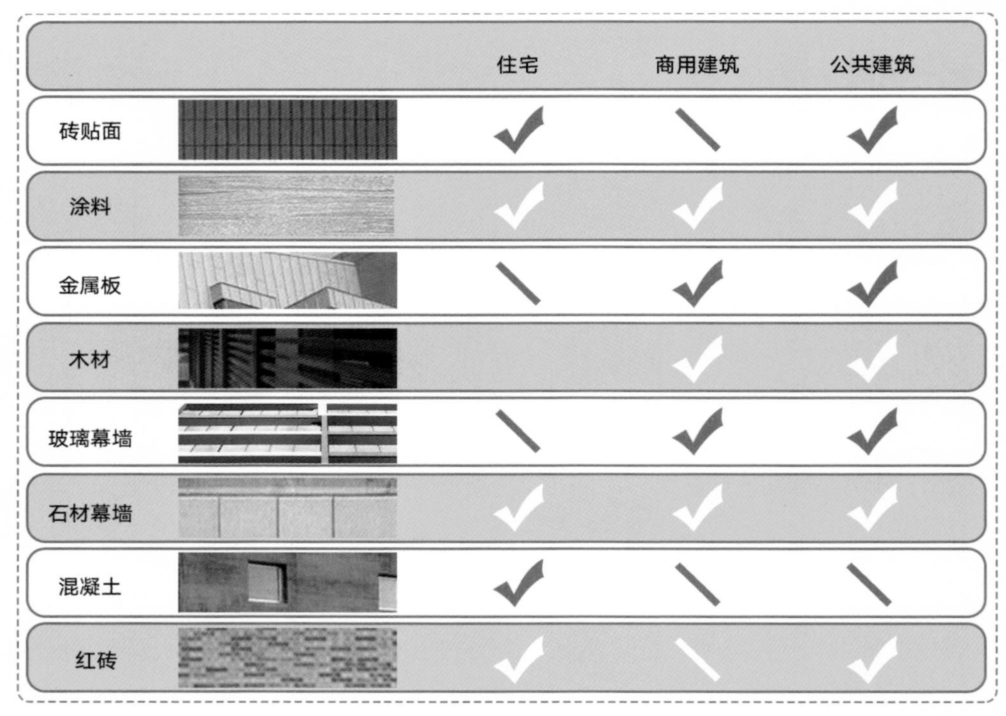

	住宅	商用建筑	公共建筑
砖贴面	✓	\	✓
涂料	✓	✓	✓
金属板	\	✓	✓
木材		✓	✓
玻璃幕墙	\	✓	✓
石材幕墙	✓	✓	✓
混凝土	✓	\	\
红砖	✓	\	✓

（外立面饰面材料应用）

CHAPTER 02

住宅建筑色·材趋势

The Development Trend of Residential Building's Color and Material

住宅建筑是人类历史上诞生最早、使用范围最为广泛的建筑形制，也是最具有独特地方风格的建筑类型。人类的第一次大分工产生了农业，使人类不再依靠狩猎和游牧，促使了人类离开天然的洞穴，开始了穴居和巢居。经过漫长的历史演化，依据地域、气候、原生态材料、生活方式等诸多方面的差异，各地民居百花齐放，精彩纷呈，给人类文明史留下了浓墨重彩的一笔。

2.1.1 研究对象 Research Object

住宅建筑是人类历史上诞生最早、使用范围最为广泛的建筑形制，也是最具有独特地方风格的建筑类型。人类的第一次大分工产生了农业，使人类不再依靠狩猎和游牧，促使了人类离开天然的洞穴，开始了穴居和巢居。经过漫长的历史演化，依据地域、气候、原生态材料、生活方式等诸多方面的差异，各地民居百花齐放，精彩纷呈，给人类文明史留下了浓墨重彩的一笔。

2006 年起开始实施的《住宅建筑规范》中指出：供家庭居住使用的建筑（含与其他功能空间处于同一建筑中的住宅部分），简称住宅。纵观我国现代住宅建筑发展，从 1949 年新中国成立，弹指一挥间，至今已有 65 年，在这短短的 65 年里，居住建筑从居住模式、建筑的建造方式、住房的供应模式和分配模式，乃至人们精神层面对于居住问题的观念和理解，都发生了巨大的变化。这个变化不是一朝一夕形成的，而是在不停的摸索及探寻中，在寻找符合当时时代精神、社会背景及现实需求的住宅建筑的过程中形成的。在这个发展过程中，不同的住宅建筑，与其特定的社会背景相关联，与其特定时代里的人的成长经历相关联。

1980 年 6 月中央首次正式提出住宅商品化政策，1982 年全国四城施行补贴出售住房试点，1988 年国务院发布房改方案，房改正式全面试点。1998 年全国停止住房分配，实行住房货币化。上海作为全国率先开展商品房改革的城市，研究其住宅发展规律，对指导全国住宅建设有着积极重要的意义。本章节主要以上海住宅建筑为研究对象，重点阐述建筑色·材在上海住宅建筑中的发展历程，以此展望未来全国住宅建筑发展趋势，并提出有指导性的意见和建议。

旧上海的典型居住形式有棚户区、石库门、西式公寓和西式洋房，建国之后，上海大力发展旧区改造和福利分房，这个时期新建住宅的代表是曹杨新村和“二万户”。20 世纪 60 年代以棚户区改造为主，其中最典型案例是“两街一弄”改造。到了 20 世纪 70 年代郊区工人住宅开始兴起，此时兴建了曲阳、康健等工人新村，和 20 世纪 50 年代的工人新村相比，这批住宅有了社区的原型，在住宅周围兴建了电影院、医院、学校等一系列配套设施。随着 20 世纪 80 年代改革开放的成果日益渗透进日常百姓的现实生活中，上海作为南方首屈一指的大都市，商品房开始被人们所熟知，但此时上海仍以福利分房为主。进入 20 世纪 90 年代，1992 年邓小平南行给浦东带来了黄金高速发展期，房地产在这片热土上生根发芽，茁壮成长，给上海这座以海派文化和全国金融中心著称的东方明珠带来了“几何裂变”，上海基本上告别了福利分房，市民新居需求多由商品房得以满足。20 世纪 90 年代到 21 世纪初，随着外来人口如潮水般被这座繁华大都市吸引，激活了房地产市场长达 20 年繁荣成长期，交通的迅速发展、地铁的贯通和跨江大桥的建成通车，使上海住宅的规模、形态出现了日新月异的变化。随着土地越来越昂贵，房地产全面进入了金融时代，上海住宅也从最初的粗放式扩张，到对全面刚性需求的满足，进化成精神上颇具情怀、技术上追求精益求精的新时代住宅模式。

2.1.2 研究背景及意义 Research Background and Significance

人创造了住宅，而住宅则塑造了人。住宅建筑由于其数量之多，深刻影响着城市面貌。从对最基本生活的满足到寄托人类诗意栖居终极梦想的高端府邸，人类对住宅建筑追求的脚步从来没有停止过，而住宅建筑的色・材设计在其中发挥了重要作用。住宅建筑的发展伴随着材料的进步，而材料是色彩的重要依附体。新材料层出不穷，色彩也趋于多样化。色彩作为独立的视觉因素，相对于其他装饰如雕像、建筑构件等更具感染力，在营造空间氛围、美化城市环境等方面有着举足轻重的作用，运用得当则相得益彰、事半功倍。

2.2住宅建筑分类
Classification of Residential Building

2.2.1 按楼体高度分类 According to the Building Height

根据《住宅设计规范》，1~3 层为低层住宅；4~6 层为多层住宅；7~10 层为中高层住宅（也称小高层住宅）；11~30 层为高层住宅；30 层（不包括 30 层）以上为超高层住宅。

2.2.2 按楼体结构形式分类
According to the Structure Form of the Building

主要分为砖木结构、砖混结构、钢混框架结构、钢混剪力墙结构、钢混框架——剪刀墙结构、钢结构等。

2.2.3 按房屋型分类
According to the Classification of the Building

主要分为普通单元式住宅、公寓式住宅、复式住宅、跃层式住宅、花园洋房式住宅、独栋别墅、联排别墅、小户型住宅（超小户型）等。

2.2.4 按房屋政策属性分类
According to the Building Policy Attribute

主要分为廉租房、已购公房（房改房）、经济适用住房、集资建房等政策性住房和具有金融属性的商品房两大类。

2.3我国现代住宅建筑的发展阶段及各阶段特点

Development Stages and Characteristics of Contemporary Residential Building in China

从新中国成立至今的 65 年，我国住宅形制及居住环境经历了翻天覆地的变化，将各个历史阶段下的典型住宅串联起来，塑造出一部新中国住宅建筑的发展史。系统性回顾这些历史阶段的典型住宅模式，穿透历史的迷雾，我们才能总结过去，立足现在，展望未来。

在住宅产业化中引入恩格尔系数有助于我们理解消费结构和人均住宅面积之间的关系，从而对我国住宅产业进行大致的梳理和分类。恩格尔系数是指食品支出总额占个人消费支出总额的比重，源自 19 世纪德国统计学家恩格尔总结消费结构变化得出的一个规律，即一个家庭收入越少，家庭总支出中用来购买食物的比重就越大。推广至住宅产业发展大致分为三个阶段，恩格尔系数在 50% 以上为数量型发展阶段，在 30%-50% 为增量和质量并重发展阶段，低于 30% 则进入更加精致化的重质量阶段。

上海在 1995 年的恩格尔系数是 53.4%，到了 21 世纪的 2002 年进入 40% 以下 ,2010 年接近 30%，从而大致能推算出上海住宅产业的发展阶段。

2.3.1 第一阶段（1949~1994）The First Stage (1949~1994)

1. 社会背景与住宅特征

解放初期，百废待兴。彼时中央政府倡导“先生产，后生活”，工人阶级的地位得到前所未有的提高，在这样的历史背景下诞生了一批工人新村，这批住宅在规划设计中颇受苏联影响，如居住区以街坊为规划模式，每个街坊面积一般为五、六公顷，街坊内以住宅为主，采用封闭的周边式院落布置，配置极其少量公建。工人新村是理解新中国成立之后上海城市空间发展的重要抓手，那时上海城市更新是基于从消费型城市向生产型城市的转变，而工人新村不能简单地理解成国家对工人阶级的福利性分配和住宅社会主义化，更是承载了几代人对城市更新的切身体会和故乡情结。

恰逢此时，我国诞生了最早的住宅标准，1954 年国家计委颁发了《关于职工宿舍居住面积和造价的暂行规定》，规定指出城市职工的居住面积为单身宿舍人均 3 平方米，家属宿舍人均 4.5 平方米，住宅和宿舍的建设应当贯彻实用经济的原则，实现低标准、低造价和高质量。

20 世纪 60 年代，由于全国资源集中在工业生产上，居民住房较为紧缺，住房困难较为突出。在自力更生、艰苦奋斗等口号的推动下，全国迅速形成了一批简易楼、竹筋楼、筒子楼等具有时代特征的住宅类型，这批住宅以极低的造价、最少的钢筋水泥用量和最狭小的尺寸为特征，居住模式上合用厨房和厕所。住宅设计标准由原来的人均 4.5 平方米降低为 4 平方米，取消了卧室木地板，开间由 3.6 米缩小到 3.4 米到 3.2 米之间。厨卫间的陶瓷盥洗盆、便器均改为水泥制品，建筑造价由每平方米仅有的 98 元，逐年下降至 50 元左右。此时的住宅建筑在体型上不再局限于“一”字形，而是有凹凸、阶梯形等，同时采用不同高低与长短不同的体型组合。平面设计上，有内廊式、外廊式和跃廊式等几种。立面采用石灰水刷浆、青砖和简单涂料，对应材料的原色色彩有白色、浅黄色、浅褐色和浅绿色，建筑细部在楼梯外侧和阳台栏杆处采用中国式漏窗。

规划方面，均采用一条街的形式，沿街两旁布置各种商店、餐馆、旅馆、剧场等商业文化设施，利用街景和建筑轮廓线快速形成积极的城市风貌，体现了浓郁的社会主义城市风貌，贯彻了"适用、经济、可能条件下注意美观"的方针，当时所谓的美观不是指繁琐的装饰和昂贵的材料，而是要求在尊重材料原质原色的基础上，做到体型、比例、色彩和空间等方面的和谐统一与合理组合。这一时期最著名的有闵行一条街和天山一条街等。

20 世纪 70 年代初到 80 年代初的十年间，全国住宅建设几乎停滞，很多行业和技术均出现了断层，但正是在这样的背景下，1975 年上海第一个高层住宅群徐汇新村破土动工，徐汇新村曾是当年上海地标性建筑，至今仍代表了全上海无以计数的老公房。这是我国住宅建筑第一次尝试运用高层住宅技术，展示了当时城市和住宅技术发展的广阔空间和强大动力，以此带动了全国工业化、标准化、模数化的深化发展，工业化住宅逐步为世人所熟知。20 世纪 70 年代末，国家对人均居住面积有所放宽，1978 年国务院批复了国家建委《关于加快城市建设的报告》，报告中规定，每户平均建筑面积一般不超过 42 平方米，如果采用大板等新型结构，每户建筑面积可以达到 45 平方米。

20 世纪 70 年代后期住宅建设规模有所扩大，规划方面开始实施统一规划、统一设计、统一建设、统一管理的建设模式。

进入 20 世纪 80 年代，改革开放进入佳境，由于之前多年住房紧缺积累到了一定程度，国家开始恢复生产，投入了大量人力物力，在各地新建了一大批试点小区，我国住宅建设在这一时期得到了快速发展。20 世纪 80 年代初，国家在《关于职工住宅设计标准的几项补充规定》中提出了按类型规定面积标准的概念，一类住宅每户建筑面积 42 ~ 45 平方米，二类住宅每户建筑面积 45 ~ 50 平方米，三类住宅每户建筑面积 60 ~ 70 平方米，四类住宅每户建筑面积 80 ~ 90 平方米。在居住功能上首次提出了改善厨卫标准。住宅以套为单位，每套单独设置厨房和厕所，每户装设电表、水表和煤气表，设置阳台。该规定奠定了整个 20 世纪 80 年代乃至之后很长一段时间内我国住宅的设计标准和模式。同时中国建筑学会在 1982 年牵头组织了全国设计竞赛，对当时的建设标准进行试探性设计，取得了较好的效果，之后的住宅设计竞赛此起彼伏，这些竞赛包括我心目中的家、国际住房年、砖混住宅体系化等为主题的全国范围设计竞赛。20 世纪 80 年代中期，我国在济南、天津和无锡开展了全国住宅设计试点小区工程，至此我国住宅从理论到技术开始有了质的飞越，居住区里开始按规范布置配套公建，居住组团的组合模式开始多样化，居住环境也因为居住绿地和公共场所的设计而有了根本的提升。

1981 年广州和深圳开始商品房试点开发，1984 年广东和重庆开始征收土地管理费，1987 年深圳政府公开招标出让住宅用地，1990 年上海房改方案出台，实施住房公积金制度，1991 年国务院批准全国 24 个省市的房改方案，这些为 1992 年全面启动房改，推行住宅公积金制度奠定了坚实的基础。

20 世纪 90 年代初期，小康住宅成为风潮，从小康住宅标准到小康厨卫定制，小康住宅进行了系统化设计和模数化复制，其设计理念和重视使用功能的原则至今影响深远。

通过设计住宅标准的提出落实、设计竞赛的创新、试点小区的建设和小康住宅的探索推进，明显地提升了我国人民的居住水平，这些都为我国 20 世纪 90 年代之后商品房的大规模推进和爆发式发展奠定了理论和技术基础。

2. 第一阶段典型的住宅建筑

（1）曹杨新村

上海建国后的第一个工人新村——曹杨新村，是 20 世纪 50~60 年代的典型住宅建筑，也是第一批新中国住宅建筑，并入选首批中国 20 世纪建筑遗产。曹杨新村位于普陀区南部，现总用地 2.14 平方公里，现居住人口超过 13 万人。1951 年，新村一期破土动工，根据建国初期经济状况，这批住宅被设计为砖木结构建筑，前部为二层，后部是一层坡屋顶建筑，前后平齐的房屋式样既节约土地，又节省材料。建筑二层的地面铺的是木地板，与白墙相衬，简约实用，底层是水泥地坪，厨房、厕所和洗衣槽都集中在底层。新村运用“邻里单元”的设计理念，重视和谐的邻里关系和场所精神，每排房屋的间距为 10 米以上，房前屋后是公共绿地，公共空间开阔。

每个门牌号内楼上楼下，各 5 户，平均每户建筑面积大约为 27 平方米，居住面积大约为 17 平方米，平均每平方米建筑面积造价为 58.40 元，每平方米居住面积造价为 92.19 元，每户平均造价为 1601 元。

时至今日，曹杨新村经历了 60 多年的时光洗礼，其中有局部的拆改建、居住人群结构的变化、居住人口老年化、建筑密度高、由于人均居住面积低下导致的违章加建、停车设施和面积缺乏等多方面问题，曹杨新村的更新改造迫在眉睫。

（曹杨新村实景图）

（2）“二万户”

20 世纪 50 年代，工人阶级地位得到了显著的提高，华东军政委员会和上海政府在“解决大城市工人住宅问题”的指示下建造了大批工人住宅。1953 年在沪西、沪东和沪南等毗邻工厂区附近的空地上建设的一批工人住宅，共计 2000 个单元，每单元可住 10 户，一共可容纳 2 万户，被人们亲切地称为“二万户”。这二万套住房使近 10 万工人的居住困难得以解决，对于当时有着 60 万的工人阶级的上海来说，具有里程碑般的意义，更是开启了申城工人新村建设的新时代，改变了两三代上海人的居住模式和生存环境。分布在上海杨浦区的长白一村、控江一村、凤城一村、鞍山一村，长宁区的天山一村，徐汇区的日辉一村等均是这个时代的产物。

“二万户”参考了曹杨新村一栋样板房，然后由工人代表从华东建筑设计公司设计的十几种方案中选定出理想的设计图，最后还听取了工人代表的集体建议，可以说是在当时没有建筑规范和专业住宅设计人员的背景下工人智慧的集体结晶。与曹杨新村分配给劳模等先进工人不同，“二万户”的分配对象偏向于居住条件极差的工人家庭，更具有广泛性和现实意义。

“二万户”并非一种特定的房屋类型，却带有鲜明的时代烙印。“二万户”的住宅一般为砖木结构，上下两层各 5 间房，上下各有一个公共厨房和公共厕所。尽管与现有的住宅标准相比差距甚远，但与之前的简陋的棚屋茅舍相比，工人的居住条件大为改善，在那个物质匮乏、生活艰难的年代给了工人阶级从未有过的幸福感，体现了社会主义制度的优越性。

伴随上海经济的迅猛发展和“二万户”的日益破败老损，“二万户”已逐渐远离上海人的生活。历史的车轮总是滚滚向前，代表一个时代工人阶级翻身做主的“二万户”终究会结束自己的历史使命，而和谐的邻里关系、朴实恬美的生活往事却化作一代人的记忆，温暖着上海这座繁华的大都市的过去。

（“二万户”实景图）

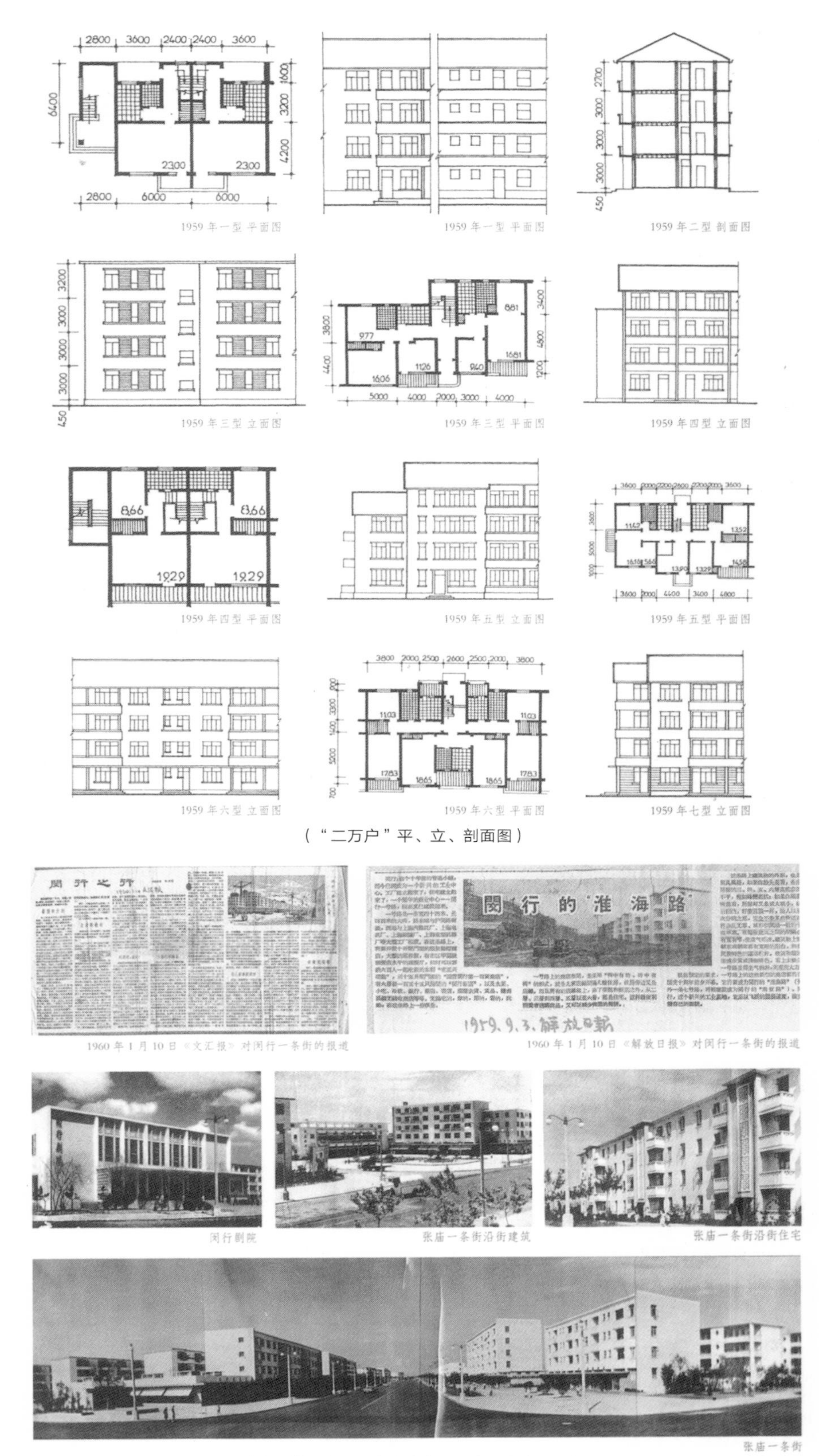

1959 年一型 平面图

1959 年一型 平面图

1959 年二型 剖面图

1959 年三型 立面图

1959 年三型 平面图

1959 年四型 立面图

1959 年四型 平面图

1959 年五型 立面图

1959 年五型 平面图

1959 年六型 立面图

1959 年六型 平面图

1959 年七型 立面图

（“二万户”平、立、剖面图）

1960 年 1 月 10 日《文汇报》对闵行一条街的报道

1960 年 1 月 10 日《解放日报》对闵行一条街的报道

闵行剧院

张庙一条街沿街建筑

张庙一条街沿街住宅

张庙一条街

（上海的闵行一条街、张庙一条街沿街实景图）

（3）徐汇新村

徐汇新村始建于 1975 年，1977 年底完工。矗立于自斜土路、蒲汇塘路和漕溪北路之间的徐汇新村，总占地 2.4 公顷，包括 9 幢住宅，其中 6 幢为 13 层，2 幢为 16 层，1 幢为 17 层，建筑面积近 7 万平方米。平面布局为内廊式，一梯九户，每层有建筑面积 70 平方米的居室 4 套和 80 平方米的居室 5 套，楼内配有两部电梯，建筑结构为钢筋混凝土。最初的居民多为航天、卫生、公安等系统内的干部和技术人员。

在 20 世纪 70 年代完工的大多数多层和少数高层建筑之中，徐汇新村所带来的震撼绝对属于划时代的，彼时距离新中国成立已有 26 年，漕溪北路高层住宅群刷新了当时上海住宅建筑的体量和高度，影响了上海 70 年代乃至 90 年代的城市轮廓线。

（徐汇新村实景图）

（4）曲阳新村

设计竞赛开拓了实干派建筑师的思想，打破了多年的思想桎梏，一线建筑师开始活跃于新兴住宅区的设计，并在设计实战中勇于创新，这一时期诞生了很多优秀的作品，曲阳新村和康健新村就是其中的典型范例。

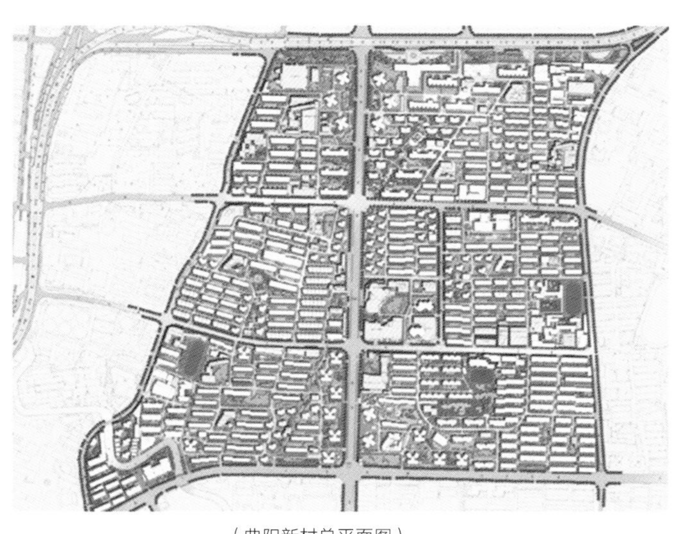

（曲阳新村总平面图）

曲阳新村是上海以城市化社区理念建设的第一个大型居住区，由国家级勘察设计大师蔡镇钰担任设计总负责人，邓小平、黄菊等领导人曾到此视察。曲阳新村兴建于 20 世纪 80 年代，1991 年建成，常住人口大约 8 万人。不同于以往的工人新村，曲阳新村并不是单纯以工人阶层为主要住户、解决工人居住为首要目标的低标准住宅区，而是有着相当商业氛围和配套设施齐全的“现代化”小区。小区建设初期，按城市道路划分为 6 个居住小区，城市主干道穿越其间，建有高层住宅建筑 32 栋，多层住宅建筑 241 栋，住宅建筑占总建筑面积的 87%，公共建筑占 13%。

虽然在小区规划方面仍然采用多层行列式排列模式，但是在公共建筑的布局上，首次采用了于主干道一侧设置步行商业街和公共广场的创新，同时取消了住宅楼商业底铺的模式，商业和住宅有了明晰的功能分区，这些为曲阳新村日后浓郁的区域商业中心氛围奠定了基础。

（5）康健新村

1982 年市建委举办了上海首届居住区规划设计方案竞赛，康健新村地块被选为竞赛内容，该方案还曾获得了部级勘测设计一等奖，在建设部召开的住宅小区试点会议上受到广泛好评。

康健新村始建于 1984 年，1995 年全面建成完工，分为东区、中区和西区三部分，总规划用地 164 公顷，住宅用地 117 公顷，总建筑面积 153 万平方米，公建面积 12 万平方米，可居住人口达 7 万人。康健新村在规划上的最大特点在于住宅组群参考了上海里弄的结构，不同类型的住宅被集中成片布置，形成组群的概念，各个组群造型不同、风格各异，组群之间用绿地或围墙分隔。组群中心建儿童游乐场所和居民休憩广场。其中东区的康乐小区曾获得上海住宅工程最高奖——白玉兰奖，西区的玫瑰园曾获得 1995 年城市规划实施优秀奖。康健新村内道路摒弃了以往的方格网道路，采取了环状通道为主干道，进入每个组团则用组群道路相连接的层级模式，环状通道和城市干道相连接，从而引入公交车站点，方便居民出行。

（康健新村规划图）

组团分为多层组团式、高低组合式、高密度里弄式和花园自由式等。住宅户型设计均为明厅、明厨、明厕，实现水、电、煤独用，设置集中排烟系统。公共服务设施既有分散与住宅组团之中的小型便利店，也有按照合理的服务半径集中设置的菜市场和商店，给居民生活带来便利。

康健新村是“六五”期间上海新建的 12 个大型居住区之一，实现了统筹设计、分批建设，是 20 世纪 80 年代到 90 年代建成的建筑造型多样美观、居住环境优美惬意、配套设施齐全完善、交通出行便捷舒适、适应多层次需求全方位要求的新型住宅区之一。

（6）石家庄联盟小区

1992 年建成的石家庄联盟小区位于石家庄市区西北，项目选址距离石家庄火车站 6.5 公里，是全国第二批城市住宅小区建设试点之一，曾获得国家优秀设计铜奖、鲁班工程奖、建设部优秀设计一等奖，成为轰动一时的小康住宅试点项目。

项目总用地 25.89 公顷，总建筑面积 34.32 万平方米，其中住宅为 31.87 平方米，公共建筑 2.45 万平方米。小区户型新颖实用，功能分区明确，设置入口玄关从而完成从室外到室内的过渡，设置储存空间、独立厨卫，注重公私分区、干湿分区、动静分区，从而实现真正的人性化和实用性兼顾。

小康住宅研究是我国与日本 JICA（日本国际协力机构）合作项目，始于 20 世纪 90 年代，历时五年，完成了小康住宅标准的编制和小康居住行为模式的研究。小康住宅开始真正关注居住者的生理和心理需求，强调以人的居住生活和行为规律作为住宅小区规划设计的指导原则，以人为本，强调良好的声、光、热等物理环境和卫生环境，通过合理的功能分区和空间布局、定制的小康厨卫及其他周边产品，实现系统化、模数化、标准化建设。小康住宅的另外一个重要贡献就是引入了物业管理及服务，从小区规划开始就引入物业的概念，对提供安全、方便、体贴和周到的生活环境和推进和谐互助的社区文化有着积极作用。

小康住宅的设计理念和功能分区较为深刻地影响了我国住宅的后续发展，2006 年小康住宅被国家科技委列入“国家 2000 年小康住宅科技产业工程”，成为当年十大重点科技产业工程。《小康住宅居住小区规划设计导则》的颁布意味着我国城市小康住宅研究达到了前所未有的高度，极大地提升了我国住宅建设和规划设计水平，对跨入现代住宅发展阶段起到了重要的作用。

2.3.2 第二阶段（1995~2010）The Second Stage (1995~2010)

1. 社会背景与住宅特征

20 世纪 80~90 年代的住宅商品化和土地产权化的理论突破和小康住宅的试点建设，为中国房地产业提供了坚实的理论和实践基础。1992 年邓小平南行，政府开始全面支持住宅商品化，国家停止福利分房制度，在房地产领域和全面市场化接轨。1994 年颁布《国务院关于深化城镇住房制度改革的决定》（国发 [1994]43 号），决定中明确指出城镇住房制度改革的基本内容是把住房建设投资的主体由国家、单位统包改变为国家、单位、个人三者合理负担；把各单位建设、分配、维修、管理住房的体制改变为社会化、专业化运行的体制；把住房实物福利分配的方式改变为以按劳分配为主的货币工资分配方式；建立以中低收入家庭为对象、具有社会保障性质的经济适用住房供应体系和以高收入家庭为对象的商品房供应体系；建立住房公积金制度；发展住房金融和住房保险，建立政策性和商业性并存的住房信贷体；建立规范化的房地产交易市场和发展社会化的房屋维修、管理市场，最终的目标是逐步实现住房资金投入产出的良性循环，促进房地产业和相关产业的发展。

随后由于亚洲金融危机爆发，沿海城市房地产由过热转为蛰伏低迷。1998 年召开了全国城镇住房制度改革与住宅建设工作会议，当年 7 月颁布了《国务院关于进一步深化城镇住房制度改革加快住房建设的通知》(国发 [1998]23 号)，全国城镇全面进入了市场经济条件下的商品房建设，计划经济时代职工住宅建设就此落下了帷幕。这一通知的颁布，从政策方面有效刺激了住房需求短时间内爆发，延续 5 年的房地产业颓势开始扭转，成为房地产业从迷雾中诞生、蹒跚推进到全面平稳、协调发展的分水岭，房地产开始逐渐成为中国经济的支柱之一，开启了为期近 20 年的黄金时代，造就了近 20 年来最大的一次社会财富大变迁和人口大转移，成就了万科、绿地等一批跻身世界 500 强的大型房地产企业，极大程度改善了全国人民的居住环境。

21 世纪初中国加入了 WTO，从而开启了世界化的广阔视野和加速了市场化的进程。专业化的房地产企业的诞生和壮大， 及一大批建筑专业人才走向社会，在新时代的新战场上挥洒着他们的青春和热血，从而使我国这一时期的住宅建筑呈现出百花齐放、百家争鸣的特点，数量和质量激增，大型和特大型城市中高层住宅逐渐成为主流，近郊区也不乏占尽天时地利、独门独户的高端别墅。这其中诞生了很多经典住宅区，其规划合理、配套齐全、户内功能分区明确、空间多样灵活、外立面丰富多彩、建筑风格渐成体系、结构现代、材料多样、景观均好幽静，但总体也存在诸多不足，如粗放式模仿和无地域性复制并存、规模庞大但创新不足、对人性化缺乏深刻理解、对生态环保缺乏可持续性规划。

2. 第二阶段典型的住宅建筑

(1) 万科情景花园洋房

万科情景花园洋房是介于别墅和单元式板楼之间的创新住宅形式，诞生于 2002 年，之后迅速风靡全国，各大地产商均推出类似住宅产品，在建筑风格和空间细部做了微调，因地制宜地诞生了品种多样的情景花园洋房，但始终脱离不了其原型，即建筑向阳面层层退台，形成一个个景观露台。一层的两户中间设单元门，阳光房入户，同时阳光房和花园共同形成半围合私家庭院；二层两户中间设楼梯，阳光露台入户。情景花园容积率低，建筑密度低于普通多层住宅，入户方式新颖，住户可以通过花园和露台与阳光自然有效沟通，强调人性化、和谐邻里关系，提升社区交流和生活品质。同时由于层层退台且错落有致，使建筑立面丰富多彩，阴影变化多姿，建筑充满灵动感和变化感。在建筑材料方面，使用多样化材质，形成不同色块和质感的墙面，进而形成不同建筑风格。在细节的处理上以精细化和定制化为目标，使其产品可完全市场化且具有强大的生命力。

在住宅区规划方面，情景花园洋房强调与城市空间的对话，同时重视居住者回家的一系列心理变化，入户花园或露台可以使居住者从公共空间到半公共空间有效过渡，私有景观和公共景观交相辉映，共同营造出居住区优美和谐的景观环境。

同时情景花园洋房从诞生到成熟经历了诸多变化，充分尊重市场化和地域性。2002 年的情景花园洋房主要以南面退台、单色外立面为主要特征。2005 年情景花园洋房加大户内面积，更加重视花园院落的景观设计。2008 年则开始分化，总体特征是加大面宽，客厅部分挑空，地下室多样化，有的半地下、有的一层、有的二层。根据地域不同，着重面也不同，北京重视冬季采光，深圳则重视围合性布局，寸土寸金的上海则出现小户型情景花园洋房，成都重庆则考虑地势高低变化做出了更加丰富多彩的竖向空间，多层次错落，契合地势变化使空间更加多样。

万科情景花园洋房的出现弥补了我国从 2003 年开始严控别墅用地的缺憾，主要和潜在客户群为现实社会中务实奋斗的精英阶层，中高收入，30~50 岁之间，稳定内敛不张扬，崇尚自然和温馨便捷的居住体验，情景花园洋房因充分满足了这部分客户的居住要求而站上了时代的风口浪尖，这也是尊重市场、顺应市场的必然结果。

广州四季花城、天津水晶城、深圳第五园均是万科情景花园洋房中的杰出代表。

（2）广州四季花城

（万科广州四季花城）

广州四季花城位于广州金沙洲，占地面积约 50 万平方米，总建筑面积为 44.7 万平方米，容积率 1.0，总住户 3900 户，以组团为基础分四期建成，曾获得"2006 年中国詹天佑土木工程奖"、广东省绿色住宅实验小区等荣誉称号。项目所在地山丘湖泊众多，植被丰富，有着完整优良的生态系统。总体布局上沿城市道路布置小高层为主，滨水和景观优良之处布置情景花园洋房，中间地带布置多层住宅。公共建筑如商业、会所、学校则均匀布置于组团之间，可达性良好。

广州四季花城的情景花园洋房立面自然朴素，呈现简洁明快的现代风格，材质以木材、石材、玻璃和金属构件为主，以浅灰色、白色为主，局部橘色等重色系。由于建筑体块穿插和遮阳格栅而形成变化的阴影，立体化的立面构图显得分外丰富生动。经典户型以三室为主，户型紧凑，底层带有阳光房，顶层带有露台，每户均是双阳台设计。围绕湖面和依山的情景花园洋房面积大约为 195 平方米，采用层层退台设计，底层双花园，前花园用以停车，后花园则为景观花园。

（3）天津水晶城

（万科天津水晶城）

天津水晶城位于天津市西南部，为天津主导风向的上风口，自然条件优良。项目原址为天津玻璃厂，原有老厂房、烟囱、铁轨作为天津工业化的城市历史文脉被保留下来，并在景观设计中被巧妙利用和渗透，通过新旧对比、材质对比、虚实对比，成就了水晶城独一无二的历史厚重感。原有 600 多棵古老大树也被保留下来，苍苍古树与现代建筑融合在一起，既保留了基地的部分原有肌理，又美化了环境。小区主要以情景阳光花园洋房、联排住宅、公寓和小高层为主，紧邻卫津河形成河畔景观组团，卫津河和中心会所之间形成中轴线景观。

水晶城分两期建成，一期的情景阳光花园洋房立面材质以过火砖、素水泥墙、金属板为主，红砖蓝天对比强烈，塑造出强烈的工业感，隐约透露出五道口特有的欧洲小镇格调。首层以南向小院入户，二层通过室外楼梯入户。

（4）万科深圳第五园

深圳第五园位于深圳北部，远离城市中心，总占地 44 万平方米，总建筑面积 55 万平方米，容积率 1.1，总户数 4000 多，北区以高层居住建筑及商业建筑为主，南区以低层和多层居住建筑为主，建筑风格为现代中式风格，并在规划设计上充分运用传统村落形态，建筑组合上使用院落为基本单位，院落之间散布景观怡人、尺度和谐的公共空间，同时建筑组团以街巷和人行步道串联，形成富有人情味

（万科深圳第五园）

的空间。别墅区以前院入户，拥有绝对私密的内院和高低错落的后院，景观丰富有致。

外立面材质以白色涂料平涂为主，和深色铝合金门窗形成对比，白墙黑边和灰窗使建筑立面充满朴素简洁的中国风特色，局部配以原木色的木质栅栏和木门，打破沉默。

2.3.3 第三阶段（2011~ 至今）The Third Stage (2011~present)

1. 社会背景与住宅特征

进入 21 世纪的 10 年之后，由于房地产业附加的金融属性让房产热度不减，政府有关房地产业的各项政策开始收紧，2010 年是中国房地产业宏观调控最为密集的一年，年初出台了“国十一条”，之后又进行了加息等金融手段进行打压，但房地产业仍然高歌猛进，商品房建成及销售面积屡创新高，同时商品房建设质量总体较为优良，建筑风格多样且成熟稳定，重视建筑低能耗和新材料的运用。商品房开始地域性分化，三四线城市库存较多，而一二线城市二手房销量开始超过一手房，老旧房屋再利用开始进入人们视野。

同年，全面推行住宅商品化的同时，政府也提出要建立以经济适用房为主和租售并举的住房供应体系，双轨制并行，有效解决低收入者的住房问题，提高中高收入者的住房环境。

2. 第三阶段典型的住宅建筑

地区间仍然存在发展不平衡的现象，区域性过热或者过冷导致一地一政策，城市之间的住宅建筑发展方向也不尽相同，一二线城市的新房开始向两个方向发展——小面积住宅和大面积豪宅，中间面积住宅由于其定位模棱两可，消费人群也不够鲜明确定，在寸土寸金的一二线城市不可能成为大势所趋，但是在人均 GDP 较高、贫富差距不大的城市具有发展基础。另外无论小面积还是大面积住宅，在城市中心区都呈现高层化和精细化趋势，大面积住宅在市郊则呈现别墅化趋势。可持续发展和生态原则始终是设计者必须考虑的因素，住宅区景观设计也势必冲破原来的枷锁，变成城市景观的一部分。

2.4建筑外立面色・材对住宅建筑的影响

The Influence of Exterior Elevation's Color and Material on Residential Building

2.4.1 色彩运用的指导作用 The Guidance Function of Color Application

1. 人造色

物体显示的色彩归纳起来有两类：一是“自然色彩”，二是“人造色彩”。人造色彩可以泛指人造物的色彩，例如建筑色彩、服装色彩、平面设计色彩等。其中某个时期内人们带有倾向性的色彩称为流行色。

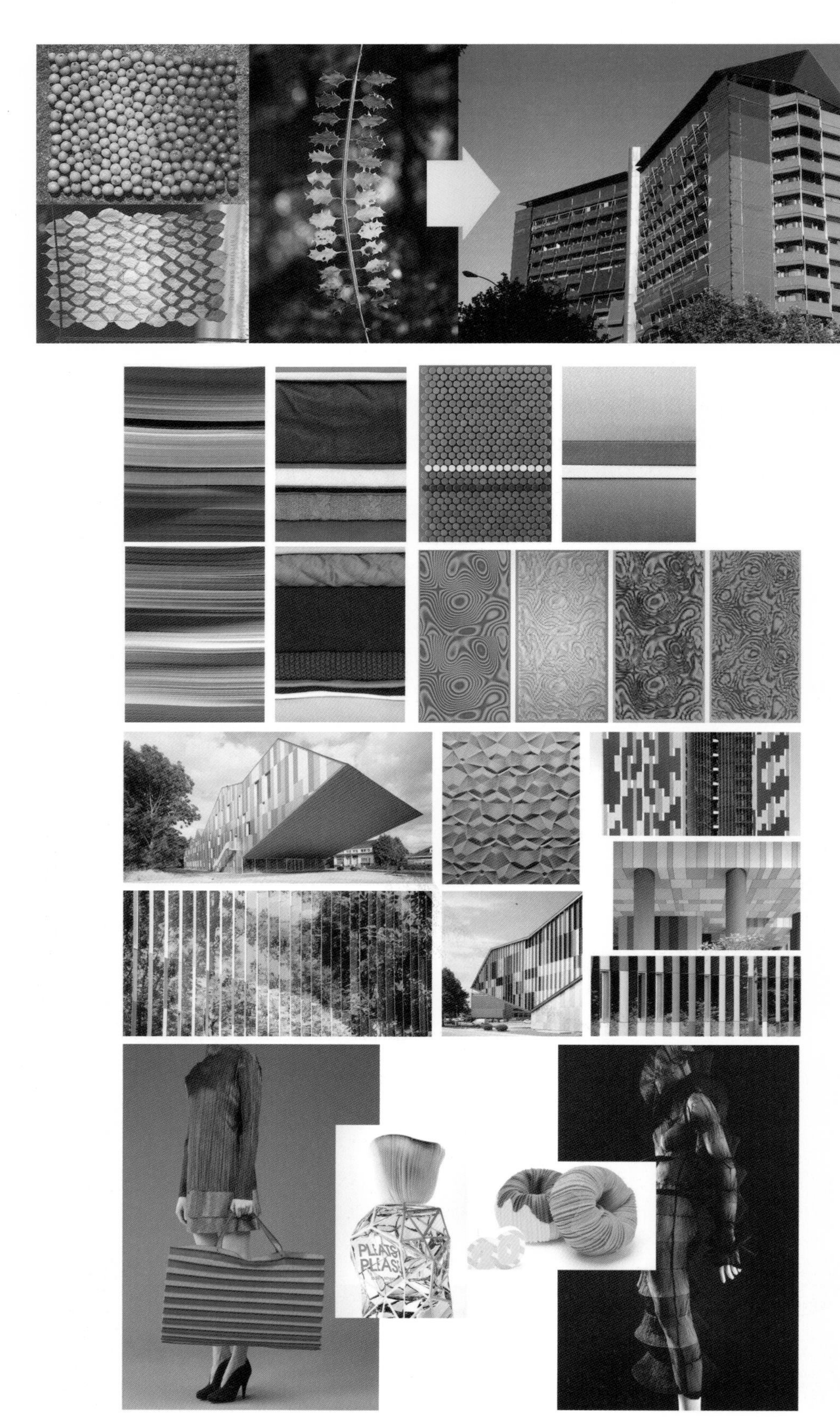

（从自然色到人造色——色彩的提取、演变与应用）

2. 流行色

流行色相对常用色而言，是一种趋同性社会心理的产物，它是某个时期人们对某几种色彩产生共同美感的心理反应，带有鲜明的时间属性。流行色与常用色互为循环，常用色有时上升为流行色，流行色经人们使用后也会成为常用色。

1963 年由英国、法国、瑞士、德国、日本等十多个国家联合成立了国际流行色委员会，英文全称为“International Commission for Color in Fashion and Textiles”，简称 “InterColor”，属于公益性色彩组织，总部设在法国巴黎。该组织每年 6 月和 12 月举行两次会议，确定第二年的春夏季和秋冬季的流行色，指明全球流行色趋势。另外每年欧美有些国家的色彩研究机构、时装研究机构、染化料生产集团联合起来，共同发布流行色，染化料厂商根据流行色谱生产染料，时装设计家根据流行色设计新款时装。

（国际流行色选色流程）

（不同色相、彩度和明度的生活流行色）

流行色在一定程度上对市场消费具有积极的指导作用，特别是欧美、日本、中国香港、韩国等一些追赶时尚、消费水平较高的市场，对流行色更为敏感。流行色有很大的应用范围，除了服饰类产品外，还包含汽车、家具、室内环境甚至建筑外立面等。

3. 建筑色

色彩是建筑设计中一个很重要的方面，建筑外立面色彩从以下几方面直接影响城市环境：

（1）物理热环境：不同色彩对太阳辐射的热吸收系数不同，会产生不同的物理效能，如热带建筑常用浅色系作为立面色彩。

（2）标识性：独特的色彩可增加建筑的可识别性，使城市环境丰富多彩。

（3）情感归属：色彩具有心理属性，产生联想和象征，进而影响城市文化。

（色彩在建筑中的应用）

4. 住宅色

城市中的住宅建筑，目前大多采用高明度、低彩度、偏暖的颜色，这样的颜色能给人带来温暖、明亮、轻松、愉悦的视觉心理感受。

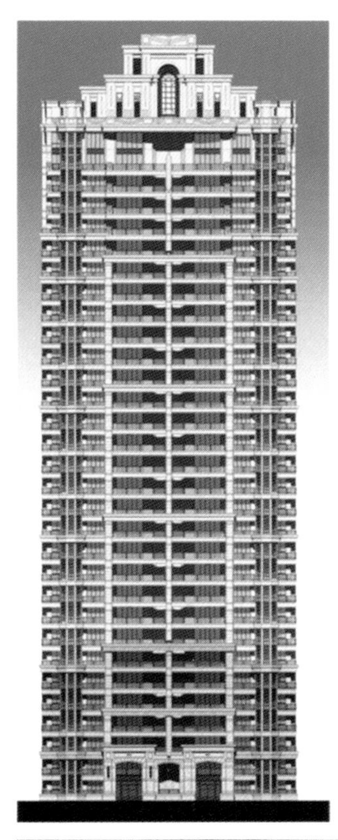

（和谐温暖的建筑外立面色彩）

2.4.2 住宅外立面色彩体系分类
The Color System Classification of the Residential Building's Exterior Elevation

1. 住宅色彩的时间分类

（1）原始色：最原始最容易获取的颜色。（从矿物、植物、动物当中直接获得）

（2）初始色：通过简单的工具进行简单的加工。（从矿物、植物、动物当中粗加工获得）

（3）复杂色：通过复杂的工具进行复杂的加工。（从矿物、植物、动物当中深加工获得）

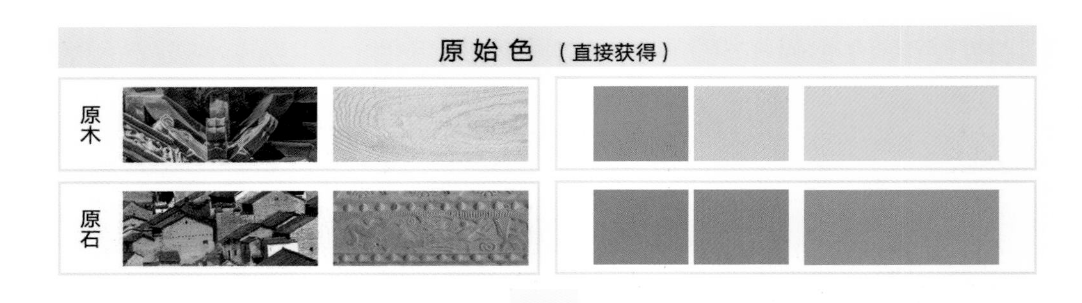

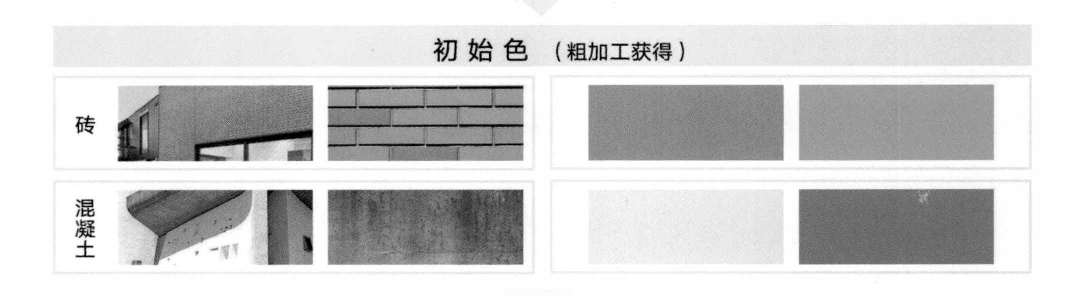

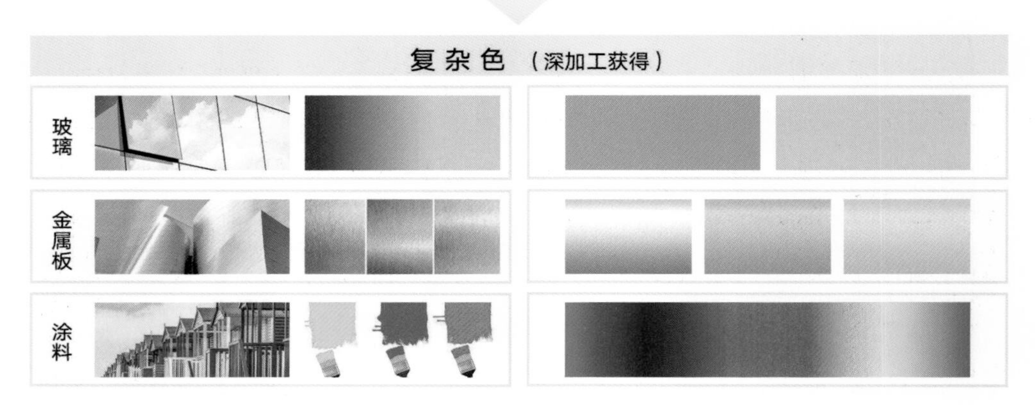

（住宅色彩的时间分类）

2. 住宅色彩的描述分类

（1）色彩获得方式：通过何种方式，从自然中直接或间接获得。

（2）色彩冷暖：从色相，即色彩的名称、相貌的角度对色彩进行描述。

（3）色彩明度：从明度，即色彩的明暗程度的角度对色彩进行描述。

（4）色彩纯度：从艳度，即包含单种标准色多少的度数，或者说是色彩的鲜艳程度的角度对色彩进行描述。

（5）自然色、非自然色：从颜色是从矿物、植物、动物当中直接获得（自然色），还是从矿物、植物、动物当中加工接获得（非自然色）的角度对色彩进行描述。

（6）复合色：两种或多种色彩通过简单的并置方式混合。并置混合是将各种色彩密接地并列在一起，由远处观看时，这些色彩在视网膜里混合变成另一种色彩。其是属于色光混合之一，色相混合后之结果与色光混合相同，其明度是混合色之平均明度，而其优点是混色后不降低明度。

2.5我国当代住宅建筑外立面风格及色·材分析

Analysis of Contemporary Residential Building's Exterior Elevation Style and Color-material in China

20 世纪 90 年代，伴随着我国住房从福利分房时代进入自主购房时代，在经济和技术迅猛发展过程中，房地产市场亦蓬勃发展，市场化的住宅建筑立面出现“不一样”的风格，进入 21 世纪后，房地产商推出的住宅产品更是多种多样，立面风格百花齐放。然而房地产市场的大发展亦伴随着住宅建筑外立面定义的无序与纷乱，各个地产商对各自推出的楼盘风格有各自的见解与说法，有时不相上下，有时又大相径庭，众说纷纭。鉴于此，本章试图从建筑设计的角度出发，对当代我国住宅建筑外立面做一个简洁而系统的分类。在此基础上，对于每个分类，追根溯源，结合建筑史上的经典定义与描述，作出自己的理解与阐述。

2.5.1 住宅建筑立面风格的罗列与分类
The List and Classification of Residential Building's Exterior Elevation Style

在当下众多房地产开发商中，本文选取了复地、碧桂园、恒大、万科等七个有行业代表性的地产开发商，而后收集和整理其开发楼盘的主要产品线，对其归类和整理主要住宅产品风格的定义。

在对比同一开发商对不同风格的诠释与不同开发商对同一风格的诠释之后，再次整理其产品线与立面风格，形成第二个表格，并在此表格上对同一类设计元素的建筑风格进行归类总结。

复 地	碧桂园	中海宏洋	万 科	恒 大	绿 城	富 力
ART-DECO(长沙复地崑玉国际)		ART-DECO(中海原山雅园)		欧陆新古典主义（恒大名都系列、恒大城系列）		Art-Deco（天津富力桃园）
				新古典主义（恒大御景湾）		新古典风格（富力津门湖）
新古典主义（武汉复地东湖国际）	古典（温州碧桂园）	新古典主义（中海凯旋门系列）			现代主义风格加古典细节（现代主义风格加古典细节）	新古典主义（富力城）
						英式风格（富力桃园）
法式(复地御钟山)	法式（咸宁碧桂园）	法式（中海紫御豪庭）	简约欧式（公园里、翡丽郡、金色领域）		法式风格（翡翠城西南区块、舟山长峙岛、慈溪玫瑰园、桐庐桂花城）	
新中式（复地紫藤里）			现代中式（深圳第五园）		新江南风格（绿城·舟山桂花）	
现代简约（北桥城）	现代(天津碧桂园)	现代典雅(中海银海湾)	现代典雅（万科水晶城）	现代建筑风格（广州金碧都市广场）	现代主义风格（德清百合公寓、青岛理想之城、杭州海棠公寓、济南全运村等）	现代风格（富力丹麦小镇）
			现代风格（万科蓝山小城）	现代简约（恒大海上半岛）		
	西班牙(宜兴碧桂园、碧桂园凤凰城)			地中海式风格（恒大金碧天下系列）	地中海风格（杭州蓝庭、桐庐桂花城、青岛理想之城）	西班牙风格（广州花都金港城）
	东南亚(碧桂园椰城)					
英式风格（长春哥德堡）						北欧风格（北京富力丹麦小镇）
	北美（碧桂园金沙滩）	北美（中海瓦尔登湖）				

（地产开发商主要住宅产品风格）

	开发商/风格	复 地	碧桂园	中海宏洋	万 科	恒 大	绿 城	富 力
(西方)古典建筑风格	古典装饰风格	ART-DECO(长沙复地崑玉国际)		ART-DECO(中海原山雅园)				Art-Deco（天津富力桃园）
	新古典风格	新古典主义（武汉复地东湖国际）	古典(温州碧桂园)	新古典主义（中海凯旋门系列）		新古典主义（恒大御景湾）		新古典风格（富力津门湖）
	古典折衷风格					欧陆新古典主义（恒大名都系列、恒大城系列）	现代主义风格加古典细节（现代主义风格加古典细节）	新古典主义（富力城）
现代建筑风格	现代构成风格				现代风格（万科蓝山小城）			
	现代典雅风格			现代典雅(中海银海湾)	现代典雅（万科水晶城）	现代建筑风格（广州金碧都市广场）	现代主义风格（德清百合公寓、青岛理想之城、杭州海棠公寓、济南全运村等）	
	现代典雅风格	现代简约（北桥城）	现代(天津碧桂园)			现代简约（恒大海上半岛）		现代风格
传统(地域)建筑风格	中式风格	新中式（复地紫藤里）			现代中式（深圳第五园）		新江南风格（绿城·舟山桂花）	
	东南亚风格		东南亚(碧桂园椰城)					
	英式风格	英式风格（长春哥德堡）						英式风格（富力桃园）
	北欧风格				简约欧式(公园里、翡丽郡、金色领域)			北欧风格（北京富力丹麦小镇）
	法式风格	法式(复地御钟山)	法式(咸宁碧桂园)	法式(中海紫御豪庭)			法式风格（翡翠城西南区块、舟山长峙岛、慈溪玫瑰园、桐庐桂花城）	
	地中海风格		西班牙(宜兴碧桂园、碧桂园凤凰城)			地中海式风格（恒大金碧天下系列）	地中海风格（杭州蓝庭、桐庐桂花城、青岛理想之城）	西班牙风格（广州花都金港城）
	北美草原风格		北美(碧桂园金沙滩)	北美(中海瓦尔登湖)				

（7大地产开发商主要住宅产品风格与方面风格）

归纳总结后，得出当代我国住宅建筑立面风格按大类分，可以分成（西方）古典建筑风格、现代建筑风格和传统（地域）建筑风格三类。其中（西方）古典建筑风格按照建筑设计手法及元素的不同，可以分为新古典风格、古典装饰风格以及古典折衷风格。同理，现代建筑风格，可分为现代简约风格、现代典雅风格及现代构成风格。而传统（地域）建筑风格，按照所处地域不同，先按洲际分成大类，每个洲又按设计手法不同，分成若干小类。如欧洲，可分为英式风格、法式风格、地中海式风格等等。

（当代我国住宅建筑立面风格划分）

在前述思路之下，按照“定义风格，典型元素，设计手法，及元素对材质和色彩的要求”的方式，以下对具体风格分类分别作阐述。

2.5.2（西方）古典建筑风格及色 · 材分析
Analysis of Western Classical Architecture's Style and Color - material

指仿西方工业革命以前的建筑风格，外立面讲究比例，注重形制，要求对称，注重建筑细部的建筑风格。此大类下，立面风格可分为新古典建筑风格、古典装饰风格及古典折衷风格。

1. 新古典建筑风格

（巴黎万神庙）

新古典风格在建筑历史上的溯源为古典复兴（classical revival），指 18 世纪 60 年代到 19 世纪末在欧美盛行的仿古典的建筑形式，大体上法国以罗马样式为主，英国、德国以希腊样式为主。这时期的作品以公共建筑、纪念性建筑居多，住宅等类型影响较小。经典作品有巴黎万神庙、柏林宫廷剧院、不列颠博物馆等。

而后的新古典主义指的是文艺复兴后，欧洲建筑师追求古希腊、罗马的建筑风格。兴起于 20 世纪 70 年代晚期的后现代主义的一个重要流派，是对于古典主义风格的扬弃，既传承古典主义的肃穆、大气和精细之美，又摒弃了其繁复和浮华的表象，依托新的科技和工艺，吸收新的美感形式。其在国内典型建筑有上海外滩汇丰银行大楼、上海东风饭店、外贸大楼等。

（上海汇丰银行大楼）

本文对新古典建筑风格的定义为对古典建筑风格的扬弃，传承古典建筑的比例和风格，简化其装饰。以古典建筑为内核，用现代材料与手法表达其风格。

新古典主义建筑设计手法如下： 建筑被处理成有粗石基座，标准的山花柱式入口门廊，巨柱装点墙面，规则对称的门窗以及高大厚重的檐口、女儿墙。

（新古典建筑风格建筑）

（新古典建筑风格建筑）

由于解决了结构问题，柱式构图在更大程度上发挥了它的装饰效果。 而且无论是何种材料，设计者总是力图将基座、柱式、墙面、檐口、女儿墙、拱券门楣和穹隆塔楼做出地道的石制效果。

言而总之，其是在传统美学的规范之下，运用现代的材质及工艺，去演绎传统文化中的经典精髓，使作品不仅拥有典雅、端庄的气质，并具有明显时代特征的设计方法。

总结新古典建筑风格，其典型部件（手法）一般为以下几点：

（1）自由的三段式构图；

（2）古典元素抽象化、符号化（建筑线脚、檐部等）；

（3）厚重的体量感；

（4）强调竖向线条及纵深感，凸字形组成的平面，代替古典主义的造型，达到立体效果；

（5）门头简化复杂的多次叠加的线型，体现简洁、大器；

（6）中轴对称 ；

（7）门窗洞口做形式感退层。

（新古典主义风格代表性搭配）

根据立邦工程项目汇总的案例，新古典建筑风格的色彩比较常用的具有代表性的颜色如图所示，从色彩的三属性上展开来看，色相基本集中在无彩色和 R~Y 色系，由于新古典建筑风格使用石材效果较多，色彩在明度上偏中高明度，而在彩度上则相对较低。

随着各种建材技术的发展，在一定程度上色彩的选择范围也比真实石材更为扩大，在仿石效果上色彩的彩度相对有所提升，从材质上来看大理石和花岗石效果应用普遍，较为常用的效果如图所示，从表面效果上来看，设计师比较多地选择具有一定质感的石材效果。

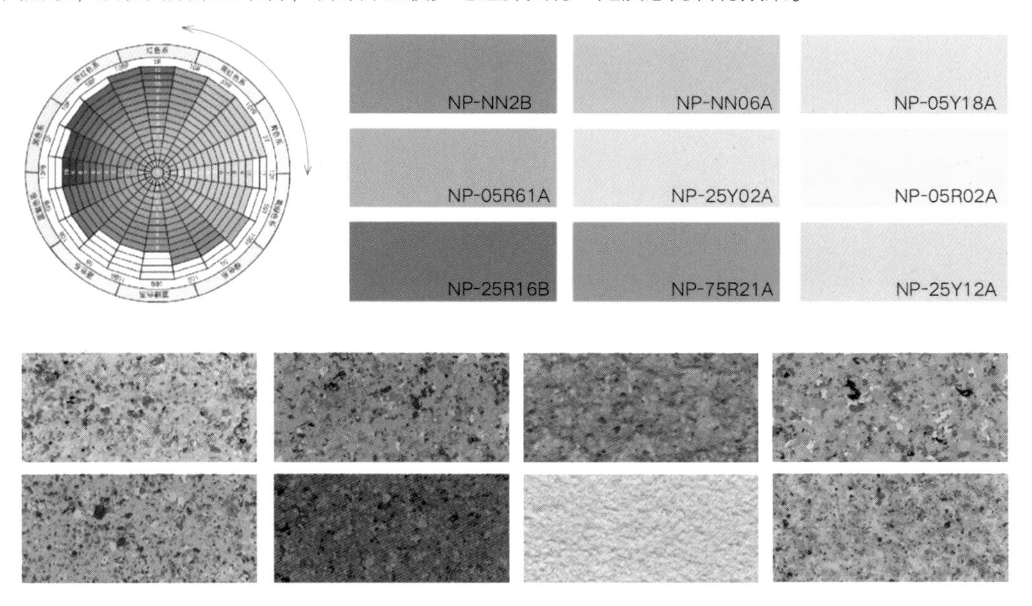

（新古典主义风格代表性质感效果）

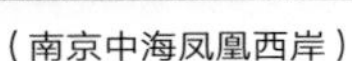

（南京中海凤凰西岸）

（南京保利香颂国际）

为达到庄重典雅的效果，其典型部件一般选用以下质感或色彩：

（莫斯科大剧院）

（1）下层通常用重块石或画出仿古砌的线条，显得稳重而雄伟；

（2）中段强调竖向线条及纵深感，凸字形组成的平面，代替古典主义的造型；

（3）檐口及天花周边用西洋线脚装饰，正面檐口或门柱上往往以三角形山花装饰，与底层重块石取得互相呼应的效果。

2. 古典装饰风格

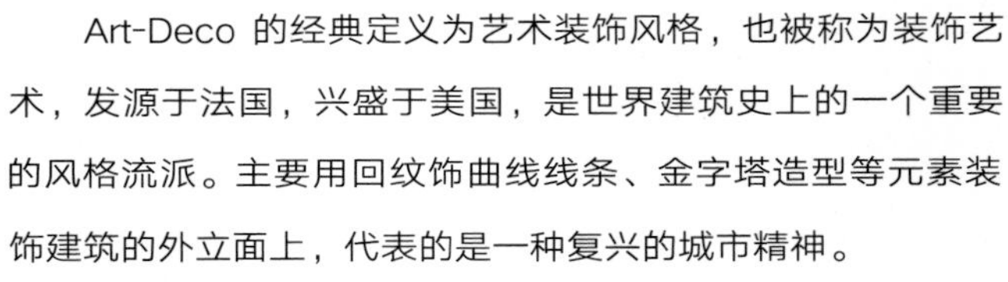

Art-Deco 的经典定义为艺术装饰风格，也被称为装饰艺术，发源于法国，兴盛于美国，是世界建筑史上的一个重要的风格流派。主要用回纹饰曲线线条、金字塔造型等元素装饰建筑的外立面上，代表的是一种复兴的城市精神。

有代表性的 Art-Deco 风格建筑包括纽约的帝国大厦、洛克菲勒中心及电话公司大楼等。

（帝国大厦）

本文对古典装饰风格的定义为高层建筑发展之后出现的一种建筑风格，主张将装饰上采用的形式语言融入建筑设计。同时用新材料（如塑料、钢镀铬钢），表现大自然中的元素，作为装潢的灵感，用花、草、树叶及海洋的线条为主要装饰语言。

国外较有代表性的 Art-Deco 风格建筑包括纽约的帝国大厦、洛克菲勒中心及电话公司大楼；上海的经典例子有国际饭店、和平饭店、永安公司大厦等。

（Art-Deco 风格建筑顶部细节）

装饰主义风格典型部件（手法）可归纳为以下几点：

（1）顶部阶梯状造型、放射状、圆形等几何形。

（2）对于新材料（如塑料、钢镀铬钢）的使用。

（3）各种全新题材的摩登雕塑、浅浮雕以及饰带与建筑立面的结合。

（4）包含古典的元素，强调竖向线条。

（5）它适应了机器时代和新材料的要求，如使用塑料、钢筋混凝土、隔热玻璃，其目标是使艺术与工业结合起来。

材质与色彩的表现：

（1）材质与色彩的表现大体与新古典风格接近，并出现灰褐色金属建筑装饰元素。

（2）下层通常用重块石或仿古砌线条，稳重而雄伟。中段强调竖向线条及纵深感，凸字形组成的平面。

（3） 檐口及天花周边用自然元素提纯装饰，显得比较轻盈，与底层重块石取得互相呼应的效果。

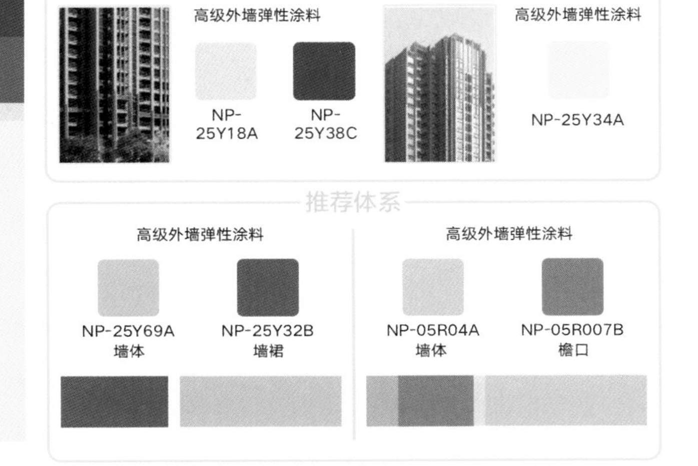

（Art-Deco建筑风格代表性搭配）

古典装饰建筑风格材质与色彩的表现大体与新古典风格接近，色彩比较常用的具有代表性的颜色如图所示，由于古典装饰建筑风格使用的建材范围更广，从色彩的三属性上展开来看，色相的范围相对比新古典风格更大，基本集中在无彩色和 R~GY 色系，色彩在明度上偏中高明度，而在彩度上则偏向中低彩度。

随着各种建材技术的发展，在一定程度上古典装饰建筑风格色彩的选择范围也比真实石材更为扩大，在仿石效果上色彩的彩度相对有 所提升，从材质上来看大理石和花岗石效果应用普遍，较为常用的效果如图所示，从表面效果上来看，设计师比较多地选择具有一定质感的效果，从而更突出装饰性。

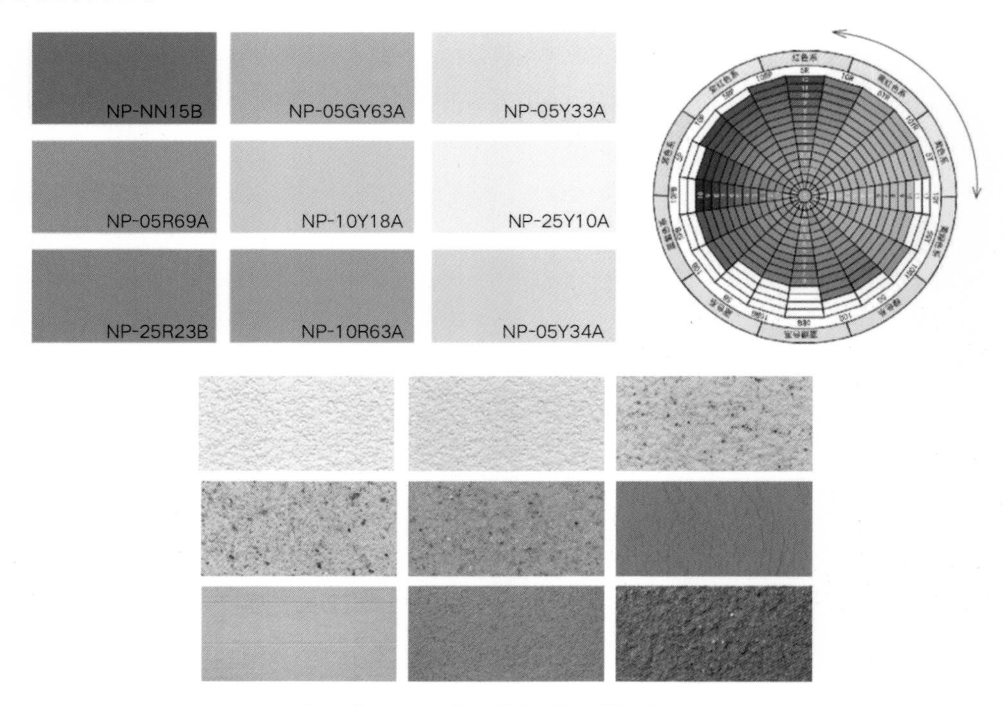

（Art-Deco建筑风格代表性质感效果）

（宁波奥克斯盛世天城）

（长春宽城万达）

3. 古典折衷风格

古典折衷风格在建筑学上的源头为折衷主义，是兴起于 19 世纪上半叶的一种创作思潮。 折衷主义越过古典复兴与浪漫主义在建筑形式上的局限，任意选择与模仿历史上的各种建筑风格，把它们组合成各种各样形式，亦称之为“集仿主义”。

（巴黎歌剧院）

（古典折衷风格建筑）

折衷主义建筑没有固定的风格，它语言混杂，但讲究比例权衡的推敲，常沉醉于对“纯粹式”美的追求。典型建筑有巴黎歌剧院、上海邮政总局等。

文本定义的古典折衷风格为任意模仿西方古典建筑的元素与风格，不受设计手法与建筑元素的限制，组成各种样式，讲究比例，注重建筑的“形式美”或“样式美”。

折衷主义建筑风格典型部件（手法）包括以下几点：

（1）形式上兼收并蓄，多种形式合在一座建筑之中，和谐，统一。

（2）在不同类型的建筑中使用不同的建筑风格。

（3）从不同的历史风格中选取局部或片段进行重构。

（4）用新技术来表现旧形式或者用传统形式来包裹现代功能、结构。

折衷主义建筑风格在材质和色彩上表现出来的为更加多样化。由于根据不同类型的建筑所表现的形式和手法也会大不相同，因此在色彩的选择上自由度更大。如图所示从色彩上来看，虽然色相跨度基本还是在 R~GY 区域，但在明度和彩度上则大大扩大了选择区域，基本覆盖所有明度，在彩度上也会使用一些在较高彩度区域的颜色做强调。

从项目案例数据分析，具有代表性的色彩为如图所示，很多色彩突破了天然材料所能达到的色彩区域，因此在折衷主义建筑风格上，人工材料得到了更广泛的使用。从材质效果上也可以发现，由于人工材质的使用，在很大程度上拓宽了材料的质感效果范围，因此使设计师可以更好地通过效果来表现建筑的立体感。

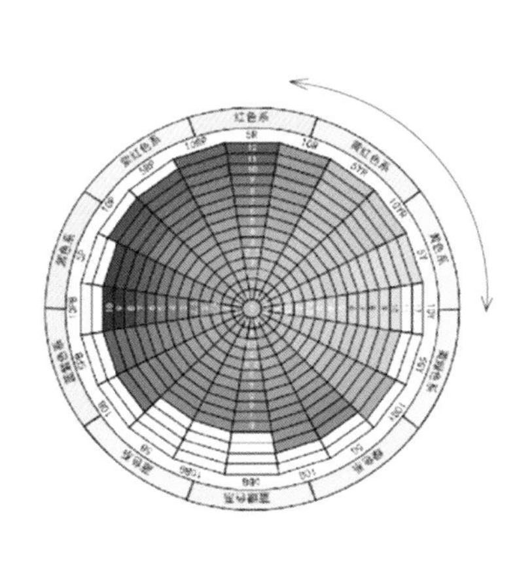

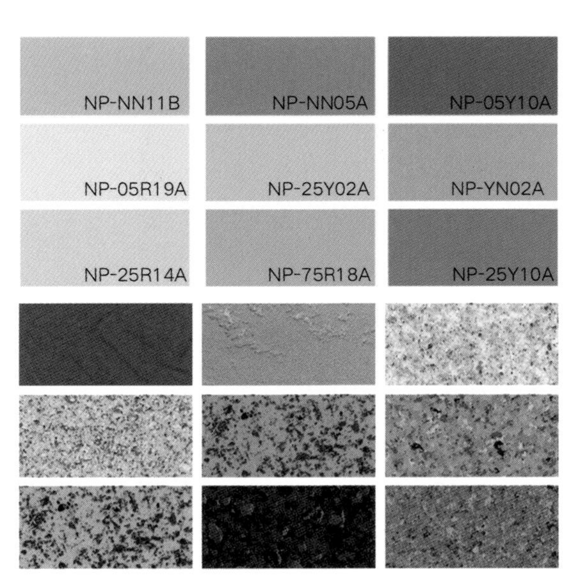

（古典折衷建筑风格代表性质感效果）

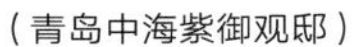

（青岛中海紫御观邸）

（郑州美景鸿城）

2.5.3 现代建筑风格及色 · 材分析
Analysis of Modern Architecture's Style and Color - material

现代建筑风格为兴起于 20 世纪 20 年代，在现代建筑界居主导地位的一种建筑思想。主张摆脱传统建筑的束缚，大胆创造适应于工业化社会的条件和要求的崭新建筑，具有鲜明的理性主义色彩。

1. 现代简约风格

现代简约风格其实就是早期现代建筑派风格的延伸，是 20 世纪 20 年代欧美建筑师提出的比较系统和彻底的建筑改革，建筑形式上主张没有装饰的简洁的平屋面、白色抹灰墙、灵活的门窗布置和较大的玻璃面积，并有朴素清新的外貌。

代表建筑有包豪斯校舍、萨伏伊别墅、巴塞罗那德国馆等。

本文对于现代简约风格的定义为用几何线条装饰，色彩明快跳跃，外立面简洁流畅，立面立体层次感较强，重视建筑使用功能，发挥材料本身的特点和结构性能，重视建筑空间，认为建筑美的基础在于建筑处理的合理性和逻辑性。

分析现代简约风格的建筑处理手法：

(1) 少就是多，设计的元素、色彩、照明、材料简化到最少的程度。

(2) 体现时代特征为主，没有过分装饰。

(3) 造型比例适度、空间结构明确美观，强调外观的明快简洁。

(4) 对色彩、材料的质感要求很高。

（萨伏伊别墅）

（包豪斯校舍）

（现代简约风格建筑）

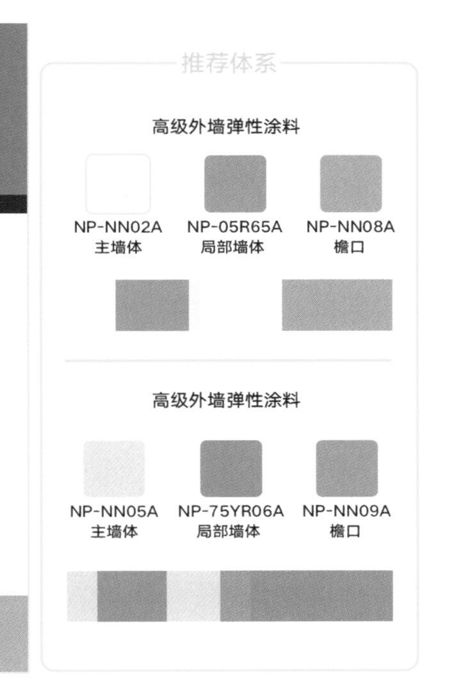

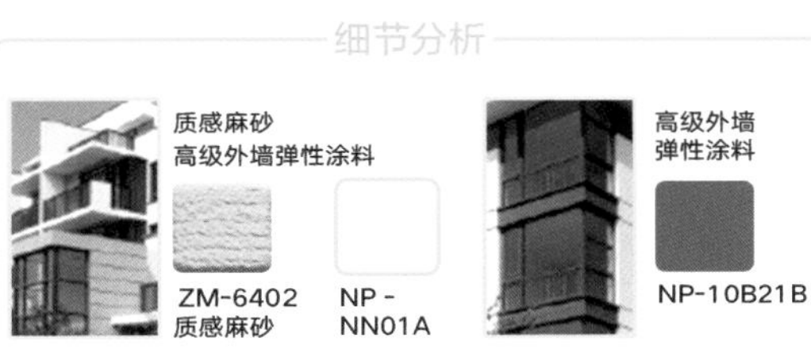

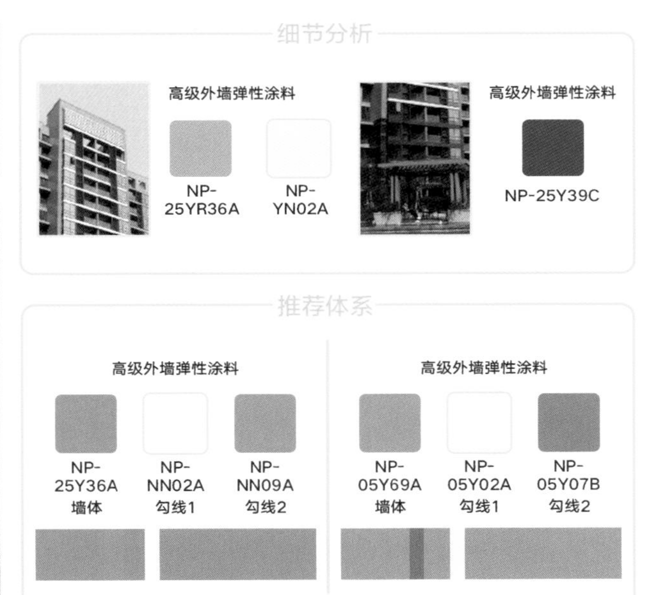

（现代简约建筑风格代表性搭配）

现代简约风格的特点之一就是色彩明快跳跃，由于重视发挥材料本身的特点和结构性能，因此对色彩、材料的质感要求很高。如图所示，从色相环上可以看出，色彩的选择范围比较大，主要集中在 R~GY 和 BG~PB 区域，彩度和明度上基本覆盖了所有区域，因此对于材质的要求更高，设计师比较偏好高科技和高性能的新型材料。常用的代表性色彩如图所示，明度较高，彩度适中，给人感觉明快的色彩普遍受到设计师欢迎。另一方面，从效果上分析，由于色彩跨度大，新兴材料的大量使用，不再局限于天然材料，因此效果的表现也更为丰富，如图所示，这些都是较为常见的表面纹理以及凹凸效果。

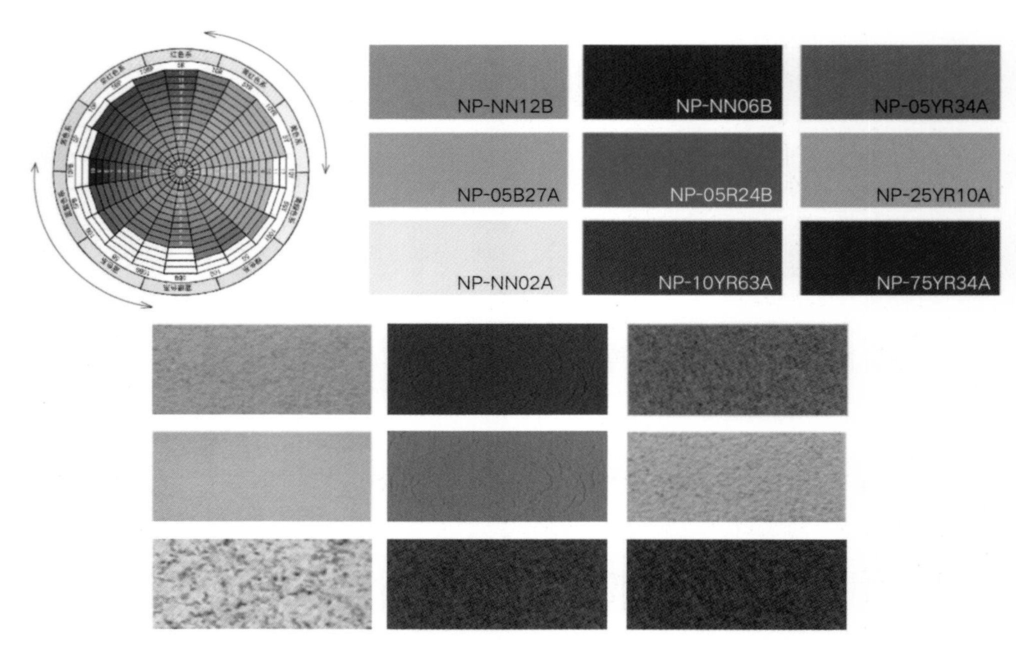

（现代简约建筑风格代表性质感效果）

（漕河泾三期）

（呼和浩特东方君座）

（成都万科金城西岭）

（现代典雅风格建筑）

2. 现代典雅风格

典雅风格在历史上的渊源是典雅主义倾向，亦称形式美主义，是同粗野主义同时并进而在审美取向上却完全相反的一种倾向，主要在美国。其致力于运用传统的美学法则来使现代的材料和结构产生规整、端庄与典雅的庄严感。其作品在现代主义之上，让人联想到古典主义。代表作品如谢尔登艺术纪念馆、林肯文化中心等。

本文对现代典雅风格的描述为主要用传统现代主义的表现手法结合传统的美学法则，使现代的材料和结构产生规整、端庄和典雅之感，并给人一种优美的像古典建筑似的有条理、有计划的安定感。

（天津水晶城）

经典表现元素：

(1) 形式上兼收并蓄，多种形式合在一座建筑之中，和谐，统一。

(2) 在不同类型的建筑中使用不同的建筑风格。

(3) 传统的美学法则。

(4) 用新技术来表现旧形式或者用传统形式来包裹现代功能、结构。

现代典雅风格从色彩和材质上来看，比较接近于传统的古典风格和现代风格的混搭。从色相环上可以看到，色相分布区域比较大，基本在 R~GY 和 BG~PB 色系上的颜色都比较常见，但是从明度和彩度上来看，整体处于中低明度和彩度。

比较具有代表性的颜色如图所示，整体色彩感觉更偏沉稳。在不同类型的建筑中色彩可选择的余地也相对更大，但总体上比现代简约风格更注重符合传统的美学。从材质效果来看，基本会根据建筑的类型和风格来进行配套选择，因此各种效果都普遍得到运用，如图所示，这些为设计师经常选用的纹理和凹凸效果。

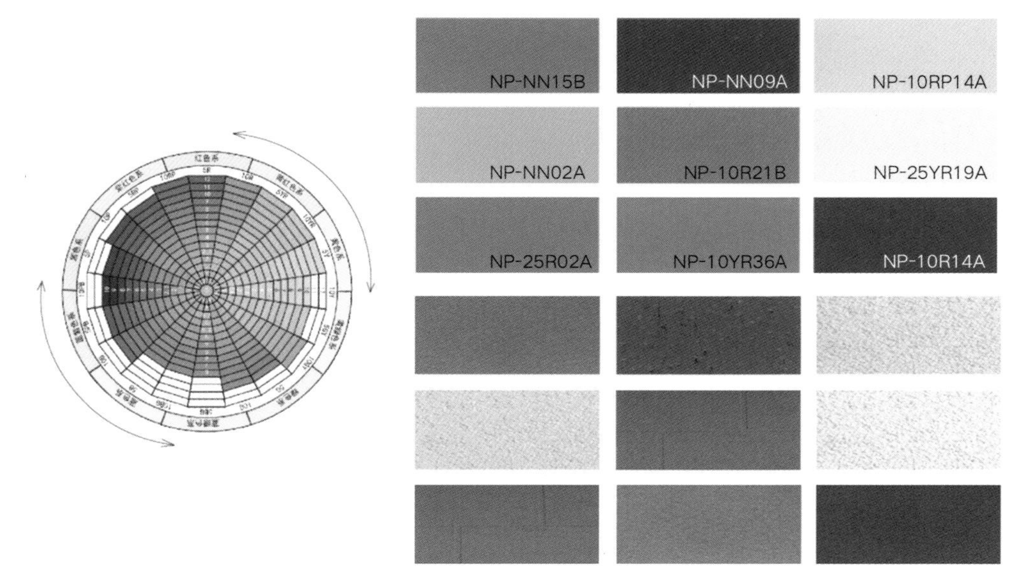

（现代典雅建筑风格代表性质感效果）

（南京岱山保障房）

（上海品尊国际）

（施罗德住宅）

3. 现代构成风格

现代构成风格在历史上的源头为构成主义派，是20 世纪初在法国产生的立体派艺术的变种和分支，认为最好的艺术就是基本几何形象的组合和构图。

最能代表风格派的特征建筑是荷兰乌德勒住宅。由简单的立方体、光光的板片、横竖线条和大片玻璃错落穿插组成。

本文对于现代构成风格的定义为现代建筑风格中的一种流派，立面用体块、线条构成处理，色彩简洁明快，注重体块感 。热衷于几何形体、空间和色彩的构成效果。注重在造型和构图的视觉效果方面进行的试验和探索。

（现代构成风格建筑）

经典表现元素：

（1）几何形体和纯粹色块的组合构图。

（2）光光的墙板、简洁的体块、大片玻璃和横竖线条组成横竖错落、明确的构图处理。

由于现代构成风格偏好用几何形体和纯粹色块进行组合构图，因此在色彩上的自由度更大。从色相环上可以看出，色系的范围集中于 R~GY 和 BG~P 区域，但是在明度和彩度上基本不受限制，因此色彩的选择余地更为广泛。常用的代表性颜色如图所示，大面积的区域比较偏向于给人感觉沉稳的色彩，但是在局部会使用跳跃度较大的色彩做强调，因此用色上的对比手法是设计师较常采用的。由于用色上彩度、明度范围的扩大，对于材质的要求就随之提升，一般普遍采用较为高科技的新型材料从而可以保证色彩的再现性，在质感效果上的注重相对偏少。如图所示，一般在效果上会根据建筑的实际需要进行匹配，不特别注重纹理和凹凸，根据建筑物的构造需求，要求光滑效果的案例也不少。

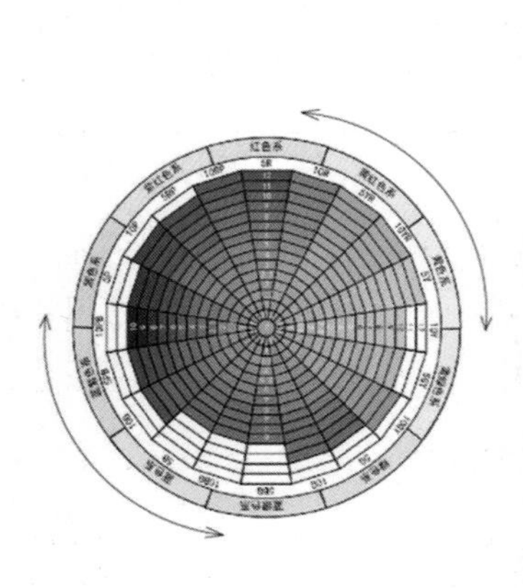

（现代构成建筑风格代表性质感效果）

（北京大望桥万达广场）

（长沙世纪城）

（南昌恒茂国际都会）

2.5.4 传统（地域）建筑风格及色 · 材分析 Analysis of Traditional Regional Architecture's Style and Color - material

传统建筑风格是在一定地域空间的基础上，随着风土人情的延续，而形成的建筑风格体系。由于研究时间有限，此部分研究小组计划在下一期报告中深入研究。

2.6 从住宅建筑色 · 材发展反观住宅建筑发展

From Color and Material Development to Residential Building Development

2.6.1 新生——百废待兴

伴随着新中国成立而建的这一批住宅建筑披着红砖灰瓦、清水混凝土，以最原始的状态陪伴了很多新中国同岁人走过了大半辈子。建筑是凝固的音乐，更是人类活动的“容器”，直接映射出一个时代的精神面貌。在这个所有人几乎穿同样的衣服、吃同样的食物、住同样的房子的时代，一切都已“起点”的状态呈现，居住条件的改善需求远远滞后于大生产、“现代化”，反映在住宅建筑上就是满足“刚需”、无规划自建和建设停滞。仅有的一批经专业建筑师规划设计的居住区保留到今天的并不多，但是从那些斑驳的老照片里仍然可以一睹它们曾经的“容貌”。

这些住宅建筑貌不惊人，平凡得让人看不见，清一色的方盒子状，几乎没有多余的装饰和外立面色材设计的概念，完全服从功能和材料，简陋率性地袒露出真实结构和维护材料原本的样貌。红砖、灰砖、水刷石、水泥砂浆、清水混凝土、纸筋灰墙、清水砖等是这个时期住宅建筑常用的材料，直指这个时期的住宅建筑发展阶段，初级、新生、蹒跚学步。

2.6.2 生长——百花齐放

伴随着市场经济的时代浪潮，住宅建筑开始风生水起、百花齐放。房地产开发商绝对是这个时代的弄潮儿，在他们的字典里出现了各种风格的住宅建筑样板，顶部呈现几何造型、立面运用浅浮雕以及饰带等古典元素的古典装饰风格，自由的三段式构图、门头和线脚以及檐部的古典元素简化、强调体量的厚重感和立体感的新古典风格，多种形式和风格融合在一起、遵循传统的形式美原则的现代典雅风格，光洁的墙板、简洁的体块、大片玻璃和横竖线条组成横竖错落的几何形体和纯粹色块组合构图的现代构成风格等，人们对欧美等发达国家的精神认同又催生了一批北美风格、地中海风格、德式风格、意大利式风格。

抛开这些纷繁复杂的“风格”，把目光聚焦到真实的建筑材料和色彩，探本溯源，就会发现新材料新技术的进步才是推动建筑发展的洪荒之力。在这个有追求、讲个性的时代里，建筑材料多样化才能满足不同人群的需求：“旧”材料呈现纵向发展趋势，即不断拔高自身的品质及精神内涵，如清水混凝土；“新”材料则呈现横向发展趋势，多样化层出不穷，如金属板材带来冷艳时尚的视觉冲击，各种颜色和反光的玻璃各领风骚，成为那个时代的流行趋势。材料的多样化直接带来了色彩的多样化，建筑设计师已经有意识地开始建筑色彩的设计，并利用色彩的心理影响创造出不同的场所氛围。

材料的多样化和色彩设计意识的觉醒，让这个时代的住宅建筑从新生走向成长。

2.6.3 成熟——百尺竿头

从最朴实的清水混凝土到炫酷的金属板材，弹指一挥间 65 年过去了，中国发生了翻天覆地的变化，从计划经济到市场经济，住宅建筑从统建统配到和商品房双轨并存，社会大环境发生了巨大的变化，同时人们的审美和内在需求也在变化，住宅建筑被深深地烙上了时代的印记，反映在建筑材料和色彩上就是从简陋到粗放，再到精致的过程，可以清晰看出住宅建筑从新生到成长，再到成熟。

未来建筑外立面材料的发展趋势必将是绿色、节能、环保。新材料和新技术的不断发展会让建筑师有更多选择的余地和拓展的空间，“一个时代的人们不是担起属于他们时代的变革的重负，便是在它的压力之下死于荒野”（哈罗德·罗森堡）——我们期待在不久的未来能看见更节能、更有创意、更人性化的住宅建筑出现。

CHAPTER 03

教育建筑色・材趋势

The Development Trend of Education Building's Color and Material

“教育”一词来源于拉丁语 educare，意思是“引出”，教育伴随着人类文明孕育而诞生，走过了漫长的进化过程，教育建筑也发生了翻天覆地的变化。公元前 3500 年左右，诞生了世界上最早的校舍“泥版书屋”，再发展到古代的民间私塾、文昌阁、魁星楼、文峰塔、文庙，以及皇家的国子监、文华殿等，直到近现代前卫的校舍、图书馆、科研楼，教育建筑始终追随着人类的进步及科技的发展而更新蜕变。

3.1教育建筑概述

Overview of Education Building

3.1.1 研究对象 Research Object

“教育”一词来源于拉丁语 educare，意思是“引出”，教育伴随着人类文明的孕育而诞生，走过了漫长的进化过程，教育建筑也发生了翻天覆地的变化。公元前 3500 年左右，诞生了世界上最早的校舍“泥版书屋”，再发展到古代的民间私塾、文昌阁、魁星楼、文峰塔、文庙，以及皇家的国子监、文华殿等，直到近现代前卫的校舍、图书馆、科研楼，教育建筑始终追随着人类的进步及科技的发展而更新蜕变。

教育建筑是人们为了达到特定的教育目的，实现教育活动的功能和职能而兴建的教育活动场所，其品质的优劣直接影响到学校教育活动的正常开展，关系到学校人才培养的质量，同时它作为载体还是一个社会的教育思想与价值观念、经济与文化面貌等的具体体现者，因此其重要性不言而喻。

3.1.2 研究背景及意义 Research Background and Significance

教育建筑作为人类发展过程中必不可少的启蒙思想的场所，深刻影响着人类的发展历史。百年大计，教育为本。教育是民族振兴的基石，是社会进步的桥梁，涉及千千万万的家庭对未来的期许。儿童从进入幼儿园，到成人后学成毕业离开校园，可以说人生最美好的年华大部分都是在教育建筑中度过的。在这个弥足珍贵的人生历程中，为学生提供一个良好的环境氛围至关重要。

如何在教育建筑中创造一个优秀的色彩环境和材质环境成为很多专业学者和管理者的重要课题，这不仅涉及色彩心理学对使用者心理的影响、材料的环保性对使用者身心的影响，同时合理的色彩、材质选择能带来良好的经济效益，并从物理性能上减少学校的能量和物质消耗，降低学校运作成本。从社会功能上说，良好的校园色彩、材质环境能美化学校形象，提升学校的影响力，同时对学生产生强制性的潜移默化的影响，有利于学生的学习和成长，长此以往会从侧面影响教育的质量，影响我国教育事业的发展。近年来，在全世界追求“公平而卓越”的教育改革浪潮下，营建育人为本的优质教育建筑成为人们推进教育改革的重要举措。

然而，目前大部分教育建筑普遍忽视“色·材”设计，建筑功能基本停留在“能用”、“达标”和“安全”上，未能有效满足现代化的教育需要，也未能彰显本校独特的教学文化及品质内涵。

3.2教育建筑分类

Classification of Education Building

3.2.1 按使用功能分类 According to the Function

教育建筑按照使用功能的不同可以分为供不同学龄学生使用的教学楼、图书馆、科研楼、实验楼、宿舍、大礼堂、美术馆及餐厅建筑等。

3.2.2 按教育内容分类 According to the Educational Content

教育建筑按照教育内容分类可以分为学前教育建筑、学历教育建筑、培训辅导教育建筑、特殊教育建筑四类。其各个分类对应的教育机构如图所示：

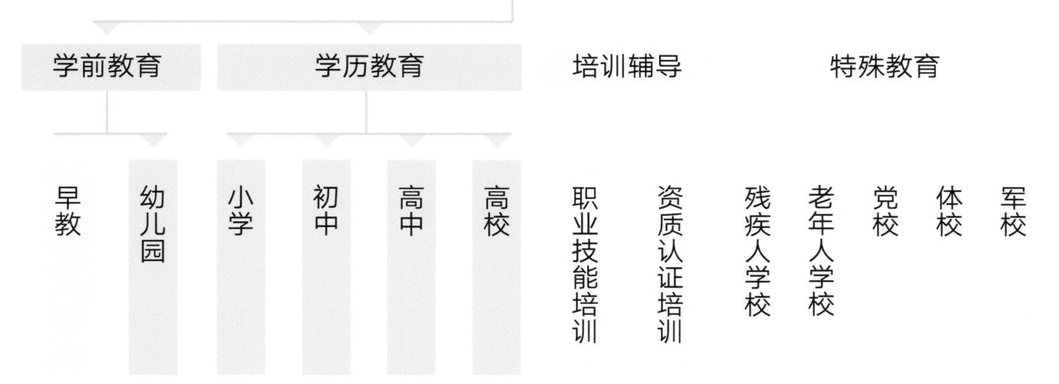

人一生按年龄可分为若干阶段，如婴儿期（0 ~ 3 岁）、幼儿期（3 ~ 6 岁）、儿童期（6 ~ 11、12 岁）、少年期（11、12 ~ 14、15 岁）、青年期、成年期、老年期，不同的年龄阶段有不同特征和需要，对于色彩的偏好和材质的敏感度也是不一样的。

要适合不同年龄阶段的使用者，教育建筑必须分阶段进行设计。因此，本文主要采用第二种分类方式，研究范围设定为学前教育建筑及学历教育建筑中从幼儿园、小学、初中、高中至高校这一系列的学校建筑中的“色・材”设计应用。从教育对象的年龄阶段划分入手，研究与不同年龄阶段相适宜的建筑“色・材”特征。

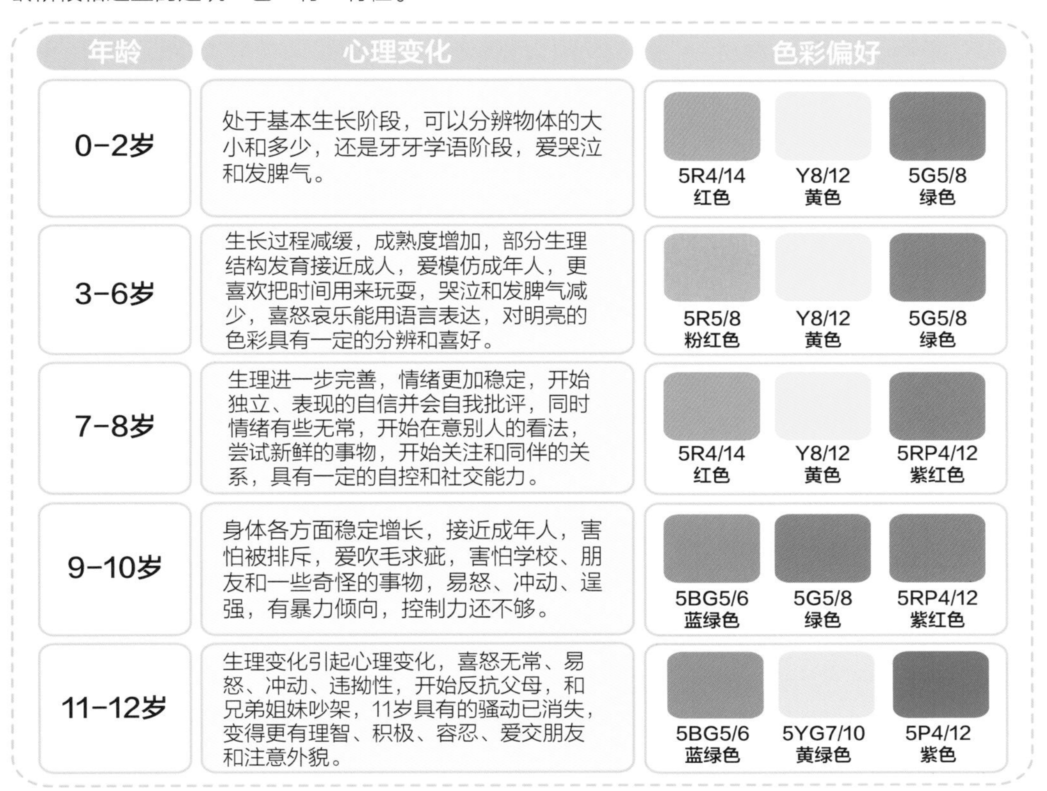

年龄	心理变化	色彩偏好		
0-2岁	处于基本生长阶段，可以分辨物体的大小和多少，还是牙牙学语阶段，爱哭泣和发脾气。	5R4/14 红色	Y8/12 黄色	5G5/8 绿色
3-6岁	生长过程减缓，成熟度增加，部分生理结构发育接近成人，爱模仿成年人，更喜欢把时间用来玩耍，哭泣和发脾气减少，喜怒哀乐能用语言表达，对明亮的色彩具有一定的分辨和喜好。	5R5/8 粉红色	Y8/12 黄色	5G5/8 绿色
7-8岁	生理进一步完善，情绪更加稳定，开始独立、表现的自信并会自我批评，同时情绪有些无常，开始在意别人的看法，尝试新鲜的事物，开始关注和同伴的关系，具有一定的自控和社交能力。	5R4/14 红色	Y8/12 黄色	5RP4/12 紫红色
9-10岁	身体各方面稳定增长，接近成年人，害怕被排斥，爱吹毛求疵，害怕学校、朋友和一些奇怪的事物，易怒、冲动、逞强，有暴力倾向，控制力还不够。	5BG5/6 蓝绿色	5G5/8 绿色	5RP4/12 紫红色
11-12岁	生理变化引起心理变化，喜怒无常、易怒、冲动、违拗性，开始反抗父母，和兄弟姐妹吵架，11岁具有的骚动已消失，变得更有理智、积极、容忍、爱交朋友和注意外貌。	5BG5/6 蓝绿色	5YG7/10 黄绿色	5P4/12 紫色

（年龄与色彩偏好）

1. 幼儿教育建筑——幼儿园

幼儿教育（3 ~ 6 岁）有广义和狭义之分，从广义上说，凡是能够引导幼儿心理和生理成长的活动都可以称之为幼儿教育，而狭义的幼儿教育则特指幼儿园和其他专门开设的幼儿教育机构所提供的教育。

幼儿园的英文是 Kindergarten，是基于把幼儿学校比喻为花园的说法而来，孩子们在幼儿园里茁壮成长，逐渐展现出不同的个性。最初的幼儿园诞生于 19 世纪，起初的幼儿教育理论分为为富裕阶层服务的泛爱主义教育论和为贫民阶层服务的斐斯泰洛奇幼儿教育论。19 世纪中叶，德国唯心主义教育学家福禄贝尔和意大利教育家蒙台梭利建立起幼儿园的雏形，幼儿园是为幼儿提供认识世界、感知社会的启蒙性学前教育。儿童是幼儿园的真正主人，幼儿园的设计要使幼儿喜爱，幼儿园的空间设计、整体造型、建筑色彩、活动场地等必须符合幼儿的心理特点和认知能力。目前很多幼儿园建筑设计更多的只是把注意力放在功能和安全上，对孩子们的内在需求关注得不多。除了最基础的安全、洁净、光线充足、自由空间宽阔、便于监护，现代化幼儿园还必须考虑为幼儿的独立性、社会性和创造性培养提供足够的个性化空间、交往空间和展示性空间，如开敞厨房、多功能厅等，内部空间也应该强调其流动性和开阔性，同时外部空间应该紧密结合自然，给幼儿足够多的探索空间，内外空间之间的过渡灰空间则要强调延续性和贯通性。建筑外观造型夸张童趣，内部空间生动无障碍。

通常富有童话色彩、小尺度的空间对儿童具有特殊的吸引力。儿童的空间感知包括方位感知、距离感知、形状感知等，空间中的室内设计、摆设物、构筑物等都应该参照其身高尺寸进行设计，以此带来亲切感和舒适感。

幼儿出生 3~4 个月时，已经有最初的颜色视觉，可以分辨出彩色和非彩色；3 岁的儿童还不能很好地区分各种颜色的色调；从 4 岁开始，区别各种色调的细微差别的能力才逐渐发展；5 岁儿童已经可以注意到颜色的明度和饱和度；4~5 岁的儿童已经可以明辨出十几种颜色之间的差别，7 岁区别色调明度和饱和度细微差别的能力有了进一步提高。可以看出，学前儿童对色彩的认知是渐进式发展的，其认知方式和水平与成人大为不同。设计师必须要了解幼儿喜爱的色彩，从色相上来说，儿童最容易认知的颜色是红色，其次是黄色、绿色和蓝色；从色彩纯度上说幼儿喜欢高纯度色，不喜欢低纯度色；从明度上来说幼儿喜欢明色，不喜欢暗色；幼儿对纯白色和纯灰色远没有其他颜色有认同感，“通常幼儿喜爱柠檬黄甚于中黄和米黄，喜爱粉红甚于大红和深红，喜爱天蓝甚于深蓝，喜爱草绿甚于深绿，喜爱浅紫甚于深紫”，刺激鲜艳的颜色会引起儿童兴奋、好奇的情绪，但过多的颜色会让人眼花缭乱而产生腻烦心理，干扰其正常的学习和生活，所以色彩的种类的多少也是决定环境舒适度的一项重要指标，了解这些有助于我们在幼儿园建筑设计中选用合适的色彩。

2. 基础学历教育建筑

基础教育，是指在成长中先期要掌握的知识所进行的教育，如同盖房子先要打地基一样。基础教育的主要目的应该是教会学生如何做人处事，形成良好的学习和生活习惯，养成终身学习的意识。作为造就人才和提高国民素质的基础工程，基础教育在各国的教育中均占有重要地位。本文所述基础教育包括小学教育、中学教育。

中国的中小学分小学、初级中学、高级中学三个阶段，共 12 年。小学有 5 年制和 6 年制两种，前者约占小学总数的 35%，后者约占 65%。初中多数为 3 年制，极少数为 4 年制（约有 98% 的初中生在 3 年制学校）。小学和初中一共 9 年，属义务教育阶段。普通高中学制 3 年。

学校建筑的色 · 材设计能显著影响学生的学习环境和生活环境的物理属性，进而影响学生的心理和生理，且这种影响在年龄较小的学生中表现更显著，因为他们更容易受周围环境的变化而产生心理和生理的波动。这涉及视觉心理学和环境心理学的范畴，例如需要安静的房间可以使用淡色或灰色的墙面涂料，而通畅流通的交通空间可以使用艳色的墙面涂料；朝北的房间可以使用暖色的墙面涂料，而朝南的房间可以使用冷色的墙面涂料。

3. 高等学历教育建筑

高等教育是在完成中等教育的基础上培养学科细分领域专业人才的教育活动。随着改革开放以来我国社会主义经济制度的逐渐完善，我国高等教育事业获得长足发展，初步形成了多层次、多形式、学科门类基本齐全的高等教育体系，与此同时在政府主导之外，逐渐引入市场机制，社会办学力量正在形成，办学形式可呈现多样化趋势。目前我国高等教育学历可分为三种：普通高等教育、成人高等教育和自学高等教育。三种形式的高等教育互相衔接，相互促进，逐渐形成立体化的终生教育体系，这不仅是我国社会发展的需要，也是未来高等教育的必然趋势。

高等学校校园环境及建筑色彩要从整体出发，注重地域性和文化性特色，重点营造富有文化气息、宁静优雅的校园环境。主色调高雅脱俗，辅助色调可以以功能分区而有所区分，展现个性化的时尚追求和青春飞扬的蓬勃朝气。

3.2.3 按建设体制分类 According to the Construction System

我国教育在不同阶段，民办和公办学校占有不同的比重。本文依照惯例，根据民办学校在校生人数占整个区域的学生总人数的比重，分为民办补充型、民办和公办均衡型和民办主导型。

（1）民办补充型，民办中小学学生大约只占整个中小学阶段学生数的 10%~30%，公立学校占主导地位；

（2）民办和公办均衡型，民办中小学和公立中小学人数大概各占 50%，规模相当；

（3）民办主导型，在某一区域内，中小学教育系统中民办招生人数占到 70% 以上，而公立中小学只占很少的一部分，民办学校占主导地位。

1. 公办学校建筑

公办学校由政府财政拨款，在我国长期处于教育的主导地位。目前我国公立学校的数量和办学规模都远远超过私立学校，随着学生年龄的增长、教育内容的系统化和复杂化、办学门槛也越来越高。尤其是高等教育学校大多为公立学校。公立学校的特点是学习费用相对较低、教学设施较为完善、由国家统一化管理、建设具有标准性。在我国，优质的公立学校是一种稀缺资源，竞争较为激烈。

由于国家统一化管理投资和标准化建设，以往公办校园建设常常缺乏创新性设计，呈现出不顾地域化区别的“标准化”形态。但近年来一些公办学校在新校区建设上积极展开探索，并取得了一定的效果。

2. 民办学校建筑

民办学校不同于公办学校的显著特点是非国家机构办学，以社会力量利用非国家财政性经费，面向社会招生的学校或其他教育机构。从现实情况来看，民办学校的创建者主要有自由公民、私营企业、国有企业、事业单位和社会团体等。资金渠道有个人自筹资金、企业投资、集资或入股、公益捐资及几种方式混合等。

改革开放近 40 年来，我国民办院校经历了从数量激增到质量提高的过程。经历了市场的洗礼和无情淘汰，发展到目前具有一定的规模和口碑，民办院校还有很长一段路要走。起步阶段的民办院校存活于公办院校的狭缝之中，得益于相关专业和相关领域的人才短缺，而公立院校并不曾开设这些专业。为了占领市场，初期的民办院校迅速以连锁办校或者其他方式扩大规模。而随着近年来婴儿潮的出现，公立学校相对资源不足且办学门槛低，雨后春笋一般出现了很多幼教机构。在新阶段民办院校如何实现和公立院校差异化发展、如何进一步提高其社会认可度、如何标准化和系统化完成教学任务、如何稳定地实现品牌推广等成为目前的主要问题，而这反应在民办学校建筑设计上，则表现为建筑风格更加多样化、建筑空间更加尊重人性化和私密性、场所精神更加具有包容性等。

3.3教育建筑的发展阶段及各阶段色·材特点

Development Stages and Characteristics of Education Building's Color and Material

1949 年以后，学校建筑严重不足，因此早期我国教育建筑的主要目的是解决数量不足的问题；随着 20 世纪 90 年代经济高速发展，我国学校数量得到了长足的发展，开始转为对教学质量的追求；发展至今，各类学校的数量已经基本满足社会需求，更加多样化的学校成了当前乃至以后的发展方向。（注：本文主要研究现代教育建筑“色·材”设计，故采用 1949 年之后为界限。）

3.3.1 第一阶段（1949~1972）The First Stage (1949~1972)

（凯洛夫——新中国教育的领跑者）

1. 社会背景

1950 年 10 月中国人民大学举行开学典礼，这标志着新中国成立以来中国创办的第一所正规新型大学正式成立。

1952 年 9 月 10 日教育部决定由政府接办全国私立中小学，即将全国中小学全部改为公立。同年教育部进行全国公办高等学校院系和专业调整工作，把全部私立大学改为公办，当年完成除学前教育以外的全国教育院校公办化进程，这一阶段高等教育院校主要以改造私有院校和恢复正常教学秩序为主，同时自上而下地参照了苏联的办学体制，调整的重点不仅在院系和专业分类上，还计划性地规划了大学的地域分布，如 1951 年华北、华南和中南地区建立 1~2 所综合性大学和 1~3 所农业性大学等。这一举措较为深远地影响了我国高等院校后来的发展，这不仅表现在大学的体制建设上，还表现在大学在城市和地域的分布上。在这之后到“文化大革命”期间，全国大多数大学从新建校园选址到校园内部的规划布局，全都体现了国家意志和苏联形式主义。例如中轴线布局的校园规划、对称高大的主楼和主楼前宏伟宽阔的广场等。

1955 年国务院颁布《国务院关于工矿、企业自办中小学和幼儿园的决定》，鼓励企业独立或联合创办中小学、幼儿园，形成了政府、单位多渠道投入的办园体制，奠定了计划经济体制下以集体创办为主要特征学前教育体系，在这之后幼儿教育得到稳定发展。

这一时期在国家的统筹规划下，校园建设制定了统一的建筑建造标准和投资额度，教育建筑的建筑形态趋于同质化，校园规划流于形式主义。

2. 第一阶段建筑“色・材”设计特点

（20世纪50年代幼儿园室内环境）

1949 年以后，我国开始对各类教育资源的改造和发展，实行全党全民办教育。鼓励工矿、企业独立或联办中小学、幼儿园。这一阶段教育建筑由于物资匮乏，除高等教育外其他阶段的教育建筑通常只是保持建筑原有的色・材基调，局部加以装饰，设计往往还停留在追求解决功能适应性的问题，无暇顾及其他。很多则直接由其他类型建筑改造而来，如新中国成立后由宋庆龄创立的中福会幼儿园就是利用一栋花园洋房住宅改造而成。

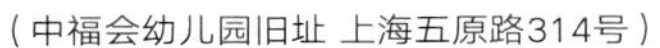

（中福会幼儿园旧址 上海五原路314号）

（上海市第二中学）

上海市第二中学现址永康路 200 号，同样是利用原法国雷米小学（1933 年）原有建筑。建筑呈现出 “国际式”建筑的外貌特征，层高为三层，设局部四层作学生活动空廊，平面一字形，教室采光良好，钢筋混凝结构，建筑立面作横线条处理，除立面入口旁设有两个圆形的舷窗外，没有多余的装饰。

1949 年后最早兴建的哈尔滨工业大学被国家确定为中国高等教育学习苏联的两所院校之一。主楼借鉴苏联式建筑模式，从平面到形体呈中轴对称式，平面规整，体型上中间高两边低，中间主楼高耸，立面上呈现典型的“三段式”结构：檐部、墙身、勒脚三个部分横向划分明显。

这个时期的高校建筑通常采用砌体结构，外立面以红砖为主，造型融入西方早期现代主义的手法，特别是立面上的开窗划分。在一些细部装饰部分又常常融入一些中国元素，例如湖南大学一系列教学楼。

（哈尔滨工业大学20世纪50年代旧址）

（湖南大学 七舍 1951年建成）

（同济大学 文远楼 1954年建成）

同济大学在这一时期兴建的文远大胆引入“包豪斯”风格，简洁典雅，平整明快。建筑采用钢筋混凝土框架结构，从平面布局到立面处理，从空间组织到结构形式都大胆而成功地运用了现代建筑的观念和手法。

3.3.2 第二阶段（1973~2002）The Second Stage (1973~2002)

1. 社会背景

1973 年出版的《建筑设计资料集》第一版首次提出了小区的公共服务设施配套理念，其中教育设施包含托儿所、幼儿园、小学。学前教育及基础教育开始摸索建设标准，未量化配比。同年，上海市制定了《居住区公共建筑定额指标》，第一次明确提出以服务半径为标准建设学校等公共设施。

改革开放之后高校开始了一系列恢复建设。1977 年恢复高考制度，1978 年国务院转发教育部《关于恢复和办好全国重点高等学校的报告》，恢复之前 60 所全国重点高等学校，并增加 28 所高校为重点大学。到 1981 年全国共有重点大学 98 所。

1984 年 5 月教育部发出通知，在中小学进行计算机教育试点工作。同年 8 月教育部发出《关于在部分全国重点高等院校试办研究生（论坛）院的几点意见》，指出为了适应我国社会主义现代化建设的需要，加强研究生培养和管理工作，为国家培养数量较多、质量较高的博士生和硕士生，决定在 22 所全国重点高等院校试办研究生院。大学数量开始增加，专业结构趋于合理，建立起学士—硕士—博士的三级学位制度。

1986 年颁布《中小学建筑设计规范》（GBJ99-86），从选址和总平面布局、教学及教学辅助用房、行政和生活服务用房、各类用房面积指标、层数、净高和建筑构造，交通与疏散，室内环境，建筑设备等方面制定了一系列的设计标准及要求。

1987 年，由于社会存在巨大的教育资源缺口，国家颁布《关于社会力量办学的若干暂行规定》，其中规定“不得以营利为目的举办教育机构”，政府希望借助社会力量来创办公制学校。

1988 年，上海市通过《关于居住区（含小区）配置公共建筑项目规模和指标的调整意见的批复》调整了适应新的社会形势的配套学校指标。

1993 年颁布《城市居住区规划设计规范》（GB 50180—93），量化教育建筑作为配套设施的服务半径：居住区级：≤ 800~1000m；小区级：≤ 400~500m；组团级：≤ 150~200m。从这一年起学前教育及基础教育设置开始伴随大量的居住小区兴建，呈现出高速发展势头。

1995 年颁布《中华人民共和国教育法》，我国开始实施科教兴国的战略，政府加大教育投入。标志我国教育工作进入全面依法治教的新阶段，将教育督导制度和教育评估制度纳入法规，对教学的质量从硬件软件两方面都加入了价值判断，促进了校园硬件的建设，同时民办教育开始起步发展，刺激了教育建筑对于“质”的需求。教育建筑开始从侧重“量”增的阶段进入了“量”、“质”同增的阶段。

1997 年 7 月国务院发布《社会力量办学条例》，提出国家对社会力量办学实行积极鼓励、大力支持、正确引导、加强管理的方针。

2. 第二阶段建筑色·材设计特点

伴随房地产市场化，教育建筑同期也进入高速发展期。大量的幼儿教育建筑、基础教育建筑伴随一片一片居住区兴建起来。这一时期新建的教育建筑已经能很好地解决教育功能的需求，但是需要改进的地方还是很多。

（1）幼儿教育建筑

我国城市社区幼儿教育起步于城市居住区规划，伴随着教育体制改革，社区民办幼儿教育得到了快速发展，从而改变了原有的办学格局，与公办幼儿教育形成了并驾齐驱，甚至占到主导力量的局面。其中公办幼儿园有一定的建设和投资标准，办学质量有保障；但民办幼儿园由于受办园资金的限制，办学条件并不稳定，往往是资金充足的建设标准高于公办，但资金不足的甚至达不到国家规定的办园标准。此阶段设计师们已经开始注意到色·材对于儿童使用者的重要，开始有意在建筑中引入相关的设计。

（色彩过于杂乱活动室设计）

色彩过于杂乱是这一阶段一些幼儿园中存在的毛病。太多的色彩使整体环境变得混乱，使儿童不易分辨且产生疲倦感。有时设计师常常自以为是地为幼儿园加上一些鲜艳的色彩，有时从社区整体出发，选用了并不适合儿童视觉的灰暗色调，这些都会对幼儿的视觉发育带来负面影响。

（2）基础教育建筑

在此阶段，公办学校通常遵循《中小学建筑设计规范》和《建筑设计资料集》等该类型建筑的设计手册规范的要求，具有明显的标准化倾向。同时由于政策及历史原因，基础教育一直由公办学校占据主导。资金充足的民办学校为了在这种环境中谋得发展，更好地树立学校形象吸引学生，往往会在色·材、空间、功能上突破这些标准，受到学生、家长及老师的欢迎，进而又推动后来的公办学校在国家标准框架内也开始积极尝试改进相关设计。

外立面

社区级的学校一般会配合所属小区采用相匹配的色彩涂料或是砖饰面作为基底，局部点缀一些亮色・材质，通常不超过 2 种。

①墙面。教室的墙面窗台以下一般用白色或淡颜色的瓷砖贴面，其余墙面是用白色涂料；同时墙面遗留展示使用时被粘合剂破坏的痕迹。走廊的墙面一般是白色或淡颜色的瓷砖结合白色涂料；在楼梯间的墙面会有色彩涂料进行空间区分，同时墙面有色彩差异的班级标识牌和宣传框。

②地面。一般用水泥地面，好点的用水磨石地面，最好的用室内塑胶地面。水泥地面没有色彩倾向，也易有污渍印迹；水磨石地面有色彩的倾向，但是颜色暗淡，不明显；室内塑胶地面的可选择余地大，色彩丰富。楼梯台阶一般都有色彩的变化。

③顶面。教室的顶面基本采用白色涂料，下吊着相同样式、颜色的灯具和教学设备。走廊的顶面基本都是采用白色涂料或者白色的吊顶。

（3）高等教育建筑

我国高等教育建筑作为高等教育实施的场所，其校园景观及建筑色・材将潜移默化地影响生活在其中的广大师生，从而影响我国高校的整体文化品位，高校通常比其他教育机构更有历史沿革，很多历史悠久的高校有一个较长的时间发展，建筑通常会采用砖石等坚固稳定的材质来体现学校的文脉性特征和一种浓厚严密的学术氛围。高校建筑的色彩设计通常由于建筑功能不同而赋予不同的色彩倾向，例如办公楼通常以浅色系的色调为主，以营造宁静的环境氛围；教学楼以突出宁静和谐的淡色为主；图书馆作为高校校园的标志性建筑，通常具有地标属性，其整体色彩应以大气高雅的颜色为主色调，局部辅以明亮艳丽的色调；学生宿舍是学生学习和生活的主要场所，应考虑大学生年轻朝气的精神状态，主色调应该符合安静、整洁的居住要求，采用浅色调等素雅的颜色，局部采用不同的亮色以符合青春飞扬的精神特质，并在宿舍楼建筑群中起到标识性作用；餐厅是学生主要的生活场所，可以适当地突出个性化的鲜明色彩，使建筑具有可识别性。

3.3.3 第三阶段（2002~ 至今）The Third Stage (2002~Present)

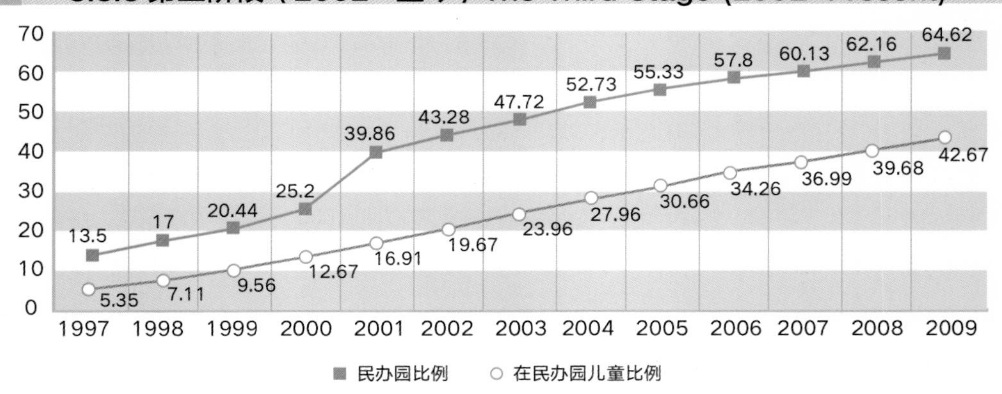

（1997~2009年民办幼儿园机构占比及在园幼儿占比变化趋势图）

1. 社会背景

2002 年颁布《城市普通中小学校校舍建设标准》，对中小学的规划设计和建设水平起到了很好的促进作用。

同年颁布的《民办教育促进法》中规定“允许合理回报”，自此社会力量开始大量涌入教育市场。随着民办学校的大量建设，市场调控开始发挥作用，各类学校开始注重质的提升。

学前教育领域，民办学校步入了新的发展阶段。民办学前教育机构数从 2000 年开始大幅增长，2004 年民办学前教育机构数超过公办机构数，开始在学前教育领域占据主导位置。

基础教育领域，由于国家实施义务教育，在这个不完全竞争的市场中公办中小学有国家经费划拨和国家政策作为后盾，具有明显优势，虽然民办中小学数量从 2000 年到 2007 年出现了大幅增长，但从 2005 年以后增幅开始下降，这不仅因为市场同质化竞争激烈，同时民办学校内部的管理问题、经费问题、师资问题和生源问题一直困扰民办教育进一步发展，部分地方政府还因为民办学校引入境外课程、乱收费等问题对民办教育进行整顿。

必须要认识到，民办教育发展到今天已经不是公办教育的陪衬或者补充，而应该是教育体系中的新鲜血液，是推进我国教育水平向前发展的重要力量。高质量、高水平的民办教育是教育发展到成熟阶段的重要特征之一。

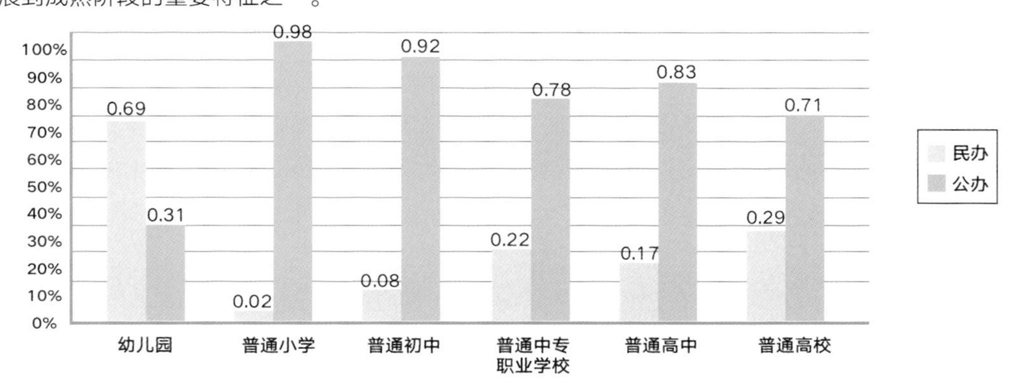

（2011年我国民办公办教育机构占所属总数比例）

2009 年民办学校在校生占同级教育规模比例如下：高中 13.0%；初中 8.0%；小学 5.0%；幼儿园 42.7%。民办教育呈现高龄和低龄两极分化趋势。

2010 年《国家中长期教育改革和发展规划纲要 2010-2020 年》颁布，纲要总结了已取得的成就，对未来 10 年的教育改革起到纲领性的作用。同年的统计显示，学前教育毛入园率达 56.6%，完成“十一五规划”中的 55%，这一数据在 2014 年被刷新到 70.5%；小学净入学率达 99.7%，2014 年达到 99.8%；初中阶段毛入学率达 100.1%，2014 年达到 103.5%；高中阶段普及水平提升较快，毛入学率达 82.5%，2014 年这一数据进一步扩大，毛入学率达 86.5%；高等教育毛入学率达 26.5%，2014 年则平稳增长至 37.5%。对比可以看出，学前教育持续大规模增长；基础教育稳定；高等教育规模稳步发展。

这一阶段，民办教育向学前教育和高等教育渗透明显，其中专科的渗透率高于本科。民办教育机构在幼儿教育领域已与公办形成了均衡势态，中小学依然以公办为主导，高校领域民办学校逐渐成了重要的影响力量，教育建筑“量”的增长已经趋于缓和，新建改建的教育建筑开始倾向于对“质”的提升。

2. 第三阶段建筑色 · 材设计特点

这一时期经过上一个阶段的大量建设，已经积累相当的色 · 材设计经验。

（1）幼儿教育建筑

这一时期，幼儿教育建筑的色·材设计开始变得丰富多元。室外通常采用纯度较高的色系与建筑体块的组合，配合不同的材质：金属板、玻璃、涂料、饰面砖等。室内采用明快的浅色色彩基调，涂料、木材、橡胶等材质组合，烘托愉悦、轻松的教学氛围，安静、舒适的休息环境，热情、活跃的活动空间和交通空间。

在材质方面开始注重材料的绿色性和安全性，柔软的、亲和的材料在室内 1.2m 高度的范围内出现和使用。

（2）基础教育建筑

这一阶段一部分公办学校也开始注重色·材设计，简单、自然和耐用的材料，如竹木胶合板、水刷石（一项正在消失的工艺）、石材和暴露混凝土等，结合丰富的涂料色彩受到欢迎。为了鼓励学生更多的交流，特别是在公共空间中常常采用丰富的色·材组合。

（3）高等教育建筑

正如前文所述，高校更需要保障一种历史延续性，因此高校建筑在色·材设计领域的变化并不像幼儿教育及基础教育领域的建筑那样变化大。但是这一时期，我国开始出现了一些中外合作的高校，高校建筑形式开始引入一些欧洲和美国当前教育建筑的探索；同时，我国国内学者也在积极尝试本土的文脉与高校建筑的融合。整个高校建筑设计呈现出多元的发展趋势。

3.4建筑色·材对教育建筑的影响

Effect of Color and Material on Education Building

建筑色·材指的是建筑设计中，不同色彩与材料的组合。由于不同的色彩和材质会给建筑的使用者带来不同的生理、心理感受。不同的使用者对不同的色调变化需求也是不一样的。

3.4.1 色彩对教育建筑的影响 Effect of Color on Education Building

不同内容、不同类型色调的变化

内容		冷暖调	色相调	明度调	纯度调	对比度
人	女性	凉多热少	粉红、粉绿、粉黄、粉蓝、淡紫等	高低	高中纯度	弱对比
	男性	热多凉少	红、橙、绿、青、赭	中长	高纯度	高中对比
	儿童	凉多热少	粉红、绿、黄、蓝	高中	高纯度	中对比
	老人	暖多凉少	赭、土黄、茶、褐、土红、黑	底中	底中纯度	弱对比

不同内容、不同类型色调的变化						
内容		冷暖调	色相调	明度调	纯度调	对比度
精神情绪	春光明媚	暖多冷少	浅粉红、浅绿、少量浅赭、湖蓝、柠黄等	高短调、高中调	高纯度	中对比
	凉爽舒适	冷	绿、蓝、青等	中长、中中	高纯度	中对比
	热烈	热多凉少	红、橙、紫、绿、黄	长中、高长	高纯度	强对比
	欢乐	暖多凉少	红、黄、橙、绿、蓝、紫	高中、中长	高纯度	强对比
	悲哀	冷多热少	蓝、紫、灰、黑、黄	中短、底中、底短	底中纯度	弱对比
	梦幻	冷 暖	蓝、紫、黑、灰、绿 驼色、灰色	中短、底短	底纯度	弱对比
	恐怖	冷多热少 热多冷少	蓝、紫、黑、灰、红 大红、紫、深红、黑	底长、最长	高中纯度	中底对比
	青春	暖多凉少	蓝、红、绿、紫、橙	高中、高长	高纯度	高中对比
	死亡	冷多热少	蓝、灰、黑、土黄、红、紫	底长、底中	底纯度	弱对比
	富丽堂皇	热多冷少	红、橙、黄、绿、蓝、紫、金、银	中长	高纯度	强对比
	疯狂	冷热相等	蓝、红、黄、紫	最长	高纯度	弱对比
	愚昧	热多	赭石、茶、褐、黑、灰、红	底中、底长	底纯度	弱对比
	神秘	冷 暖	蓝、紫 黄	中中 高中	中纯度	中对比
	冷酷	冷	蓝、紫、黑、白	底长	高中纯度	高中对比

1. 色彩的生理功能

各种色彩能够通过视神经传递到大脑里，从而产生不同的生理反应。例如波长较长的暖色，如橙色、红色等能刺激人体亢奋，心跳加快；而波长较短的冷色，如蓝色、绿色等能使人平静，呼吸变缓，心跳平稳。

色彩的生理反应其原理是不同波长的色彩能使人产生错觉，如膨胀与收缩、前进与后退、冷与暖、轻与重以及兴奋与沉静等感觉。

色彩对人体生理影响			
色彩	生理影响	心理影响	实际运用
红色 橙色	刺激心脏、循环系统、肾上腺素	提升力量和耐力	促进低血压患者康复、缓解忧郁症患者病情
粉色	相对柔和，刺激腹腔镜丛、免疫系统、肺部、胰腺	肌肉得到放松、给人安抚慰籍、唤起希望	促进人体对食物的吸收和消化、对喉部和脾脏疾病有辅助疗效
黄色	刺激大脑和神经系统、活跃肌肉	提高心理的警觉性	对感冒、过敏及肝脏等疾病有辅助效果
绿色	抑制神经反应、减少每分钟心跳4~8次	安抚情绪、缓解紧张	对高血压、烧伤、喉痛患者有辅助效果
蓝色	抑制循环系统、可使皮肤温度降低2℃左右	消除紧张心理	降低低血压，对肺炎、情绪烦躁、神经错乱等疾病有辅助效果
紫色	抑制神经、淋巴细胞和心脏的活动	使人安静、轻松、缓解疼痛	对失眠、神经紊乱等疾病起着调节作用，安抚孕妇

2. 色彩的心理功能

色彩的心理反应其原理是不同波长的色彩能使人产生联想或者想象。同时，色彩心理感受会因为感受者的个体差异而产生不同的心理影响，这些差异包括年龄、性别、精神状态、地域、接受的文化层次和教育水平等方面。

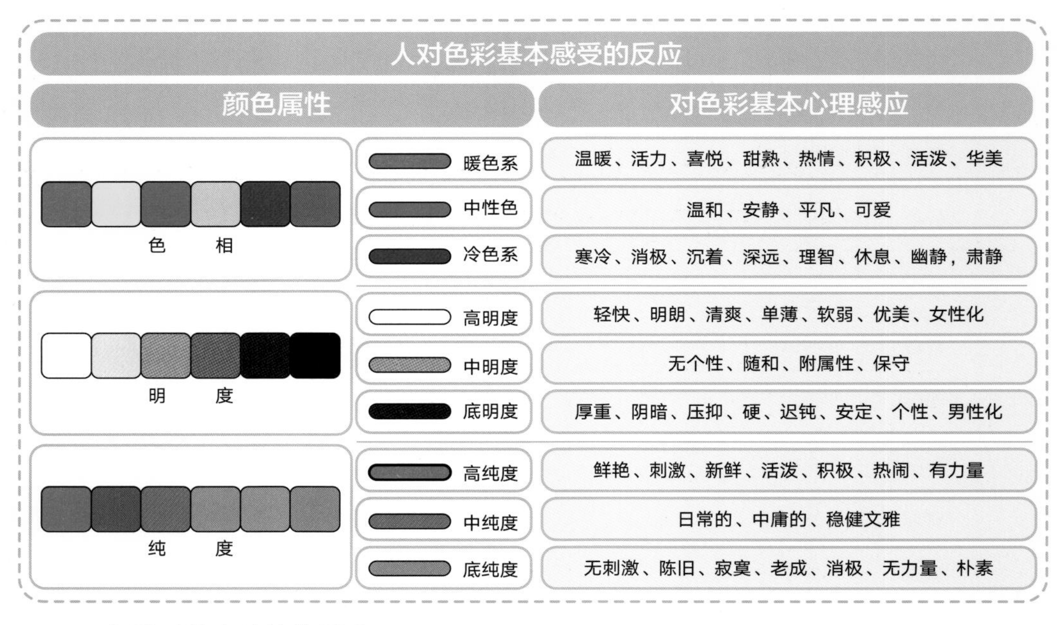

3. 色彩对教育建筑的影响

对于低龄儿童而言，多运用热情洋溢的暖色能符合幼儿活泼好动的性格，明显有助于激发幼儿脑力智力发展，随着幼儿的成长，用色上要依次减淡，直至高等教育阶段，逐渐素雅庄重。同时不同功能的房间，用色也要依照具体情况而定，例如黄橙色容易分散注意力，不能形成优良的学习环境，这类颜色不适合放在需要聚精会神的场所，却适合放在餐厅等不会长期停留的空间里，同理大面积红色容易过度刺激，应该局部点缀使用。

3.4.2 材料对教育建筑的影响 Effect of Material on Education Building

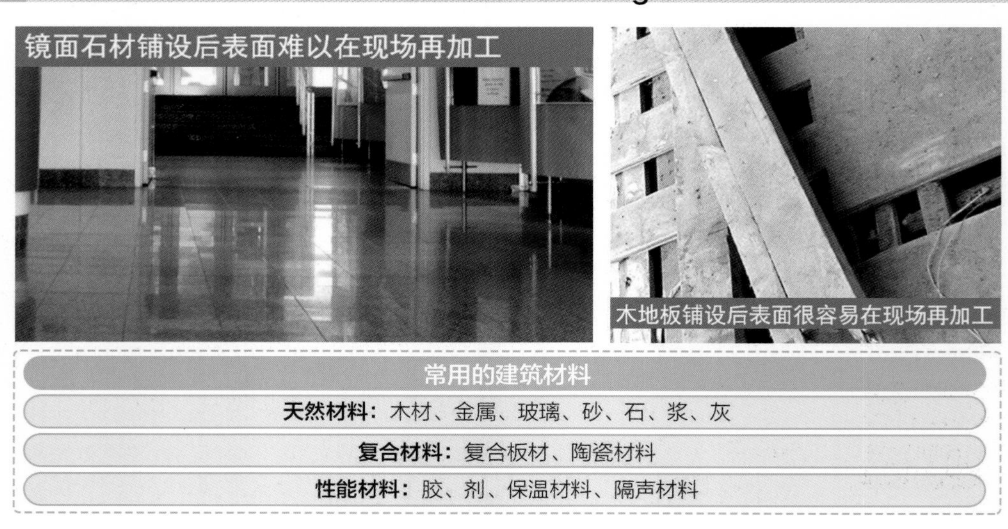

建筑装修材料选择时通常关注的材料性能特征有：质感及色泽、力学性能、其他物理性能（防火、防水、导热、透光等）、化学性能（耐候、耐腐蚀）、机械强度及易于加工（即易于切割、锯刨、钉入等特性）的程度。

建筑材料的燃烧性能定义为 4 个等级：A 级，不燃性；B1 级，难燃性；B2 级，可燃性；B3 级，易燃性。

需要注意的是，儿童自身的免疫力极其脆弱，少量室内污染物都有可能引发儿童生病，严重的甚至影响其身体发育。大多数教育建筑作为人流极度聚集的公共空间，如果校园环境受到装修材质污染，后果不堪设想，这也是建筑设计师和建造者需要用心守卫的安全底线。

室内主要污染物的来源和危害分析

污染物	主要来源（室内）	对人体主要危害	备注
甲醛	1.来自于做室内装饰的胶合板、细木工板、中密度纤维板、刨花板等人造板材。 2.来自于人造板材制造的家具。 3.来自于含有甲醛成分的其他各类型装饰材料，比如白乳胶和涂料等。 4.来自于室内装饰纺织品，包括床上用品、墙布、墙纸、化纤地毯、窗帘和布艺家具。	甲醛对人体健康的影响包括嗅觉异常、刺激、过敏、肺功能异常、肝功能异常、免疫功能异常、中枢神经受影响，还可损伤细胞内的遗传物质，是可疑致癌物质。 其中最敏感是嗅觉和刺激，因此其主要危害表现为对黏膜的刺激作用，甲醛经呼吸道易于吸收，但经皮肤吸收很少。	
苯	1.建筑材料的有机溶剂，涂料、油漆，染色剂，粘合剂，墙纸，地毯，合成纤维等。 2.各类日化用品的溶剂，包括清洁剂、杀虫剂、香水等。 3.烟雾的苯含量也很多。	国际卫生组织已经把苯定为强烈致癌物质，苯可以引起白血病和再生障碍性贫血，被医学界公认。	苯、甲苯、二甲苯均属于苯系物，其中苯的危害最大。
甲苯		对皮肤、黏膜有刺激性，对中枢神经系统有麻醉作用。 长期接触可发生神经衰弱综合征，肝肿大，皮肤干燥、皲裂、皮炎。	
二甲苯		二甲苯对眼及呼吸道有刺激作用，高浓度对中枢神经有麻醉作用。长期接触可能引发神经衰弱综合症，常发生皮肤干燥、皲裂、皮炎。	
氨	1.建筑材料中的混凝土外加剂。 2.室内装饰材料中的添加剂和增白剂。	对人体的上呼吸道有刺激和腐蚀作用，使组织蛋白变性，使脂肪皂化，破坏细胞膜结构，减弱人体对疾病的抵抗力；长期接触氨后可能会出现皮肤色素沉积或手指溃疡等症状。	
TVOC（总挥发性有机化合物，是指沸点范围在50~250℃之间的化合物总和）	建筑材料、室内装饰材料及生活和办公用品；家用燃气、燃煤、烟草烟雾。	1.挥发性有机化合物的主要成分为芳香烃、卤代烃、氧烃、脂肪烃、氮烃等，多达900多种，其中部分已经被列为致癌物，如苯、多环芳烃等。 2.影响中枢神经系统，出现头晕、头痛、无力、胸闷等症状；感觉性刺激、嗅味不舒适，刺激上呼吸道及皮肤；影响消化系统，出现食欲不振、恶心等。	
氡	建筑主体材料（水泥、沙石、混凝土等）、瓷砖、石材、卫浴。	引发肺癌的主要因素，且潜伏期15~40年。	

3.5现有教育建筑色·材运用分析

Analysis of the Use of Education Building's Color and Material

本专题为大家挑选国内外优质的教育建筑案例，从色彩，材质表现切入，分幼儿园、中小学建筑、大学建筑三部分展开对未来教育建筑色·材设计的趋势展望研究。

3.5.1 案例地图 Case Map

3.5.2 幼儿园色·材设计分析
Analysis of Kindergarten's Color and Material Design

1. 北京培基双语幼儿园（民办 2000 年）

北京培基双语幼儿园

概况	项目位置 北京	建设体制 民办	设计时间	竣工时间 2000	设计单位	用地面积	建筑面积	建筑层数	班级数量

部位	建筑外观	活动单元			休息单元			室内交通		
色材效果图片										
		顶	墙	地	顶	墙	地	顶	墙	地
颜色	蓝 嫩绿 白 紫红 粉红	白	白 浅蓝	浅黄 灰色 深蓝 黄色 草绿 橘黄				白	浅黄 橘黄 黄色	木色 灰色
材料	涂料 玻璃	涂料	涂料 玻璃	地砖 地毯				涂料	涂料	木材
				塑胶						

2. 上海夏雨幼儿园（公办 2004 年）

上海夏雨幼儿园

概况	项目位置	建设体制	设计时间	竣工时间	设计单位	用地面积	建筑面积	建筑层数	班级数量
	上海	公办		2004	大舍	9900m²	6328m²	2层	15

部位	建筑外观	活动单元			休息单元			室内交通		
		顶	墙	地	顶	墙	地	顶	墙	地
色材效果图片										
颜色	黄色、草绿、米白、橘黄、白	白、草绿、天蓝、橘黄、黄色、紫色	白、浅绿、朱红、橘黄、浅黄、草绿	灰色、黄色、朱红	白	白	深木色、浅绿、粉红、橘黄、蓝靛、天蓝	白、橘黄、草绿、黄色	白、浅绿、朱红、橘黄、浅黄、草绿	灰色
材料	涂料、玻璃、穿孔铝板	涂料	涂料、玻璃	水泥	涂料	涂料	木材、PVC发泡垫	涂料	涂料、玻璃	水泥

3. 北京百子湾小区幼儿园（民办 2006 年）

北京百子湾小区幼儿园

概况	项目位置	建设体制	设计时间	竣工时间	改造时间	用地面积	建筑面积	建筑层数	班级数量
	北京	民办	2002	2006	2008	5000m²	4009m²	3层	13

部位	建筑外观		活动单元			休息单元			室内交通		
色材效果图片											
	原建筑	改造后	顶	墙	地	顶	墙	地	顶	墙	地
颜色	白	蓝、黄、白、草绿、红、木色	白、橘黄、草绿、黄、蓝靛	白、橘黄、蓝靛、草绿、暗红、浅黄	木色、草绿	白	白、浅黄	木色	白、蓝靛、草绿、紫罗兰色	木色、白、暗红、黄、蓝靛、红	木色、橘黄、暗红、黄、蓝靛、红
材料	涂料、玻璃	涂料、玻璃、木材	涂料	涂料、玻璃	木地板、地毯	涂料	涂料、软木贴	木材	涂料	涂料、木材、玻璃	地砖、木材、水泥

4. 天津 LOOP 国际幼儿园（民办 2012 年）

天津LOOP国际幼儿园

概况	项目位置 天津	建设体制 民办	设计时间 2009	竣工时间 2012	设计单位 SAKO	用地面积 5000m²	建筑面积 4308m²	建筑层数	班级数量

部位	建筑外观	活动单元			休息单元			室内交通		
色材效果图片	 	 						  		
		顶	墙	地	顶	墙	地	顶	墙	地
颜色	紫 蓝靛 天蓝 橘黄 白 浅绿 紫罗兰色	白 蓝靛 草绿 紫罗兰色	白 橘黄 蓝靛 草绿 紫罗兰色	木色 白				白 蓝靛 草绿 紫罗兰色	白 橘黄 蓝靛 草绿 紫罗兰色	木色 白 橘黄 褐色 蓝靛 天蓝
材料	涂料 玻璃	涂料	涂料 玻璃	木地板 地砖	涂料	涂料 软木贴	木材	涂料	涂料 木材 玻璃	地砖 木材

5. 上海东方瑞仕幼儿园（民办 2013 年）

上海东方瑞仕幼儿园

概况	项目位置	建设体制	设计时间	竣工时间	设计单位	用地面积	建筑面积	建筑层数	班级数量
	上海	公办	2011	2013	致正建筑	11050m²	6342m²	2层	15

部位	建筑外观	活动单元			休息单元			室内交通		
色材效果图片										
		顶	墙	地	顶	墙	地	顶	墙	地
颜色	灰、蓝靛、水蓝、橘黄、白、暗绿、紫罗兰色	白、米白	白、木色、湖蓝、蓝靛	木色、白	白、米白	木色、白、湖蓝	木色	亮海蓝、白、亮粉红、蓝靛	亮海蓝、白、亮粉红	灰色、浅绿、亮黄、湖蓝
材料	涂料、玻璃、穿孔铝板、烤漆铝板、塑木板、型钢	涂料、玻璃	涂料、木材、瓷砖、玻璃	木地板、瓷砖	涂料、玻璃	涂料、木材、玻璃	木地板	涂料、玻璃	涂料、木材、玻璃	水磨石

幼儿园

第一阶段

	建筑外观	活动单元	休息单元	室内交通
中福会幼儿园				
	1949 上海 公办			
颜色	橘黄 白			
材质	涂料 玻璃			

第二阶段

	建筑外观	活动单元			休息单元			室内交通		
北京培基双语幼儿园										
	2000 北京 民办	顶	墙	地	顶	墙	地	顶	墙	地
颜色	蓝 嫩绿 白 亮紫红色 粉红	白	白 浅蓝	浅黄 灰色 深蓝 黄色 草绿 橘黄				白	浅黄 橘黄 黄色	木色 灰色
材质	涂料 玻璃	涂料	涂料 玻璃	地砖 地毯 塑胶				涂料	涂料	木材

第三阶段

	建筑外观	活动单元			休息单元			室内交通		
	上海夏雨幼儿园	顶	墙	地	顶	墙	地	顶	墙	地
颜色	黄色 草绿 米白 橘黄 白	白 草绿 天蓝 橘黄 黄 紫	白 浅绿 朱红 橘黄 浅黄 草绿	灰 黄 朱红	白	白	深木 浅绿 粉红 橘黄 蓝靛 天蓝	白 橘黄 草绿 黄色	白 浅绿 朱红 橘黄 浅黄 草绿	灰
材质	涂料 玻璃 穿孔吕板	涂料	涂料 玻璃	水泥	涂料	涂料 玻璃	水泥	涂料	涂料 玻璃	水泥
	北京百子湾小区幼儿园	顶	墙	地	顶	墙	地	顶	墙	地
颜色	蓝 黄 白 草绿 红 木色	白 橘黄 草绿 黄 蓝靛	白 橘黄 蓝靛 草绿 暗红 浅黄	木色 草绿	白	白 浅黄	木色	白 蓝靛 草绿 紫罗兰	木色 白 暗红 黄 蓝靛 红	木色 橘黄 暗红 黄 蓝靛 红
材质	涂料 玻璃 木材	涂料	涂料 玻璃	木板 地毯	涂料	涂料 软木贴	木材	涂料	涂料 木材 玻璃	地砖 木材 水泥
	天津LOOP国际幼儿园	顶	墙	地	顶	墙	地	顶	墙	地
颜色	紫色 蓝靛 天蓝 橘黄 白 浅绿 紫罗兰	白 蓝靛 草绿 紫罗兰	白 橘黄 蓝靛 草绿 紫罗兰	木色 白				白 蓝靛 草绿 紫罗兰	白 橘黄 蓝靛 草绿 紫罗兰	木色 白 橘黄 褐色 蓝靛 天蓝
材质	涂料 玻璃	涂料	涂料 玻璃	木地板 地砖				涂料	涂料 木材 玻璃	地砖 木材
	上海东方瑞仕幼儿园	顶	墙	地	顶	墙	地	顶	墙	地
颜色	灰 蓝靛 水蓝 橘黄 白 暗绿 紫罗兰	白 米白	白 木色 湖蓝 蓝靛	木色 白	白 米白	白 木色 湖蓝	木色	亮海蓝 白 亮粉红 蓝靛	亮海蓝 白 亮粉红	灰 浅绿 亮黄色 湖蓝
材质	涂料 玻璃 穿孔铝板 塑木板 型钢 铝镁锰板 烤漆铝板	涂料 玻璃	涂料 木材 瓷砖 玻璃	木地板 瓷砖	涂料 玻璃	涂料 木材 玻璃	木地板	涂料 玻璃	涂料 木材 玻璃	水磨石

（幼儿园案例总表）

目前幼儿园建筑色彩设计上有很多误区，例如儿童相对较易被丰富的色彩吸引，所以幼儿园建筑中采用丰富鲜艳的色彩，但是过于丰富的色彩也会带来负面的刺激作用，而且多种材质组合搭配对儿童的触觉引导及安全防护值得提倡。所以，在作业幼儿园环境设计创设中，应该摈弃单方面强调色彩的多样性，而忽略材质的多样性。

另一个误区是高纯度色的大面积使用。简单粗暴不分功能地采用大面积高明度、高纯度色彩的环境设计方式不利于儿童的长远发展。高纯度意味着颜色饱和度较高，能给人积极、外向、热烈的感觉，但大面积使用也会产生过于刺激的效果，一般不提倡大面积用于室内，可以适当用于户外活动场所。可以根据空间功能的不同使用不同纯度的颜色，如活动区域适当提高色彩纯度，交通区域可以使用中纯度的色彩倾向，休息区域则使用低纯度的色彩倾向。对于材质的要求更应该根据功能不同而有所区别，例如休息区域通常希望能使用更加自然亲和、柔软温馨的材质，而交通、活动区域需要充分考虑到儿童的安全防护，如防滑、防撞等。

幼儿园色彩设计需要注重趣味性原则，通过色彩的纯度、色相、明度等形成不同的组合方式，例如色块之间的抽象组合或者通过绘制活泼可爱、受使用者欢迎的动画形象，再结合不同材质和构造，共同塑造具有趣味性的空间。

幼儿园设计中较高的境界是能让幼儿在学校环境中可以无意识地接受“隐性教育”，提高其德育教育和人文素质。因为道德教育不同于一般的知识技能的培养，德育教育往往需要长时间日积月累的熏陶陶冶，依靠环境暗示能有效对其心理产生影响，好的校园环境有利于人文素质的提高和道德品质的培养。

以下从功能单元等方面，给三个阶段的幼儿园色·材变化做一个总结。

1. 外立面

建筑外立面是幼儿园形象外化最直接的表现，当前很多幼儿园外立面设计中已经意识到把丰富多变的色彩与造型变化相配合，但两者不宜同时过于复杂。

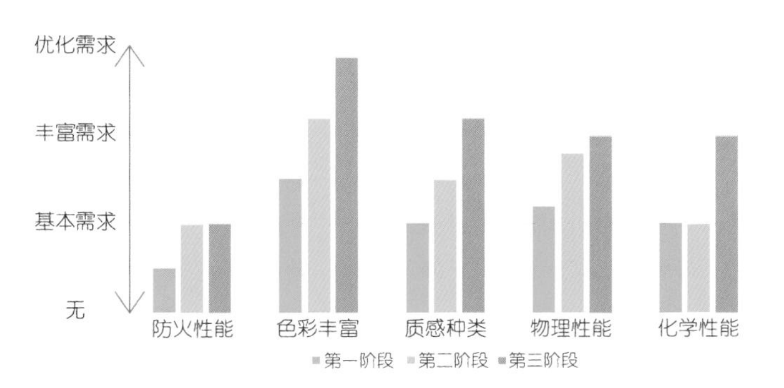

（幼儿园建筑外立面色·材案例阶段变化）

2. 活动单元

新中国成立后早期幼儿园建筑中由于大量是其他类型建筑经过改造而来，许多没有条件对色·材提出要求，只能在局部进行刷涂装饰。在第二阶段，活动单元开始注重到色彩对儿童活动的有益激发作用，丰富的色·材运用有利于划分不同的活动空间，刺激儿童活动，并保障儿童的安全。

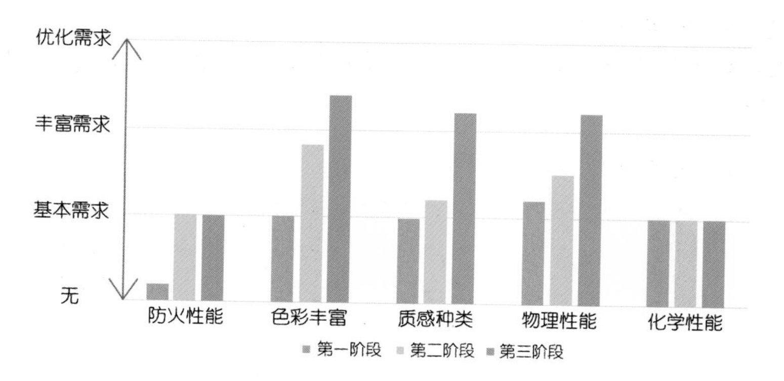

（幼儿园建筑活动单元色·材案例阶段变化）

3. 休息单元

休息单元不同于其他部位，通常设计会避免采用刺激性的颜色，采用柔和的颜色和亲和性的材质，有利于创造平和舒适的儿童休息环境。

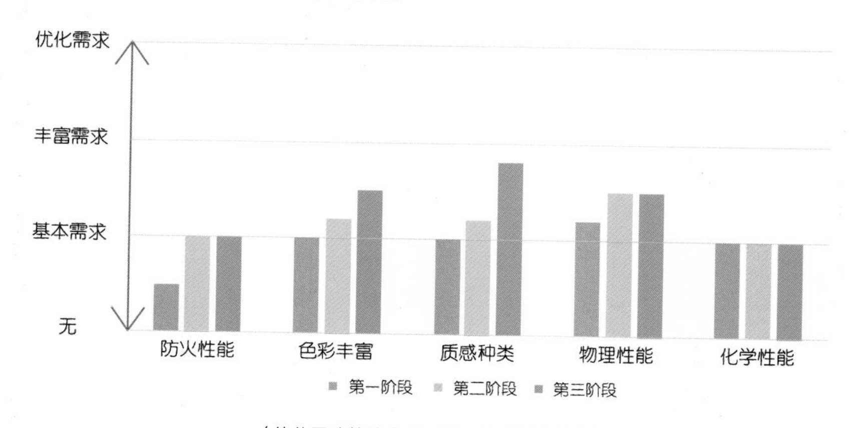

（幼儿园建筑休息单元色·材案例阶段变化）

4. 室内交通空间

室内交通空间通常也是儿童活动的区域，需要考虑丰富的色彩设计和安全的材料保护，同时也要便于清洗。在各个阶段中，幼儿园都将这一区域作为重要的校园展示区。

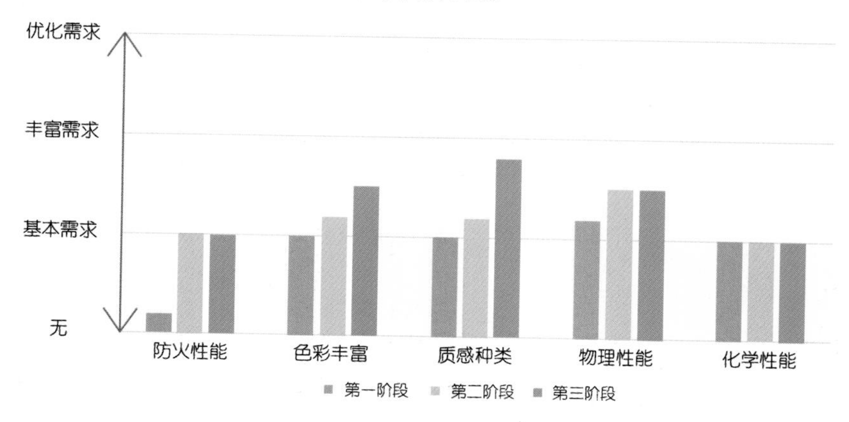

（幼儿园建筑室内交通色·材案例阶段变化）

3.5.3 中小学色・材设计分析

Analysis of Primary and Secondary Schools Color and Material Design

1. 上海市第二中学（民办 1996 年）

上海市第二中学

概况	项目位置	建设体制	设计时间	竣工时间	设计单位	用地面积	建筑面积	建筑层数	班级数量
	上海	公办		1963					

部位	建筑外观	普通教室			专业教室、活动场			室内交通		
色材效果图片										
		顶	墙	地	顶	墙	地	顶	墙	地
颜色	米白、深红、深灰、白、金色、橘红	白	白、浅黄	赭石、浅黄	白	白、灰色	木色、浅黄	白	白、浅灰、浅黄	白、浅黄、黑
材料	涂料、玻璃、面砖	石膏板	涂料、瓷砖	地砖	涂料、石膏板	涂料、玻璃	木材、地砖	涂料、石膏板	涂料、瓷砖	水泥、马赛克
			玻璃						玻璃	

2. 上海平和双语学校（民办 1996 年）

上海平和双语学校

概况	项目位置	建设体制	设计时间	竣工时间	设计单位	用地面积	建筑面积	建筑层数	班级数量
	上海	民办		1996					

部位	建筑外观	普通教室			专业教室、活动场			室内交通		
色材效果图片										
		顶	墙	地	顶	墙	地	顶	墙	地
颜色	深红、蓝靛、白、粉红	白	米白、深灰	灰色	白、木色	白、米白、灰色、浅绿	米白、木色、亮海蓝、白	白、米白	白、深灰、亮海蓝、亮绿、深红	灰色、蓝靛
材料	涂料、玻璃	石膏板	涂料、玻璃	水泥	涂料	涂料、瓷砖	木材、地砖	涂料、玻璃	涂料、玻璃	水泥

3. 上海七宝外国语小学（民办 2005 年）

上海七宝外国语小学

概况	项目位置	建设体制	设计时间	竣工时间	设计单位	用地面积	建筑面积	建筑层数	班级数量
	上海	民办		2005					

部位	建筑外观	普通教室			专业教室、活动场			室内交通		
色材效果图片	 	 								
		顶	墙	地	顶	墙	地	顶	墙	地
颜色	浅黄 浅海蓝色 深红 土黄	白	白	米白	白	白	暗红	白	白 米白	木色 深灰
材料	涂料 玻璃	涂料	涂料 玻璃	地砖	涂料	涂料 石膏板	地砖	石膏板	涂料 瓷砖	地砖
						玻璃			玻璃	

4. 浙江天台第二小学（公办 2014 年）

浙江天台第二小学

概况	项目位置 浙江 天台县	建设体制 公办	设计时间 2012	竣工时间 2014	设计单位 LYCS	用地面积	建筑面积 10190m²	建筑层数	班级数量 36
部位	建筑外观	普通教室			专业教室、活动场			室内交通	
色材效果图片									
		顶	墙	地	顶	墙	地	顶	墙	地
颜色	白 大红 金色	白	白	浅黄	白	白	浅黄 白 棕	白	灰色 白 木色	浅黄
材料	涂料 玻璃	涂料	涂料 瓷砖	地砖	石膏板	涂料	木材 地砖	涂料	涂料	水泥

5. 北京四中房山校区（公办 2014 年）

北京四中房山校区

概况	项目位置	建设体制	设计时间	竣工时间	设计单位	用地面积	建筑面积	班级数量	其他
	北京	公办	2010	2014	OPEN	45332m²	57773m²	36	绿色三星

部位	建筑外观	普通教室			专业教室、活动场			室内交通		
色材效果图片										
		顶	墙	地	顶	墙	地	顶	墙	地
颜色	白	白	白 深红 浅灰	浅灰	白 浅灰 木色	白 木色 浅蓝	浅灰 木色 赭石 浅蓝	白 浅灰	橘黄 黄 木色 草绿 蓝靛 浅灰	浅灰
材料	涂料 玻璃	涂料	涂料 玻璃	水泥	涂料 木材	涂料 瓷砖	木材 地砖	涂料	涂料 水泥	水泥 塑木板
					水泥	马赛克 木材	马赛克			

6. 天津中新生态城滨海小外中学部（民办 2014 年）

天津中新生态城滨海小外中学部

概况	项目位置 天津	建设体制 民办	设计时间 2009	竣工时间 2014	设计单位 HHD_FUN	用地面积 47000m²	建筑面积 50000m²	班级数量 36	其他 绿色三星

部位	建筑外观	普通教室			专业教室、活动场			室内交通		
色材效果图片										
		顶	墙	地	顶	墙	地	顶	墙	地
颜色	白 红	白	白	浅灰	白 暗绿	白	浅黄 木色	白	白 木色	木色 浅灰
材料	穿孔铝板 玻璃	石膏板	涂料 玻璃	水泥	涂料	涂料 瓷砖	木材 地砖	涂料 玻璃	涂料 玻璃	水泥

7. 合肥十中新校区 （公办 2015 年）

合肥十中新校区

概况	项目位置	建设体制	设计时间	竣工时间	设计单位	用地面积	建筑面积	班级数量	其他
	安徽 合肥	公办	2012	2015	地平线建筑设计事务所	245.6亩	17.52万m^2		

部位	建筑外观	普通教室			专业教室、活动场			室内交通		
		顶	墙	地	顶	墙	地	顶	墙	地
颜色	白 深红 赭石	白	白 木色	浅灰	白 黑	白 木色 浅黄	浅灰 木色	深红 白 蓝靛 红	白 浅灰	木色 浅灰 橘黄 蓝靛 紫色 红
材料	涂料 玻璃	涂料 石膏板	涂料 玻璃	水泥	涂料	涂料 木材 玻璃	木材 水泥	涂料	涂料 玻璃	水泥

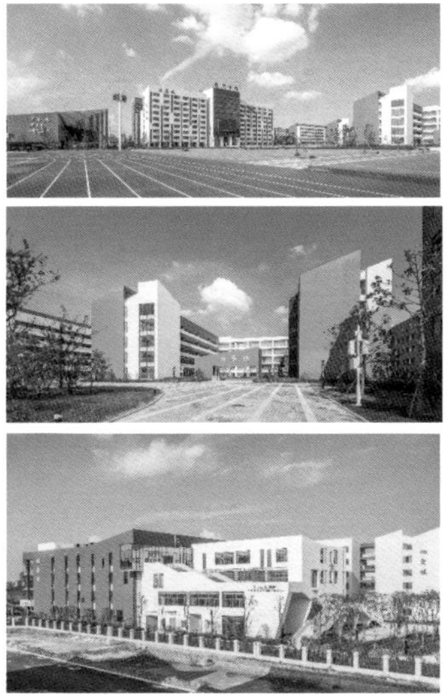

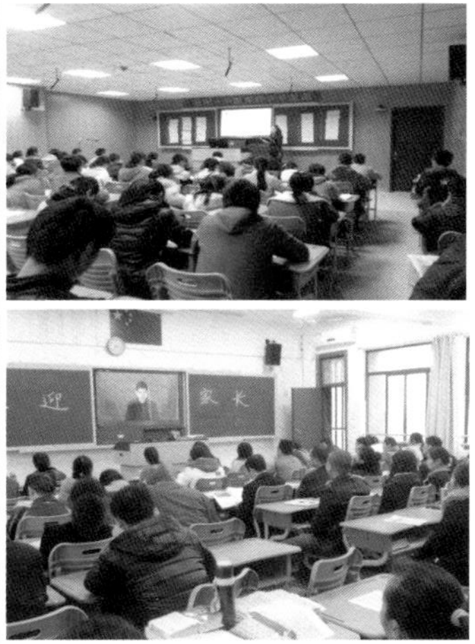

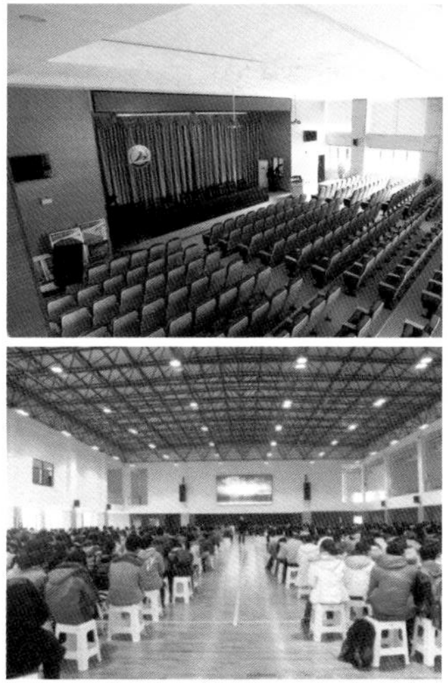

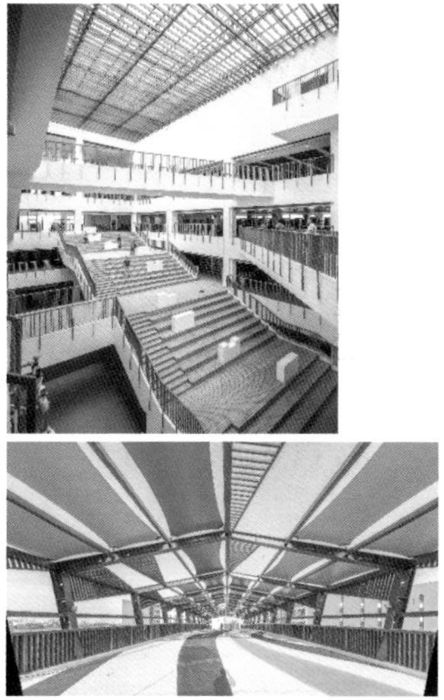

中小学												
阶段	年份 地区 类型		建筑外观	活动单元 顶	活动单元 墙	活动单元 地	休息单元 顶	休息单元 墙	休息单元 地	室内交通 顶	室内交通 墙	室内交通 地
第一阶段	1963 上海 公办		上海市第二中学									
		颜色	米白 深红 深灰 白 橘红	白	白 浅黄	赭石 浅黄	白	白 灰色	木色 浅黄	白	白 浅灰 浅黄	白 浅黄 黑
		材质	涂料 玻璃 面砖	石膏板	涂料 瓷砖 玻璃	地砖	涂料 石膏板	涂料 玻璃	木材 地砖	涂料 石膏板	涂料 瓷砖 玻璃	水泥 马赛克
第二阶段	1996 上海 民办		上海平和双语学校									
		颜色	深红 蓝靛 白 粉红	白	米白 深灰	灰色	白 木色	白 米白 灰色 浅绿	米白 木色 亮海蓝 白	白 米白	白 深灰 亮海蓝 亮绿 深红	灰色 蓝靛
		材质	涂料 玻璃	石膏板	涂料 玻璃	水泥	涂料	涂料 玻璃	木材 地砖	涂料 玻璃	涂料 玻璃	水泥
第三阶段	2005 上海 民办		上海七宝外国语小学									
		颜色	浅黄 浅海蓝 深红 土黄	白	白	米白	白	白	暗红	白	白 米白	木色 深灰
		材质	涂料 玻璃	涂料	涂料 玻璃	地砖	涂料	涂料 板 玻璃	地砖	石膏板	涂料 瓷砖 玻璃	地砖
	2014 浙江 公办		浙江天台第二小学									
		颜色	白 大红 金色	白	白	浅黄	白	白	浅黄 白 棕	白	灰色 白 木色	浅黄
		材质	涂料 玻璃	涂料	涂料 瓷砖	地砖	石膏板	涂料	木材 地砖	涂料	涂料	水泥
	2010 北京 公办		北京四中房山校区									
		颜色	白 浅灰	白	白 深红 浅灰	浅灰	白 浅灰 木色	白 木色 浅蓝	浅灰 木色 棕 浅蓝	白 浅灰	桔黄 黄 木色 草绿 蓝靛 浅灰	浅灰
		材质	涂料 玻璃 混凝土	涂料	涂料 玻璃	水泥	涂料 木材 水泥	涂料 瓷砖 马赛克 木材	木材 地砖 马赛克	涂料	涂料 水泥	水泥 塑木板
	2014 天津 民办		天津中新生态城滨海小外中学部									
		颜色	白 红 浅灰	白	白	浅灰	白 暗绿	白	浅黄 木色	白	白 木色	木色 浅灰
		材质	穿孔铝板 玻璃 金属板	石膏板	涂料 玻璃	水泥	涂料	涂料 瓷砖	木材 地砖	涂料 玻璃	涂料 玻璃	水泥
	2015 合肥 公办		合肥十中新校区									
		颜色	白 砖红 赭石	白	白 木色	浅灰	白 黑	白 木色 浅黄	浅灰 木色	砖红 白 蓝靛 红	白 浅灰	浅灰 木色 橘黄 蓝靛 紫 红
		材质	涂料 玻璃	涂料 石膏板	涂料 玻璃	水泥	涂料	涂料 木材 玻璃	木材 水泥	涂料	涂料 玻璃	水泥

（中小学案例总表）

目前一部分学校对教学空间的色・材环境设计仍然重视不足，而另一部分有先见之明的学校已经开始重视教学环境的塑造，导致学校之间教学环境差距很大。在色彩运用上，整体上较为混乱，谈不上专业的色彩设计，少有聘请专业人员进行教学空间的色彩设计。材料的运用也大多是按照标准设计或者仿制，没有系统化区别设计，例如有的学校在建筑外立面设计上仍然采取模仿西方传统高校红砖的效果。在进行色彩环境塑造和建筑材料选用上，应该从整体校园环境和儿童生长阶段上考虑，而不是从成人角度和社会角度去看待空间环境。

1. 建筑外立面

中小学由于公办学校占据主导位置，建筑外立面很长一段时间都是以一种标准化的形式呈现。第二阶段时一些民办学校开始在外立面上有所突破，如上海市平和双语学校，大胆地在立面采用了 4 种颜色组合，取得了醒目、活泼的效果。到第三阶段，中小学的外立面呈现出更加多元的发展趋势，少数条件优越的民办学校甚至采用了金属幕墙系统，达到了很高的标准。

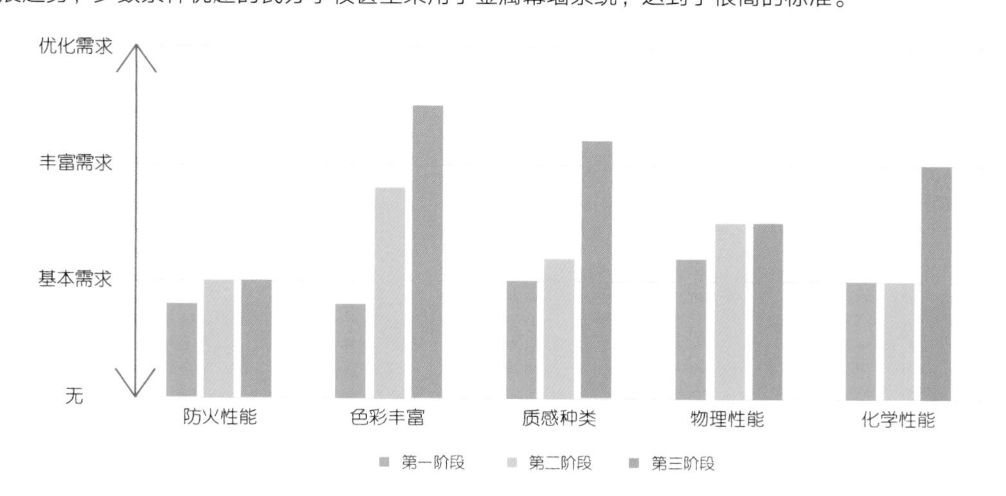

（中小学建筑外立面色・材案例阶段变化）

2. 室内空间

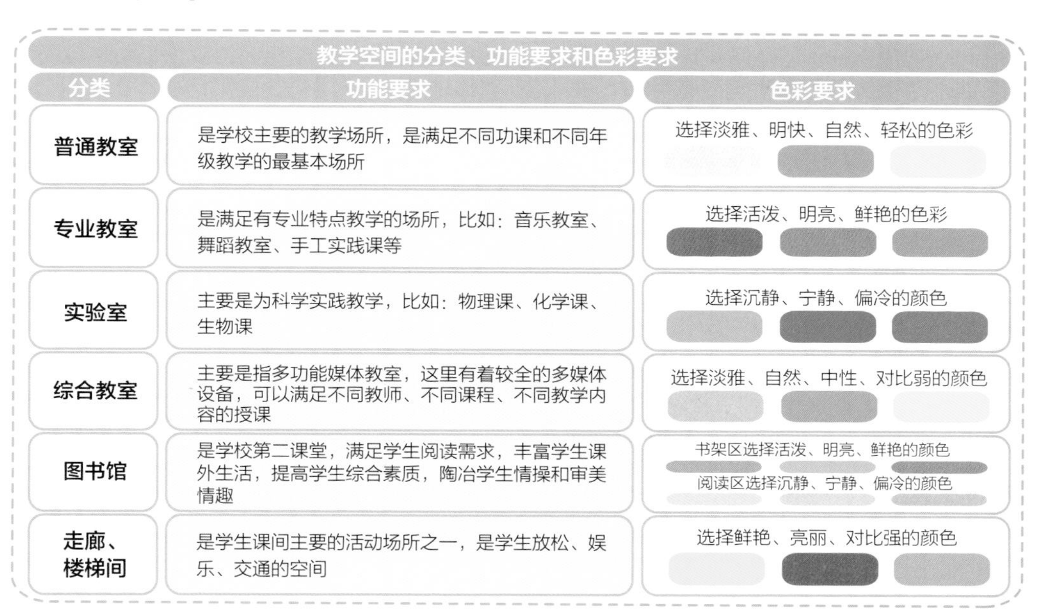

教学空间的分类、功能要求和色彩要求

分类	功能要求	色彩要求
普通教室	是学校主要的教学场所，是满足不同功课和不同年级教学的最基本场所	选择淡雅、明快、自然、轻松的色彩
专业教室	是满足有专业特点教学的场所，比如：音乐教室、舞蹈教室、手工实践课等	选择活泼、明亮、鲜艳的色彩
实验室	主要是为科学实践教学，比如：物理课、化学课、生物课	选择沉静、宁静、偏冷的颜色
综合教室	主要是指多功能媒体教室，这里有着较全的多媒体设备，可以满足不同教师、不同课程、不同教学内容的授课	选择淡雅、自然、中性、对比弱的颜色
图书馆	是学校第二课堂，满足学生阅读需求，丰富学生课外生活，提高学生综合素质，陶冶学生情操和审美情趣	书架区选择活泼、明亮、鲜艳的颜色 阅读区选择沉静、宁静、偏冷的颜色
走廊、楼梯间	是学生课间主要的活动场所之一，是学生放松、娱乐、交通的空间	选择鲜艳、亮丽、对比强的颜色

A 单色配色

B 相似色配色

C 互补色配色

D 分离互补色配色

E 双重互补色配色

F 三色配色

G 无色彩配色

（室内色彩的一般配色规律）

室内色彩的配色一般可以分下列几种：单色配色、相似色配色、互补色配色 、分离互补色配色、双重互补色配色 、三色对比色配色 、无彩色配色。

（1）单色配色指选取任意纯色，调和不同比率的黑白灰产生一组颜色，组合在一起的配色方案，单色配色可以使颜色退居空间感之后，强调空间的整体性，并为室内陈设提供良好的背景；

（2）相似色配色指色环上 3~5 个相邻颜色组成的配色方案，相似色配色相对其他配色方式较为容易掌握，不会出现大的问题，配出的方案通常较为和谐；

（3）互补色配色指对立面颜色组合而成的配色方案，互补色之间对比强烈，鲜明生动，运用时必须使用一种颜色构成主色调，另一种颜色成为配色，以达到和谐配色的目的；

（4）分离互补色配色是指在色环上，与补色旁边的 2 种或 3 种颜色进行搭配配色，相对互补色配色，分离互补色对比不会太过强烈，因此除了使用不同比例的颜色，还可以通过颜色的有序排列达到和谐；

（5）双重互补配色指两组对比色进行配色，室内色彩丰富多样，但也需要注意避免无主色调带来的杂乱无章；

（6）三色对比色配色是指色环上选择三种颜色配色，比较中性化，既可以做到较为丰富多彩，又不会太过杂乱；

（7）无彩色配色指只用黑白灰，不用彩色的配色方式，这种配色方案容易产生“高处不胜寒”的高端感，适合较为成熟高雅的环境。

3. 普通教室

目前我国公办中小学教室色彩环境普遍比较单一，白墙和带颜色的墙裙是主要布局模式，而小学的年龄跨度从低年级到高年级比较大，低年级的学生对色彩还没有表现出明显的喜好，高年级则因为男女性别不同、南北地域不同，展现出不同的色彩喜好，教室不同方位的墙壁对学生的吸引力也不尽相同，黑板的墙面通常是主墙面，是学生视觉的焦点所在，左右墙由于毗邻走廊和外窗，光线照度也不相同，在色彩布局上都应该综合考虑这些差异点，尽量采用多色彩布局以提高主墙面的吸引力，从而提高学习效率，弱化其他墙面，同时严格控制色相的数量和彩度。

相对而言，民办教育机构的室内空间环境尤其是色彩环境要优于公办教育机构，室内色彩环境设计感较强，局部已经开始有目的、有选择地进行涂料粉刷，如墙面、地面和顶面等。目前来看，其整体的色彩组合还不够协调，缺乏整体考虑和整体设计，有些空间甚至混杂乱无章，总体质量有待提高。

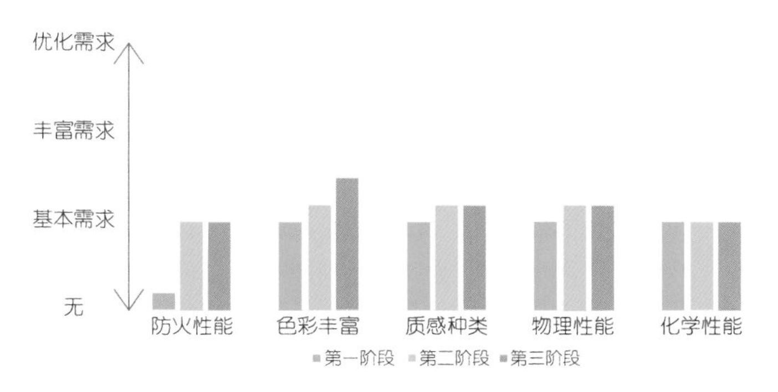

（中小学普通教室色・材案例阶段变化）

4. 专业教室

中小学的专业教室指音乐教室、实验室、图书室、美术教室等，由于其功能特殊，一般会对其进行功能上的特殊设计，所以专业教室的室内空间环境，尤其是色彩环境都比教室要好。具体来看，墙面一般用白色涂料，有条件的选用多彩涂料；地面一般用白色地砖，有条件的选用具有静音或防滑等功能的地面铺装；顶面基本都是采用白色吊顶，有条件的选用其他形式吊顶。

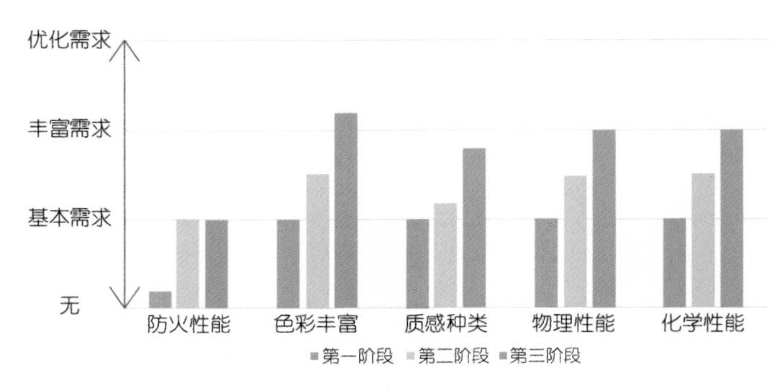

（中小学专业教室、活动场馆色・材案例阶段变化）

5. 室内交通空间

室内交通空间指同一幢建筑的竖向交通楼梯或者连接不同建筑有顶棚的连廊等。

墙面一般是白色或淡颜色的瓷砖结合白色涂料；在楼梯间的墙面会有色彩涂料进行空间区分；同时墙面有色彩差异的班级标识牌和宣传框。

地面一般用水泥地面，较好的用水磨石地面，最好的用室内塑胶地板。水泥地面没有色彩联想，也易有污渍印迹；水磨石地面有色彩的倾向，但是颜色暗淡，不明显；塑胶地板的色彩选择丰富。楼梯台阶一般都有色彩的变化。

顶面基本都是采用白色涂料或者白色的石膏板吊顶。

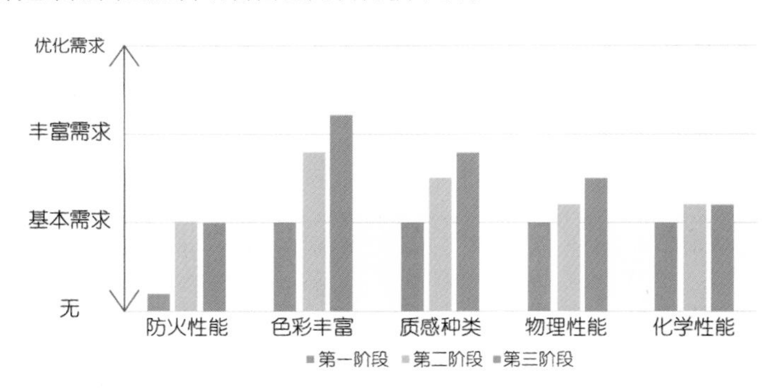

（中小学室内交通空间色・材案例阶段变化）

3.5.4 高校色・材设计分析
Analysis of University's Color and Material Design

1. 同济大学（公办 1954~2005 年）

同济大学（本部）

概况	项目位置 上海				建设体制 公办				建设期 1954-2005							
部位	教学楼				礼堂、图书、活动场所				宿舍楼				食堂、配套			
色材效果图片																
	外立面	墙	顶	地	外立面	墙	顶	地	外立面	墙	顶	地	外立面	墙	顶	地
颜色	灰 暖灰 白 棕色 浅黄	白 灰	灰	灰	浅橘黄 白 浅黄 砖红	白 木色 灰	白	木色 灰	白 砖红	白	白	浅橘黄	白 暖灰	白	白	浅黄 棕色
材料	金属板 玻璃	玻璃 涂料	涂料	地砖	面砖 涂料	涂料 木材	涂料	地砖	面砖 玻璃	涂料 瓷砖	涂料	地砖	面砖 玻璃	涂料 瓷砖	涂料	地砖
	涂料 混凝土	水泥			玻璃	石材			涂料				涂料			

2. 上海中医药大学张江校区（公办 2003 年）

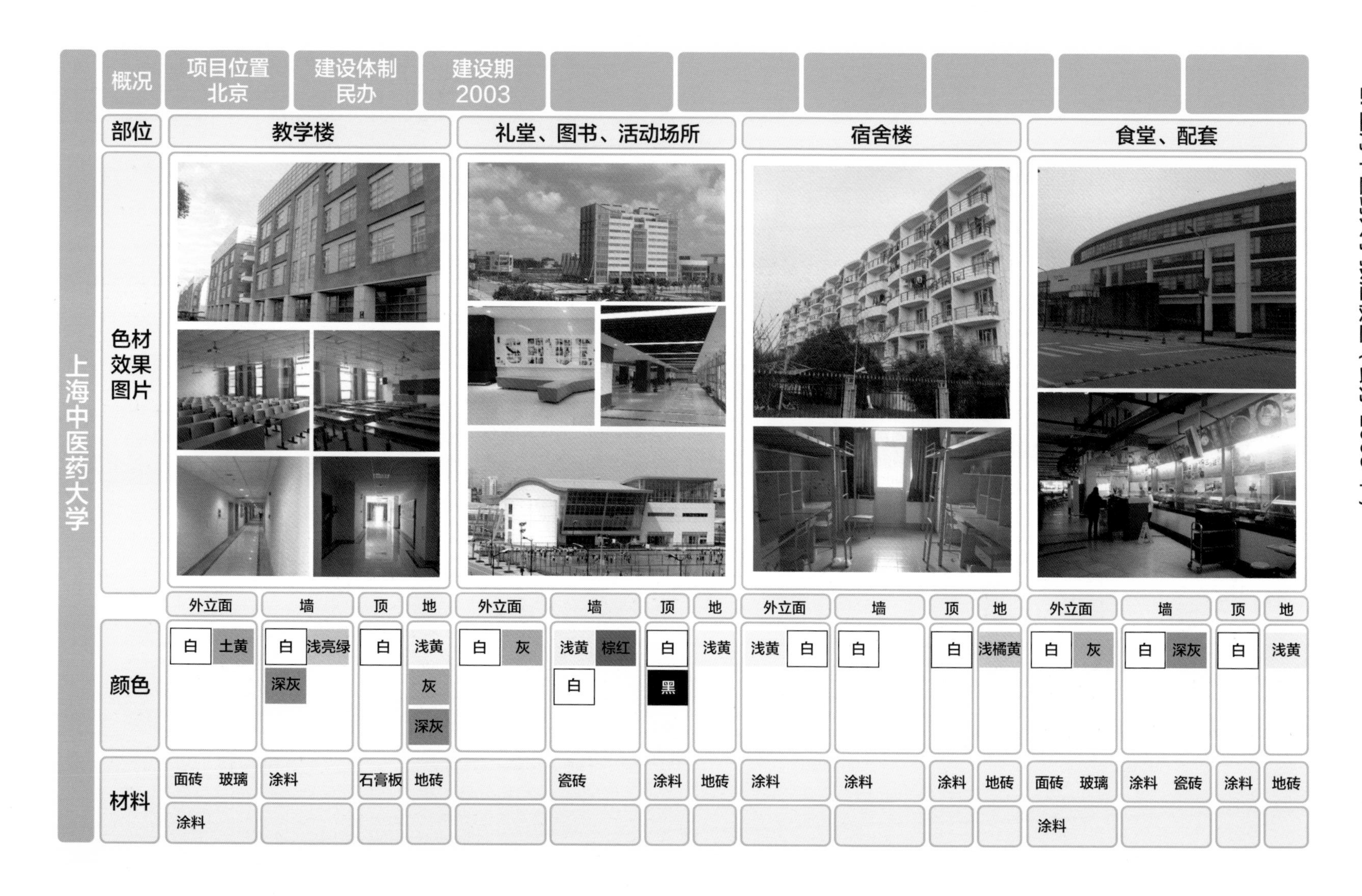

上海中医药大学

概况	项目位置 北京	建设体制 民办	建设期 2003

部位	教学楼				礼堂、图书、活动场所				宿舍楼				食堂、配套			
色材效果图片																
	外立面	墙	顶	地	外立面	墙	顶	地	外立面	墙	顶	地	外立面	墙	顶	地
颜色	白 土黄	白 浅亮绿 深灰	白	浅黄 灰 深灰	白 灰	浅黄 棕红 白	白 黑	浅黄	浅黄 白	白	白	浅橘黄	白 灰	白 深灰	白	浅黄
材料	面砖 玻璃 涂料	涂料	石膏板	地砖		瓷砖	涂料	地砖	涂料	涂料	涂料	地砖	面砖 玻璃 涂料	涂料 瓷砖	涂料	地砖

3. 同济大学嘉定校区（公办 2001 年）

同济大学（嘉定校区）

概况	项目位置 上海				建设体制 公办				建设期 2001							
部位	教学楼				礼堂、图书、活动场所				宿舍楼				食堂、配套			
色材效果图片																
	外立面	墙	顶	地	外立面	墙	顶	地	外立面	墙	顶	地	外立面	墙	顶	地
颜色	灰 暖灰 白 深灰	白 灰	木色	灰	白 灰	白 木色	白 木色	灰 木色	白 灰 砖红	白 浅黄	浅黄	暖灰 白	砖红 灰	浅黄 浅绿	黑	灰
材料	面砖 涂料	石材 涂料	木材 涂料 玻璃	地砖	玻璃 板材	涂料 木材	涂料	木材	涂料	涂料	涂料	地砖	面砖 涂料	涂料 瓷砖	涂料	地砖
	玻璃	玻璃					木材	地砖								

高校建筑是包含教学楼、图书馆、宿舍楼等一系列建筑组成的建筑组团的统称，高校之间的历史沿革、气候环境、地域特色等都存在较大的差异，而各类建筑因其功能不同，建筑色彩更是大相径庭。高校的建筑色·材设计主要指建筑外立面和室内环境的色·材设计。

建筑外立面色彩定调了整个建筑的外在形象，如清水混凝土的灰色外立面表现出返璞归真、素雅沉稳的感情，红砖材质的外立面则表现出富有文化底蕴的鲜明个性，建筑外立面色彩设计在营造校园文化氛围中起着举足轻重的作用。新中国成立后早期的高校发展至今往往经历了多个建设期，受限于当时的建筑技艺及理念，这类校园往往呈现出多种建筑风貌混合的形态。而新近建设的高校校园，通常都是通过统一的规划设计，在色·材设计上较为统一。

高校建筑的室内环境也随着近年来的经济发展、社会进步有了长足的发展，木材、玻璃、优质涂料被广泛用于新建的高校建筑和旧建筑的室内翻新中，在不影响室内采光的前提下，高校建筑的室内色彩设计呈现出多样化、丰富化的趋势。

3.6未来教育建筑色·材发展趋势

Development Trend of Future Education Building's Color and Material

通过对不同年代的案例梳理分析，各个时期的教育建筑色·材设计从无到有，从有到优，研究发现建筑的色·材设计需求是一直都有的，但受限于不同时期的经济、技术、审美、工艺限制，表现出不同阶段的不同表象。

从经济、功能、感官、施工四个维度来分析案例色·材设计的考虑内容，目前教育建筑的三个发展阶段基本上分别对应的是有无阶段，无量化标准阶段，量化发展阶段。可以预见到，接下来一个阶段是量化基本完成，社会教育资源基本满足需求，人们开始对教育资源有一定选择的余地。各类教育机构需要追求教育质量来保障自身的发展，色·材设计也将呈现多元的趋势。再畅想远一点的未来，因材施教是最理想的教育模型，我们每个人都有不同的教育需求，个性化的教育需求得到充分满足，各类教育机构建筑从设计上也将具有独自的特性。

		第一阶段	第二阶段	第三阶段	下一阶段	未来
特点		主要是改造社会原有的其他形态教育资源，同时新模式的教育机构开始起步发展	社会中以一种无量化标准的模式建设发展教育机构	全国按照统一量化标准发展教育机构，伴随房地产的兴盛，开始大量建设	各类教育设施数量满足社会基本需求，各类教育资源开始追求质的发展	每个人个性化的教育需求基本能得到适配
诉求		有无	数量	数量	质量	个性化
影响因素	经济	★	★	★	★	★
	功能	▲	■	★	★	★
	感官	▲	▲	■	★	★
	施工	▲	▲	▲	■	★

★ 重要因子；■ 次要因子；▲ 无或弱因子

（各阶段特点及影响因素分析）

3.6.1 幼儿园色・材设计趋势
Design Trend of Kindergarten's Color and Material

明快、自然、活力、亲切

对于未来幼儿园建筑外立面的色・材设计将更加理性化，用简单的造型变化配合丰富的色彩和材质，或者用明快的浅色或是地方材料确定建筑的色彩基调，来搭配多变的造型，以期获得整体效果，在此基础上再重点推敲主体建筑的用色构图。明快的建筑主体配合草地、土壤、浅水、石子等自然元素，充分让儿童在幼儿园中接触世界的物质与色彩，为儿童创造出自然亲切的成长环境。

（自然亲切的室外环境）

如红、黄、蓝等明亮纯色可以突出主入口和建筑局部，同时运用与主体不同的材质配合，从而使建筑整体色调上因有若干艳丽“色・材”块的跳动而显活力，更能表达幼儿园的个性。

幼儿园的大部分体块常以标准活动单元组合而成，各活动单元空间构成以及外部形状几乎以同一个模式进行排列组合，对于儿童来说将自己的班级与其他班级区分开来需要一定的方向感和熟悉度。此时，可以借助不同的色彩用于区分相同的体块，使建筑局部具有可识别性。

同时，在不同的部位上采用各自合适的材质，提升木材、石材等自然材料的使用频率，使用柔和的室内采光，可以提高使用者对于建筑界面的亲切感和安全性。

（充满趣味的室内环境）

在室内地面上按人的行进路线设置彩带、可以攀玩的界面、可以反复擦换的画壁，让幼儿园成为儿童玩耍的游乐场，充满了趣味性。

（充满趣味的室内环境）

幼儿园不同功能教学空间的色材建议

分类	建筑外立面	活动单元	休息单元	室内交通
心理要求	大方、活泼、丰富、欢快、愉悦	自然、愉悦、镇静、舒适、柔和、安全	自然、宁静、舒适、明亮、欢快、大方、简洁	轻松、欢快、愉悦、明亮、舒适、丰富、安全
色相选择	红色调、黄色调、绿色调、蓝色调	红色调、黄色调、绿色调、蓝色调	蓝色调、黄色调、绿色调	基本所有色彩都可以
色性选择	暖 冷	暖 冷	暖 冷	暖 冷
明度选择	低中明度暗中色调	低中明度亮色调	低中明度亮色调	高中明度亮色调
对比度选择	中对比度	中对比度	低对比度	强对比度
材质选择	高性能涂料: 整体感好、便于更新、经济 耐候木材: 亲切、自然	高性能涂料: 耐污、经济、图案 复合木材: 亲切、自然、柔和、安全 环保型PVC地面墙面材料: 安全、图案	高性能涂料: 耐污、经济、图案 木材: 亲切、自然、柔和	高性能涂料: 耐磨、耐污、防潮 复合面砖板材: 耐擦洗、耐污、装饰效果好 复合木材: 亲切、自然、柔和

（幼儿园不同功能教学空间的色材建议）

3.6.2 中小学色・材设计趋势
Design Trend of Primary and Secondary School's Color and Material

希望、进取、放松、理性

色・材设计由以前的被动适应学生喜好，转向了积极引导培养学生符合时代的审美。中小学的建筑需要用简洁的色彩和材质来体现当代教育公平化、人性化、个性化的精神。

（现代中小学建筑设计）

（现代中小学建筑设计）

（现代中小学建筑设计）

（现代中小学建筑设计）

1. 普通教室

（1）墙面：墙面距离学生的物理距离较近，容易与学生产生互动，进而影响学生的心理和生理，故应配以轻松愉悦的色彩，消除其视觉疲劳和心理叛逆等，如淡草绿色是比较合适的护眼色。明快协调的淡色调色彩，配合上柔和的漫反射材质，尽量将自然光均匀的散布到教室内，不仅对保护学生的视力有一帮助，而且可以营造一种自然宁静的氛围，使学生仿佛置身于自然环境中，心旷神怡，从而提高学习效率。

（2）天花板：教室天花板由于关注度有限，很少特意进行色彩设计，一般约定俗成涂刷成白色。但是当教室四周都是白色涂料时，整个环境都变成白色，时间久了会使人感到单调茫然，缺乏视觉中心，且易引起视觉和心理的疲惫感。当墙面使用其他淡色时，顶棚可以保留白色涂料，有条件的也可以采用平整的吊顶材料。当墙面使用白色时，建议顶棚使用区别于白色的其他单色调。

（3）地面：当前我国教室的地面色彩比较单一，材质根据经济水平发展的不同，水泥地面、木格地板、大理石或花岗岩、PVC 塑胶地板都有。但由于成本原因，没法根本上解决地面的色彩问题。灰色的水泥地面容易使教室氛围沉闷，但和其他材质相比，价格和构造存在不小的优势；原木色的木质地面则显得轻松自如，但耐久度和易擦洗不如其他地面；石材地面可以给人厚重高雅的感觉，但略显冰冷。总体而言地面需要给人安全感、洁净感和隐退感，不能喧宾夺主，如浅蓝色、浅褐色都是不错的选择。

（普通教室室内空间）

2. 专业教室、活动场等

专业教室是提供特殊课程学习的室内空间，有其特殊的色彩和材质性能要求。一般情况采用较为明快、简洁的色彩和耐擦洗、防滑的材质组合。实验室还要求耐腐蚀的性能要求。

活动场地可以适当增加红色、橙色等刺激性颜色来调动青少年的活力。具有保护作用、能减轻青少年活动受伤的天然木材、发泡塑料等材质将受到欢迎。

（专业运动场室内空间）

（教学楼中庭）

图书馆是阅读、学习的场所。为了创造安静、舒适、明亮的，有利于阅读、避免读者分散注意力的环境。图书馆其室内设计应大方、明快、简洁，不适合做过多的繁琐的装饰，应注意照度和整体视觉效果。室内环境色彩主基调应选择低纯度、高明度的颜色，同时空间照度要求光线明亮、充足和照度均匀。一般来说，常用的色彩有素白色、灰白色或淡灰绿色、淡灰黄色等，可根据不同阅览室情况来选择不同的色调。如低龄儿童阅览室室内色彩宜丰富、明朗、欢快，以适应低龄青少年的心理要求。书架和阅览桌椅色彩一般多选择文静的中性色调。墙面常悬挂摄影、绘画、装饰艺术作品，构成室内的视觉中心，使图书馆在宁静、幽雅的环境中又增加了生动活泼的气氛。

（图书馆室内空间）

（专业教室室内空间）

在室内空间的色彩运用中，除了要注意到墙面、顶面、地面的色彩外，还需要一些独特的设计，来吸引青少年的注意力，增强娱乐性，同时减缓学生的学习压力。

3. 室内交通空间

走廊可以适当通过材质和颜色来过滤自然光，尽可能地保持公共区域的明亮和清晰，创造出能让青少年的情绪得到放松、平缓的环境，营造出适合驻足交流的场所。

（室内交通空间）

（室内交通空间）

（室内交通空间）

中小学不同功能教学空间的色 · 材建议

分类	建筑外立面	普通教室	专业教室、活动场	室内交通
心理要求	大方、活泼、丰富、欢快	自然、宁静、愉悦、镇静、舒适、柔和	安静、舒适、明亮、欢快、大方、简洁	轻松、欢快、愉悦、明亮、舒适、丰富
色相选择	红色调、黄色调、绿色调、无色调	红色调、黄色调、绿色调	红色调、黄色调、绿色调	基本所有色彩都可以
色性选择	暖 冷	暖 冷	暖 冷	暖 冷
明度选择	低中明度暗中色调	低中明度亮色调	低中明度亮色调	高中明度亮色调
对比度选择	中对比度	中对比度	强对比度	强对比度
材质选择	高性能涂料：整体感好、便于更新、经济 耐候木材：亲切、自然	高性能涂料：整体感好、耐污、经济 木材：亲切、自然、柔和	高性能涂料：耐磨、耐污、防潮、耐腐蚀 复合木材：亲切、自然、柔和、安全	高性能涂料：耐磨、耐污、防潮、耐腐蚀 复合面砖板材：耐擦洗、耐污、装饰效果好

（中小学不同功能教学空间的色材建议）

3.6.3 高校色 · 材设计趋势
Design Trend of University's Color and Material

内涵、变化、细节、地区

红色是在文化教育建筑上使用频率较高的颜色，源于西方的红砖建筑的传统意向，中国传统建筑也擅长使用红色。高校历来重视传统和文脉的传承，因此红色在现代高校的外立面设计中常常占有一席之地，红色与现代教育建筑的结合，同样能取得很好的效果。另一种常见设计手法是大面积使用现代的高科技材质，如金属板、玻璃等，主色调为灰色或者青色，表达出一种沉稳、高效的环境氛围。在此基础上，局部使用亮色点缀，引入灵动、多元的意境，个性化和开放性得到了有利的提升，契合了现代教育建筑共创、开放、富有吸引力、终身学习的发展趋势。

（现代高校建筑设计）

（现代高校建筑设计）

当前新建高校建筑色·材搭配使得校园空间划分、围合、串通，构成了色·材质统一而丰富多样的校园环境。建筑的配色应该与结构和材料的逻辑相一致。不同的材质与色彩组合使建筑具有有秩序的空间，同时兼顾现代建筑材料组合的逻辑。

高校建筑的使用者都已经具备完全的认知和独立的审美，在平时使用中，既要远看有总体效果，也要近观有细部处理。在建筑细部的处理上，利用色彩和构造的表现力来丰富建筑的细部，实现了把细部色彩和构造结合的建筑艺术理念。

高校往往与其所处的城市地区有较为密切的关联，因此将越来越多地采用当地熟悉的、特有的材料和色彩喜好。

3.7从教育建筑色·材发展反观教育建筑发展

From Color and Material Development to Education Building Development

现代教育正在经历科技迅猛发展、教育理念层出不穷、公办民办竞相争艳的时代浪潮中，教育建筑先后经历了改建、局部改建到新建的历程，教育建筑的色·材发展从原始朴素、不经修饰到以人为本、环境友好，正是有了教育建筑色·材的精心设计，才会有展现学校独特内涵和品牌效应的教育建筑的出现。

教育综合体是近年来出现的新型教育建筑，其融合多种类型的学习空间，集休憩空间、展示空间和学习空间为一体，形成多元化、高效有序的综合有机整体，建筑体量的增大、功能的复合化给教育建筑的色·材设计提供了新的设计场所和更高的设计要求。同时传统的普通教室等正式学习空间和图书馆等非正式学习空间，皆因为出彩的建筑色·材设计，而变得更有利于激发学生的创新思维和交流合作意识。

不论是中国等发展中国家，还是美、日等发达国家，政府都会在教育建筑上制定相应的设计规范，保障教育建筑合格合标，近年来，由于不同学校之间存在教育理念和目标的实际差异，在设计规范的基础上，超越标准是大势所趋，学校个体的差异同样表现在具体的建筑色·材的不同上。

同时互联网正在改变我们身边的一切，包括教育和受教育的方式，云教育平台日渐成为新的发展方向，反应在教育建筑上，是学校需要提供个性化的在线学习场所，教育建筑色·材也需要从科技感、生态化等方面契合其发展趋势。

随着我国经济的高速发展，国家“科教兴国”战略的继续实施，教育投入不断增大，学校的数量日益增多，建筑规模也日益扩大，对学校环境的质量有了更高的要求。政府花费大量的人力物力，通过公开招标等形式来建设让人们满意的校园，提供个性化、契合学生身心发展的绿色校园。

在如此迅捷的新环境下，建筑设计不仅仅需要满足校园的功能需求，校园环境更需要契合学生的心理，充分考虑色彩和材质的组合运用，建设出既有良好学习环境，又有益学生身心全面健康发展，真正达到学生全面发展的校园环境是值得我们深入研究的。

CHAPTER 04

商业建筑色·材趋势

The Development Trend of Residential Building's Color and Material

畜牧业、手工业和农业分离源于原始社会末期，商业的萌芽也诞生于此，中国最早的经营贸易活动可以追溯到公元前 3000 年左右，当时的人们把自己生产和捕获来的多余物品与别人进行简单的物物交换从而各取所需。

4.1商业建筑概述

Overview of Commercial Architecture

4.1.1 研究对象 Research Object

畜牧业、手工业和农业分离源于原始社会末期，商业的萌芽也诞生于此，中国最早的经营贸易活动可以追溯到公元前 3000 年左右，当时的人们把自己生产和捕获来的多余物品与别人进行简单的物物交换从而各取所需。这种对自己多余物品的再次利用的简单 “物物交换”行为，随着农业和手工业的发展而日趋发展成熟，人类进入奴隶社会则出现了不从事生产、专门从事商品交换的商人阶级。在中国有文字记载的商贸活动最早起源于商、周时期，“肇牵车牛远服贾，用孝养厥父母”指的就是长期从事长途的贩运贸易活动的商人。商人的祖先注重商业与贩运贸易，并发明了马车。商代后期，社会分工不断深化，出现了纺织业、青铜制造业、制陶业等，促使商业活动不断兴旺，同时城市的发展和交换结算、支付工具“货币”——贝的出现，也为商业交换创造了条件。

（清明上河图）

《考工记　匠人》中“左祖右社，面朝后市”的“市”就是商业集市。商业建筑由“集市”和“庙会”发展而来，聚集于渡口和通衢等交通要道处的相对固定的货贩成为固定的商铺的基本原型。随着商品交换的发展，商品种类的日趋丰富，商业交换的主体、客体，交换的形式和范围都发生了深刻的变化，逐渐衍生出各种商业形式，商业建筑的概念也发生了翻天覆地的变化，在不同时期、不同出处的解释也不尽相同。

所谓商业建筑，广义上说，就是供人们从事各类经营活动的建筑物，狭义上的商业建筑是指供商品交换和商品流通的建筑。近现代商业建筑的雏形是散布在居住区周边的、服务于人们日常生活的各种店铺，这些店铺以满足人们日常生活为目的，具有较大的灵活性和强大的生命力，在此基础上店铺的聚集形成了街道，街道的环绕形成了购物广场。购物广场品质的提高，和餐饮娱乐等功能的有机融合形成了现代化的 MALL，随着今后人类社会分工的日趋细密以及服务项目和娱乐方式的日益增多，商业建筑的类型也将更加多样化、复杂化。

4.1.2 研究背景及意义 Research Background and Significance

商业建筑既包含居住建筑中的底商，又包含办公建筑中的商业部分，其服务内容和功能结构，已远远超出了常见的特定建筑类型范畴。现代商业建筑在追求商业利益的同时，也无时无刻不在影响城市的总体面貌和人们的生活模式。商业建筑外观的审美，不仅仅是外装修材料、立面形式、比例、色彩等外部因素，更重要的是强调人的参与意识，需要关注社会价值、公共利益和文化品位。商业建筑的外立面从这种意义上说是社会文化的媒介，是商业文化的表征。对于建筑师而言，无疑是一个新的挑战。

建筑的商业化和开放性使商业建筑的外观设计手法丰富多彩，各种设计手法五花八门、层出不穷，设计手法也逐渐走向成熟，并产生了很多新的建筑语汇，对推动建筑设计手法多样化、满足人们的物质和精神生活的需要有着积极的作用。

根据 2016 年第 20 期“全球金融中心指数 (GFCI)”，我国内地有 5 个金融中心上榜：上海得分 700，排名全球第 16；深圳得分 691，名列全球第 22；北京排得分 683，名列全球第 26；青岛得分 631 分，排名第 46 位；大连得分 629，排名全球第 48。“全球金融中心指数 (GFCI)”是伦敦金融城发布的，是对全球范围内各大金融中心竞争力最为专业和权威的评价，指数的评价体系涵盖人才、商业环境、市场发展程度、基础设施和总体竞争力五个标准。上海当之无愧是全国的金融中心、改革开放的排头兵和科学发展的先行者。

根据《上海市城市总体规划 (2016-2040)》，上海至 2040 年的发展新目标为建设“卓越的全球城市，国际经济、金融、贸易、航运、科技创新中心和文化大都市”及建设“令人向往的创新之城、人文之城、生态之城”，其中具体提出上海市产业结构要不断优化升级，经济总体从“工业性经济”向“服务性经济”转变。随着战略性产业比重增加和一、二、三产业融合发展的特征愈加明显，城市经济开始步入服务经济主导的发展阶段。由于我国幅员辽阔，城乡发展不平衡，且差距有日益扩大的趋势，本章节主要以上海为例，阐述商业建筑在上海的发展历程，它山之石可以攻玉，以此为其他城市带来启示和借鉴之处。

4.2 商业建筑的分类 Classification of Commercial Architecture

4.2.1 按服务范围分类 According to the Service Scope of Classification

如近邻型商业建筑服务邻里、社区型商业建筑服务社区、区域型商业建筑服务周边几个居住区、城市型商业建筑服务所在城市、超级型商业建筑辐射周边几个城市等。

4.2.2 按行业类型分类 According to the Type of Industry Classification

按行业类型不同，商业可分为零售类商业和批发类商业，零售类商业建筑包括街道型商业、专业店铺、百货商城、超市、购物中心和商业综合体等，其中购物中心和商业综合体等商业建筑规模较大，和其他类型建筑如餐饮建筑等复合度高。

1. 街铺

街铺型商业建筑是为了服务于人们日常生活的简单服务型商业空间，如理发店、食品店和便利店等，服务的客群以满足人们的日常生活起居为目的。这种原始形态的商业建筑，或自然生长于居住建筑之间，或形成一定的规模而成步行街，自发生长的街道两侧的商业建筑通常都不高，街道的宽度和建筑的高度之间有着宜人的尺度关系，人在中间行走可以看到建筑的全貌而没有压迫感。传统的商业街道的两端多有牌坊来界定空间，各类商业建筑多用显目的牌匾和幌子来招揽顾客。随着传统商圈的没落和新型商业模式的崛起，很多历史悠久的著名商业街走向衰败，交通拥挤、商品档次良莠难分、购物环境糟糕、业态单一等使传统街铺的客流流失，曾经客流如织的景象不复存在。

（旧时街铺型商业）

但是在居住区周边，带着厚重的邻里色彩和很多人儿时的美好回忆，街铺型商业建筑至今仍零星散布在城市的每个角落里。这种街铺型商业建筑多以底商的形式出现，商业形态多为便利店、药店、书报亭、餐厅、美容美发店、银行、干洗店、房屋中介公司等。依托居住区常住人口的消费，具有运营门槛低、成本不高、风险小、和人们生活息息相关等特点，街铺型商业展现出强大的生命力和灵活性，其规模大小不一，采取铺位制或铺位制和铺面制相结合的形式。对于服务型及体验型的商业来说，街铺型商业能够更好地发挥其商业价值，充分便捷地满足简单的服务、展示和体验功能。

2. 专业店铺

专业店铺，一般是指经营一类或几类较为特殊的商品的零售商店。所出售的商品品种单一，针对特定的消费群体，有明确的市场定位，能在一定深度上满足消费需求，经营方式多为厂家直销，特色明显、个性突出，售货员对自己所售商品有相当的专业知识；对顾客的服务分成系列化的售前、售中、售后服务；管理信息系统程度较高。

（打铁铺与裁缝店）

最初的专业店铺有类似裁缝店、五金铺、鞋铺、首饰铺等，继而发展成了后来的类似时装店、鞋店、食品店、电器店、珠宝店等。大型专业店是经营一大类或几大类相互关联的商品，规模比一般的专业店大，品种齐全，可挑选余地大，如建材广场、大型电子广场等。

3. 百货商城

百货，顾名思义就是货品数量繁多，种类齐全，随之带来的便是可供人的选择余地越大，所吸引的人也就越多，给商人带来的商业利润也就越高，这也是百货出现并不断发展的重要原因。

根据国家标准，百货商城具有以下基本特征：

（1）目标顾客以追求时尚和品位的流动顾客为主；

（2）营业面积为 6000~20000 平方米；

（3）商品经营结构表现为综合性，门类齐全，以服饰、鞋类、箱包、化妆品、家庭用品、家用电器为主；

（4）采取柜台销售和开架面售相结合的方式。

世界上最早的百货商城是 1862 年在法国巴黎创办的“好市场”。19 世纪末至 20 世纪初期是中国百货商店的萌芽阶段，一些较有影响的大型百货商场都产生于这一时期。1900 年俄国资本家在中国哈尔滨开设的秋林公司，1912 年澳洲华侨在上海开设先施百货，把当时国外先进的零售业态引入中国，随后在这些经济发展较好的省会城市出现了官办性质的百货商城，具有所处地理位置优越、为当时的上层社会服务、消费人群特定等特点。同时当时全国各地都有一些小型日杂店，并不是真正意义上的大型百货商场，这一时期百货商场属于新鲜事物，并未飞进寻常百姓家。

（秋林公司）

秋林公司是中国境内的第一家百货商场，到 2016 年已经有 116 年的历史了。澳洲华侨商人于 1900 年在香港创办先施公司，1911 年在广州开设分店，1917 年在上海落户，先施百货商场面积达到 1 万多平方米，经营 1 万多种商品。1918 年永安百货在先施百货对面开业，营业面积略小，为 6000 多平方米。1926 年新新公司开业，上海南京路上百货商场形成了三足鼎立的局面。1928 年天津中原公司开业，随后，南京、北京、重庆、武汉、广州等地都出现了类似的百货商场。随着世界金融危机和内战的爆发，这些繁华一时的百货商场也面临凋零和衰败，但是这些极具特色和海派情怀的百货商店给人们留下了深刻的印象，为新中国成立之后的百货商城发展奠定了基础。

自新中国成立到改革开放的 1994 年为现代百货商城发展的第一个阶段，其中 1949~1989 年的前 40 年是传统百货商场（满足日常生活的需要）发展的时期，1989~1994 年的后 5 年是现代百货商店（满足高质量生活需要）发展的时期。这一阶段百货商场的共同特点是依靠物质短缺和垄断地位，真正实现了整个行业不赔钱的神话。

从 1949 年到 1989 年，传统百货商店属于粗放式发展，数量暴增。1950 年 4 月，中国百货公司成立时，全国国营百货零售店有 48 家，到了 1991 年全国销售额过亿元的百货商场已有 129 家，超过 6000 万元的超过 200 家。

在这一时期，百货商场基本以卖方市场主导，开启公私合营，由于绝大多数商品处于短缺的状态，百货商场主要是为居民提供日常生活必需，如肥皂、牙膏、布匹、锅碗瓢盆、食品、“三大件”（手表、自行车、缝纫机、外加收音机）等，所有商品实行计划供给，化妆品、高跟鞋、西装裙、首饰等新潮且非生活必需的商品被贴上了问题类商品的标签，禁止在百货商场中经营出售。“文化大革命”中，北京市百货大楼和上海第一家百货商场都停售了这类商品。由此可见，当时的百货商城被历史赋予的任务就是同化性地完成人们的日常所需，拒绝满足更高层次的个性化需求。因此，中国百货商场从诞生到 20 世纪 80 年代末，数量上有了巨大的飞越，但在本质上并没有实现质的蜕变。

例如在 20 世纪 80 年代末，上海最大的百货商场基本上还是 30 年代的永安、先施和新新。由于物品短缺和计划经济的时代背景，这一时期百货商场的利润率一直处于较高水平。但是随着 1978 年十一届三中全会确立改革开放之后，我国对外开放逐步放开，中国香港、日本、新加坡等邻国加强了对内地的投资，各种新兴百货品牌逐步进入中国，其他业态的商业模式也开始出现，随着垄断的打破和新兴商业模式的发展，20 世纪 80 年代末百货商场效益开始下降。

到了 20 世纪 90 年代，中国经济持续快速发展带动国内消费，人们的消费理念也在逐渐转变，开始追求较高的生活品质和新鲜个性的商品，中国百货商店迎来了历史性转型升级的契机。1994~2010 年的 15 年，是中国百货商城发展最快的黄金发展期，也是百货商店全面转型升级的历史阶段，在这一时期，大浪淘金，优胜劣汰，无论是外来的百货公司还是本土自发发展的百货公司，都有成功和失败的案例。

2011 年至今，百货商城在购物环境、商品品种、商城可达性和购物的便利性方面做了长久的创新性探索，积累了雄厚的经济实力、先进的管理经验、坚实的顾客群体和良好的商誉形象，形成了商品和资金链的良性循环，进入了成熟平衡的发展阶段，但是面对新兴购物方式的崛起，百货商城和其他商业类型一样，面临长久的挑战。

（五道口百货商场）

4. 超市

超级市场指商品开架陈列，顾客自助挑选，最后一次性结算所购商品的购物场所。超市里的商品包装能提供商品名称、批号、生产日期、用途、产地、用法、价格、重量等信息，用以代替售货员介绍。超市以商品开放、选购自助、信息透明为主要特点，通常以经营生鲜食品、日杂用品为主。超市由于其能节省较大的人力物力，经营面积紧凑，购物环境整洁舒适，高效完成购物体验，其经营模式备受推崇，小至经营日常商品的便利店，大至以家居装饰及家具为主的家居类专业大型商城，均有采用超市经营模式的案例。

超级市场诞生于第二次世界大战之后，最先在欧美兴起，在经济危机初期，国民生产总值和个人消费大幅下降，价格低廉才能保证销量，一些零售商通过大量进货压低进价，同时引进自助服务，统一在选购之后结算，使顾客在选购商品时无推销压力和支付压力，这种创新型的购物模式在经济危机时期取得成功，并在之后的近百年得到了长足的发展。二战之后，西方国家经济进入了高速发展时期，刺激了零售业的迅速发展，最终给超级市场带来了发展的黄金时期，一些大的百货商城也为超市开辟了场地及空间，超市所售商品也不限于生鲜食品及日用商品，在服装、日用工业品、家居等销售上也采用了自选购物及一次性结算的方式。可以说，现代超级市场除了“顾客自助服务”与传统模式相同，销售商品的种类、商品的品质、配套的服务设施等方面已经发生了本质的变化。现代超市具有以下特点：第一，销售方式自选；第二，低价格、低利润率、高周转；第三，商品种类齐全，覆盖面广；第四，实施连锁化经营；第五，配备现代化物流及信息化管理；第六，向综合服务方向发展，增设儿童游乐场、停车场、自助金融服务。

（超市室内环境）

1984 年，首家百佳超市在广东蛇口诞生，被普遍认为是我国第一家超市。随后，上海华联商厦（前身为永安公司）成立了华联超市，成为我国第一家上市的连锁超市，此时国内超市仍然处于萌芽阶段，国内早期的超市大多规模小，营业面积小，商品品种有限。20 世纪 90 年代中期是我国超市发展的分水岭，恰逢此时国有商业系统正处于计划经济向市场经济转型，由于分散经营、过度竞争、流通渠道受限等因素影响，国有商业体系深陷泥潭，亏损较重。1995 年法国家乐福进入中国，外资企业带来的新鲜业态迅速吸引了国内消费者。外资零售企业将大卖场模式引入国内，以天天低价吸引巨大客流，以应有尽有的商品种类和独具特色的生鲜商品多层次全方面满足消费需求。随后大润发、易买得、易初莲花、麦德龙、沃尔玛等外企开始进驻中国，国内超市雨后春笋般发展起来。这是一个跑马圈地的年代，开店速度和地段最终决定了抢占市场份额的多寡，据有关数据，2014 年日本的超级市场销售额首次超过百货公司。超级市场发展至今，已经从最初的时尚变成日常必需的活动之一，展示出超强的生命力和灵活性。成熟化经营的同时，同样面对两极分化、优胜劣汰，外资超市不仅要面对中国本土超市品牌的崛起挑战，同时消费者的年龄和消费模式也在悄然发生转变，而且随着商品红利消失、互联网普及、电子商务凶猛侵占线下市场，零售业进入瓶颈期，超市在夹缝中开启了整合升级的自我革新历程，2013 年外资超市频繁关店，同年 8 月华润收购英国乐购，10 月大润发宣布进军电子商务领域。

5. 购物中心

购物中心 (Shopping Center，Shopping Mall) 是指在一个大型建筑或者建筑组群内，统一实施管理，但分散经营的商业集合体，管理和经营分离。管理者提供场地，有计划地开发运营，开展统一广告宣传活动，有统一标示系统及品牌效应，其盈利模式通常为场地租金和资产本身的增值，组织引入零售、餐饮和休闲业态，但不介入经营环节。经营者独立经营各类零售、餐饮和休闲业态，包括大型超市、专卖店、餐厅、影院、健身中心等。购物中心在休闲设施、公共空间、内部空间布局上有更舒适的环境，给消费者带来更愉悦的消费体验。对比购物中心，百货商城则是管理者和经营者为同一主体。购物中心一般选址在商业中心区或城乡接合部的交通枢纽交会点，能提供较为便捷的停车，扩大其经营辐射半径。

根据国家标准，我国购物中心根据服务商圈所处的城市地段可分为社区购物中心、市区购物中心和城郊购物中心，根据经营规模和服务半径可分为小型购物中心、中型购物中心、大型购物中心和超大型购物中心。根据建筑形态可分为集中型购物中心和街道型购物中心。

（大型购物中心）

我国购物中心萌芽于传统百货商城的升级和差异化、综合化发展，20 世纪 80 年代末期，不少百货商城尝试着增加餐饮和娱乐休闲功能，丰富传统百货的功能，但是本质上并没有改变其主体管理和经营为一体的模式。

20 世纪 90 年代初期开始，随着中国改革开放深入渗透，购物中心作为舶来品被一些具有战略眼光的投资者引入国内，作为商业地产的重要组成开始活跃在中国的各大城市，并和不断深入的城市化进程产生共振。购物中心开辟了新的开发运营理念，主要盈利模式为持有保值增值和向零售商出租，同时专注于提高系统化管理水平，探索合理的市场定位，树立品牌形象，专业化规划未来发展方向。

21 世纪初中国进入城市高速发展期，购物中心的发展也日趋完备和成熟，商业地产业经过最初的探索，得到巨大的盈利空间，使得众多投资者趋之若鹜。在这一阶段，诞生了上海正大广场、上海来福士广场、苏州印象城、上海百联西郊购物中心、深圳万象城等一批具有影响力和知名度的购物中心。同时购物中心的类型开始出现多样化特征，市区型、郊区型、新区型以及各种各样主题化购物中心出现。

购物中心崛起的深层次力量来源于城市郊区化大发展，以及旧城中心的自我革新蜕变，购物中心突破了传统的零售业态，更趋向于一种崭新的生活方式，是人们经济水平和消费模式不断提高的必然结果。

值得指出的是，随着购物中心狂热粗放式发展的十年（2000~2010 年）过去，大浪淘沙，回归理性是必然趋势。一部分实力较弱的投资商将购物中心切割成若干单元，进行返租，还有标榜为产权式购物中心，对后期的经营管理缺失长久的规划，对项目所在地的经济发展和消费能力没有超前的预判，盲目圈地、跟风开发，后期资金链断裂，最终导致项目停滞或烂尾。

6. 商业综合体

“商业综合体”的概念从某种意义上说源自“城市综合体”，包含于城市综合体，换句话说城市综合体的范围远大于商业综合体，二者的重点均在于在一定集约的土地上建造建筑群，立体化发展，综合浓缩了商业或者城市的部分功能，如商业零售、商务办公、酒店餐饮、公寓住宅、综合娱乐、会议展览、轨道交通、文化教育、旅游度假、金融服务，甚至是医疗保健等。 城市综合体可以有很多类型，以商业功能为主的称之为商业综合体，如深圳万象城；以文化功能为主的称之为文化综合体，如各类文化创意产业园，北京 798 艺术区等；以旅游度假为主的称之为旅游综合体，如广州长隆。城市综合体具有地理位置优越、超大空间尺度、立体交通体系、高科技集成等特点，其主要建筑通常为城市中的地标式建筑，各组成部分之间互为依存、相互裨益，从而形成一个多功能、高效率、统一协作的综合体。“人们来到城市是为了生活，人们居住在城市是为了生活得更好”，两千年前亚里士多德对城市的意义一语中的，城市发展至今不可避免地涌现出很多问题，如交通拥挤、环境污染，城市综合体高效节地、便捷省时、自我循环，或许是一剂良药，对于提升城市环境、提高生活品质，有诸多良性影响，代表着未来的发展方向。

目前我国的城市综合体仍然以商业综合体为主，在城市中心土地紧缺、开发成本不断攀升的背景下，高端商业综合体成为必然选择。商业综合体由三种或三种以上功能共同协作组成，必须包含商业功能，且不限于此。商业功能和其他功能之间可以是以商业功能为主，其他功能围绕商业为其提供配套，在定位和主题上保持高度统一，也可以是没有核心功能，商业和其他功能所占比例差别不大，互相具有独立性，但融合在一起可形成更广泛的互动性。商业功能通常以购物中心为主，表现在建筑功能组成上，购物中心通常位于底层，且大面积临街，配以醒目的商业标示和夜景照明，上层通常以写字楼、公寓和酒店为主。

商业综合体可以满足人们对宜居、便捷、舒适及环保生活的追求，业态多样化、节约用地、缩短交通距离、提高效率，符合国家倡导的由实物性消费向服务型消费转化的政策导向，近年来，商业综合体发展迅速，根据 2014 年统计，我国商业综合体项目约有近 800 个，主要集中于一二线城市及介于一线城市和二线城市之间的“1.5”线城市之中，人们耳熟能详的如香港太古广场、北京华贸中心、上海新天地、成都锦里、北京三里屯等，这些地标式商业综合体代表着城市形象，引导着新时代的城市生活方式。

从城市发展上看，全国各个城市发展不平衡，城市规模、人口数量、城市产业、人均 GDP、人均可支配收入、基础设施完成度等有着巨大的差异。一线城市如北京、上海，商业综合体已经处于发展成熟期，而有些城市还处于商业综合体的起步阶段，或者说其城市发展基础不足以支撑其建设大规模的商业综合体。

从开发企业上看，国内商业综合体开发经营较为成熟的有万达集团、华润置业、绿地集团、中粮地产等，但是相对全国数以万计的开发商而言，很多开发商并没有足够的经验和能力去做商业综合体，但是部分开发商仍然激进圈地，迅猛扩张，并由此造成过度开发、空置率过高、库存过大等一系列问题。

由于各类综合体体量巨大、功能齐全、设计前卫、科技含量高，商业综合体，乃至城市综合体的发展方向及发展前景已经超越了商业地产的范畴，升级成一个城市未来的发展方向，在将来势必会深刻影响人们的生活方式和生存环境。

（大都市中的商业综合体）

4.3我国现代商业建筑的发展阶段及各阶段色·材特点

The Development Stages of Modern Commercial Architecture in China and the Characteristics of Color and Material in Each Stage

20 世纪初到 1949 年中华人民共和国成立，称之为中国近代期，中国在这个时期经历了历史的巨变，西方文化流入加剧了中国的近代化进程，历史的传承和流转在建筑上留下了深刻的烙印，中国建筑发展史也随之发生了急剧的变化。商业建筑作为公共建筑中的一个重要分支，其数量最多、种类最为广泛，成为舶来文化外化的主要载体，当它们屹立在上海黄浦江畔、天津五道口时，强烈地冲击了当时的社会，同时建筑功能开始多样化，建筑风格呈现出中西结合逐渐西化的演变趋势，天津的劝业场就是这一时期的典型代表。劝业场建于天津法租界，始建于 1928 年，是一个框架结构的五层洋房，商业模式为一至三层为百货店铺，四楼以上同时容纳了影院、戏院、茶社和屋顶花园，建筑风格为折衷主义，外西内中。而这一时期旧式的商业建筑仍然与传统的民居的形式相似，一般还沿用传统街道和商业建筑相结合的方式来共同塑造商业环境，如庙会、集市等。在建筑形式上适当采用新材料、新结构进行局部改造，以扩大商业空间，在立面上强调各式特色招牌，突显出浓厚的商业气息，从这方面说，劝业场是对中国近代商业娱乐模式的一种崭新的探索，不仅使商业建筑的功能由单一的买卖货品发展到饮食、娱乐、住宿等，同时还在建筑风格上拓展出商业建筑自身的底蕴和魅力。

（老上海高层商业建筑）

同一时期的上海，出现了许多高层商业建筑，包括百货公司、大型饭店、影剧院、俱乐部、茶楼等，其建筑规模庞大、建筑艺术突出、建筑结构多样、建筑材料新颖，为我国近代建筑写下了浓墨淡彩的一笔，至今仍然是我国建筑历史长河中的瑰宝，如上海沙逊大厦、上海国际饭店、上海大新公司等。

从 1949 年中华人民共和国成立至今，称之为中国现代期，在这一时间阶段用于从事各种商业活动的建筑统称为商业建筑。根据中国经济发展阶段，我们将中国商业发展分成三个不同的阶段时期：

4.3.1 第一阶段（1949 ~ 1995）The First Stage(1949~1995)

1. 社会背景

在这个时期内中国经济市场在大环境下处于一个计划经济的时期，物资极度匮乏。国家陆续对很多商品都实行了票证制度，日常生活所需皆按人发票、凭票供应。票证制度在人口急剧增长和物资相对不足的情况下确保了人们的初级需求得到平等满足，在当时的社会环境下具有积极意义，参照马斯洛需求层次理论，新中国成立初期人们的需求还处于比较初级的层次，也就是温饱阶段的生理需求（身体对食物、温暖和性的需要）以及安全需求（对保护、秩序和稳定的需要）。改革开放后，中国确立了以市场经济体制为主体的经济发展模式。深圳市于 1984 年在全国率先取消一切票证，日常生活用品敞开供应，价格放开。1985 年国务院批准将原有的票证供应物资逐年减少，1992 年确立了建立社会主义市场经济体制，1993 年粮票被正式宣告停止使用，长达近 40 年的票证经济就此落幕。

直至 20 世纪 90 年代才逐渐取消的票证制度，深刻影响了我国各个层面的发展，表现在商业建筑上则是处于萌芽状态，发展十分缓慢，建筑形式简单、功能单一，建筑材料更是取之天然，不加修饰，在色彩与材质上并未出现过多创新。但是随着改革开放的推进，中国开始走向市场经济，超市、购物中心等新兴商业业态开始出现，竞争愈演愈烈，平静的海面下其实暗潮涌动，百花齐放、改革图新的第二阶段商业发展成为必然。

（票证制度下的传统商业）

（20世纪90年代的国营商铺）

（1）街铺

（老上海街铺）

（各类供给社和传统街铺）

该阶段的街铺基于建筑自身材料应用，无过多的装饰用于吸引顾客，但会在铺面外立面标识店铺经营的产品名称或是店铺名，以告知顾客，而当时商品的评价，也是通过口口相传而得知。外立面材料多数以灰砖或是红砖为主，地面用水泥地，墙面水泥刷白。

20 世纪 80 年代到 90 年代的街铺仍以简易装修为主，基本以涂料、水泥地面为主要装修材料。

①衣铺 \ ②杂货铺

（衣铺）

（杂货铺）

（2）百货商城

初级阶段的百货公司，不得不提老上海赫赫有名的四大百货公司：先施、永安、大新、新新。四大百货公司均创建于 1949 年之前，“十里洋场”的南京路因为四大公司而蜚声中外。历经战火洗礼和时代变迁，四大公司的高楼今天依然耸立在车水马龙的南京路上，作为中国近代百货业的先驱，四大公司一直走在不断创新发展的前沿，第一部手扶电梯、第一家全日光灯商城、第一家全面雇用女职员的百货公司、最早提出“顾客永远是对的”的服务理念、最早引入环球百货的概念，四大公司的商业模式曾一度改变了上海人乃至中国人的消费理念和生活方式。

①先施公司（上海时装公司）

1914 年，在澳大利亚挖下第一桶金的马应彪盘下了位于南京路浙江路西北口的易安居茶楼，用了三年时间盖起了一座七层洋楼，底层设有拱形骑楼式外廊，外廊内大面积设置极具商业特色的橱窗，橱窗内陈设当年最为流行时尚的服装样式，这种商业宣传模式沿用至今。一座三层的魔星塔耸立在东南转角处，极具地标效果。在商业功能分区上，一至三层为百货商场，四至五层为旅社，六至七层为办公，屋顶层建有花园。1937 年曾一度在战火中被局部炸毁。新中国成立后几经周折，原先施大楼由上海时装公司、黄浦区文化馆和东亚饭店共同使用。上海时装公司为当时上海最大的国营时装零售公司，于 1956 年入驻先施公司原址，1966 年改名为上海服装商店。1991 年公司对商场进行了大规模改造，安装了自动扶梯、闭路电视、电子显示屏和中央空调等现代化设施，1992 年成立上海时装（集团）公司，1993 年改制为股份制有限公司，发展至今。

（旧先施大楼原貌）

先施大楼作为当时南京路上最高的建筑，结构为钢筋混凝土，建筑风格颇具巴洛克风格，立面采用西洋古典建筑手法，为古典主义的三段式，二三层设有爱奥尼柱式和弧形出檐，东向二层和四层设有出挑阳台，阳台底部为通长出檐，强化立面上的横向分隔，阳台栏杆为欧式花纹的铸铁扶手。

（先施大楼）

②永安公司（华联商厦）

永安公司由澳洲华侨郭氏兄弟于 1907 年创办于香港，至今仍是香港最具历史的连锁百货公司之一，1918 年郭氏兄弟抢滩上海滩进军中国大陆市场，在先施公司对面创立了永安百货，是老上海南京路上四大华资百货公司之一。新中国成立前永安公司秉承以经营“环球百货”为特色，是当时上海首屈一指的高档百货商店，至 20 世纪 30 年代，永安公司后来居上成为四大公司之首。

永安大楼矗立在南京东路 635 号，始建于 1916~1918 年，层高六层，沿南京路一侧大楼中央顶部矗立一座塔楼，名为绮云阁。永安大楼是上海 20 世纪初折衷主义风格的典型代表，建筑平面为长方形，拐角处做弧形处理，设为大门，大门以古典柱式和弧形挑檐装饰，一层设置大面积陈列用橱窗，二层和六层均有出挑的长廊，并以欧式铸铁栏杆装饰。建筑立面材料为汰石子饰面，同时用圆柱与砖壁方柱墩作装饰。室内地面商城以马赛克地坪为主，楼上铺装木质打蜡地板。

（旧永安大楼原貌）

1930 年，永安公司在永安大楼东边，南京路 627 号买下一块三角形地块 ,1933 年新建起一栋 22 层高的永安新厦，永安新厦由哈沙德洋行设计，哈沙德洋行由美籍建筑师创立，在 20 世纪 20~30 年代是上海颇具影响力的建筑师事务所。永安新厦依据地形特征，呈三角形拔起的塔楼样式，建筑结构为钢框架，总体呈现三段式，越高越收缩，在底层仰望永安新厦的顶层塔楼，给人以强烈的视觉冲击，仿佛整个建筑直冲云霄。1 至 7 层为底部第一段，8 至 13 层为第二段，9 层以上为第三段，整体建筑风格为现代主义风格，简洁而没有过多的繁琐装饰，外墙立面底层为花岗石贴面，上层以浅色釉面砖为装饰，沿街同样设置大面积玻璃通透式橱窗。在第四层楼面层架起 2 座两层的封闭式天桥，与西边永安大楼连接。永安公司内部功能划分得十分详细，除了百货，还设有旅社、舞厅、茶室、酒楼等。位于永安新厦第七层的 “七重天”，就是老上海最为闻名遐迩的娱乐场所，餐厅里还附设一个舞池，成为当时上流社会、精英阶层的社交乐园。

（永安新厦与旧楼之间的封闭式天桥）

从私营到公私合营，再到国营，永安公司几易其名，历经上海永安公司、上海第十百货商店、东方红百货商店、上海华联商厦、永安百货有限公司。1987 年改革开放，永安公司改名为华联商厦，1992 年华联商厦登陆 A 股，2004 年第一百货吸收合并华联商厦，合并后存续公司更名为上海百联集团有限公司，直至 2005 恢复永安原名。新中国成立后永安公司进行了几次大的整修，1995 年永安立面大改造，再度变身则是在合并入百联之后、更名之前的 2004 年。20 世纪 90 年代，传统百货面临超市、购物中心等多种新兴商业业态的竞争，华联商厦开始谋求改革图新，向超市领域延伸。

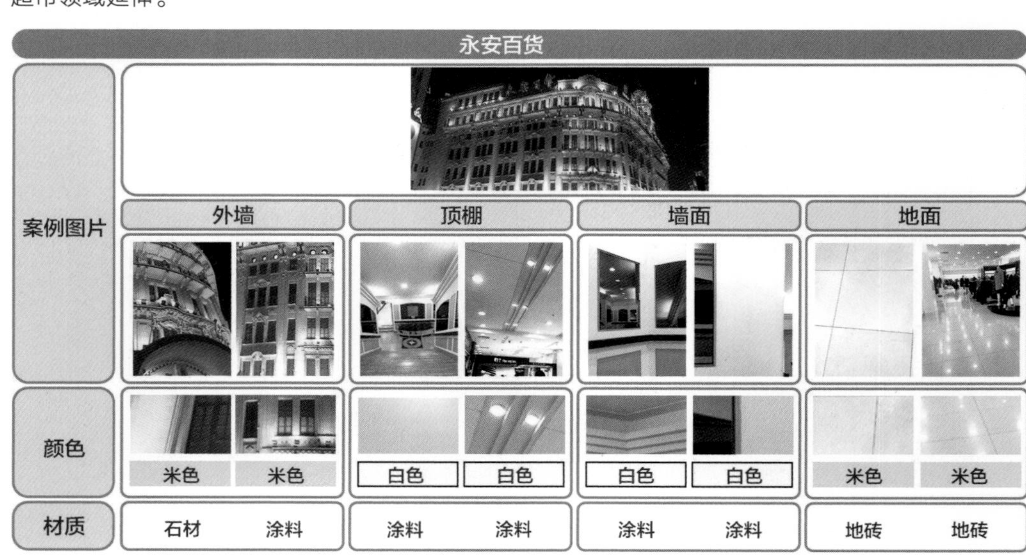

永安百货								
案例图片	外墙		顶棚		墙面		地面	
颜色	米色	米色	白色	白色	白色	白色	米色	米色
材质	石材	涂料	涂料	涂料	涂料	涂料	地砖	地砖

华联商厦								
案例图片	外墙		顶棚		墙面		地面	
颜色	灰色	彩色	白色	白色	米色	米色	米黄色	白色
材质	金属复合板	金属复合板	涂料	涂料	瓷砖	瓷砖	地砖	地砖

③新新公司（第一食品商店）

（新新公司）

1926年新新公司在先施公司西面开业，新建的新新大楼地处南京路、广西路和贵州路之间，始建于1923年，1925年落成，占地4280平方米，建筑面积2.2万余平方米，由匈牙利鸿达洋行设计，大楼高七层，一至三层为百货商店，四层为办公，五层为货仓，六层为新新乐园，设有剧场、戏院、舞厅和音乐厅，七层为万象餐厅。建筑结构为钢筋混凝土框架结构。大楼中央顶部也如永安、先施公司一样建有高耸的小塔，1949年被拆除。大楼立面简洁，没有繁杂的曲线形装饰，方窗方柱，二层有水平通长腰线，六层出挑通长阳台，以铁艺扶手为装饰，整体建筑风格为折衷主义风格。

新新公司的开办源于先施公司股东内部矛盾之后另起炉灶，经济实力有限，再加上当时欧美正处于20世纪20年代的经济大衰退中，世界经济不景气，所以新新大楼较先施大楼和永安大楼少了很多繁杂的装饰，更偏向于现代建筑的简洁实用。1949年后，原新新公司歇业，上海第一食品商店入驻原址。

④大新公司（第一百货）

大新公司是四大公司中最晚建成的，于1934年在南京路和西藏中路口开工建造，1936年建成营业。不同于前三大公司建筑均请外籍建筑师设计，如先施为德和洋行，永安为公和洋行及哈沙德洋行，新新为鸿达洋行，大新公司的设计者是近代中国最大的建筑事务所基泰工程司。新中国成立之后，1953年上海市第一百货商店迁入大新公司，大新大楼改名为上海市第一百货商店，是新中国成立后的第一家国有百货零售企业。直至20世纪80年代，从营业面积、商品种类和销售规模上看，第一百货一直是全国最大的百货零售商城，之后第一百货商店和华联股份合并成为上海百联集团股份有限公司。

大新大楼高九层，局部十层，一至四层均为百货，四层西面开辟了商品陈列所，南面设有会计室、会议室等办公用房，五层设有舞厅和酒店，六层以上皆为大新游乐场，包括八层的电影院，九层的露台花园等。底层设有地下商城和地窖用以设置为货仓和机房室等。建筑结构为钢筋混凝土构筑，建筑立面简洁大方，强调竖向线条，立面材料上底部采用黑色花岗石，上部米色釉面砖。大新大楼虽然建成最晚，但设备和结构最为先进，除了开辟了地下空间，大新大楼还设置了连贯三层的自动扶梯和采暖制冷设备。同时为了使底部商城空间宽敞明亮，结构上采用了井字形梁板，有效地增加了柱网间距。建筑风格略带中式折衷，在屋顶女儿墙上有少量中式挂落装饰花纹。

（第一百货大楼）

综上所述，上海四大百货公司色材特点为外部采用花岗石及釉面砖，内部天花采用粉刷、涂白，简单的勾勒修饰；地面公共部分采用水泥地坪、水磨石地坪、马赛克地坪或油漆地坪，局部采用木质地坪；墙面采用粉刷、涂白，地面至人视线高度，采用瓷砖或马赛克等耐擦洗的材料，也有个别采用护墙板等材料作为装饰。

⑤东方商厦

1992 年秋大陆首家中外合资大型零售商业企业东方商厦有限公司登陆徐家汇商圈，成为新中国成立后上海第一家高端百货商厦。在这之前南京东路已经簇拥一大批中型现代化百货商厦，国有百货扩张态势向上海之外蔓延。作为外来资本，东方商厦带来了些许购物中心的新鲜气息，开启了外资百货抢滩大陆市场的序幕。

东方商厦				
案例图片	外墙	顶棚	墙面	地面
颜色	琥珀色	白色	白色	黄色
材质	石材	涂料	涂料	地砖

（3）超市

联华超市

上海联华超市商业公司成立于 1991 年，是上海首家以发展连锁经营为特色的超市公司。联华超市的前身为联华商业，引进上实资产及三菱商事后，转制成为中外合资企业。公司通过合资的方式，多渠道融资，迅速扩大连锁规模，抢占市场份额。1995 年政府出台“菜篮子工程”，联华超市迅速捕捉到机遇，开始突出生鲜食品的特色经营，1996 年成立生鲜食品加工配送中心，1997 年在全国多处生鲜食品原产地建立基地。在不断的发展壮大中，面向不同需求定位，通过“世纪联华”、“联华超市”等多品牌、多方位渗透市场。

其建筑部位色・材特点：天花——粉刷，涂白；地面——水泥地坪、地砖地坪、有机防滑地坪或油漆地坪；墙面——粉刷，涂白。

(联华超市)

（4）商业综合体

波特曼上海商城

20 世纪 90 年代建成的上海商城，至今仍是上海的地标建筑之一。上海商城位于南京西路，竣工于 1990 年，由约翰・波特曼建筑设计事务所、日本鹿岛建设和华东建筑设计研究院共同设计，

上海商城				
案例图片	外墙	顶棚	墙面	地面
颜色	白色	白色	白色	粉红色、灰色
材质	石材	涂料	涂料	地砖

由上海展览中心、约翰·波特曼集团、美国 AIG 和日本鹿岛建设联合投资。上海商城是上海第一个集文化艺术、休闲购物和美食餐饮为一体的现代化商业综合体，由中央塔楼和两侧两栋 34 层的高楼组成，酒店位于中央 48 层的塔楼上，两侧分别为公寓和办公大楼。三面围合形成内院的集中制布局方式，使中央四层高的中庭成为当之无愧的视觉中心，中庭面向南京西路一侧开放，设有自动扶梯通向主入口上方一个 1000 座的剧场、商场区和办公区，这个开放式的入口中庭成功地引入了“共享空间”的建筑哲学，成为上海商城吸引客流的一个重要因素。上海商城的平面借鉴了中国传统宫殿中轴对称的形制，并在内庭和主入口的立柱上采用了代表中国传统建筑的朱红色，室内景观设计上采用传统园林的移步换景，设置了厚重的台基石雕栏杆和贴金假山等带有浓厚中式园林特色的景观元素。

上海商城的成功得益于中美关系正常化，得益于改革开放，更得益于有着世界著名建筑师和开发商双重身份约翰·波特曼，因此上海商城也亲切地被人们广为流传为波特曼商城，作为上海最早的外资合作项目之一而被无可争议地载入史册。

2. 第一阶段商业建筑“色·材”特点

建筑类型	案例名称	案例图片	外墙	顶棚	墙面	地面	常用量色、材	点缀色、材
街铺	星火日夜						砖、石材、水泥、木材	涂料
	老街铺		石材	白抹灰	石材+水泥	石材		
专业铺	裁缝店		砖	白抹灰		泥地	砖、石材、白抹灰、水泥	织物
	粮店		石材、红砖	白抹灰		水泥		
百货	五道口日货		涂料				白色涂料、砖、抹灰色石材	
	新世界		石材	涂料	白色涂料	水泥		
	永安百货		GRC+清水涂料、石材	白色涂料	石材+涂料	石材		

建筑类型	案例名称	案例图片	外墙	顶棚	墙面	地面	常用量色、材	点缀色、材
街铺								
专业铺			白色 黄色	白色	白色		白色涂料	
百货	上海第一百货		白色涂料 米黄色涂料	白色涂料	白色涂料		白色涂料	
	东方商厦		琥珀色涂料	白色涂料	白色涂料	黄色涂料		

建筑类型	案例名称	案例图片	外墙	顶棚	墙面	地面	常用量色、材	点缀色、材
超市			白色涂料	白色涂料	白色涂料	米色瓷砖	白色涂料 米色瓷砖	
购物中心	上海商城		白色涂料 米白色石材	白色涂料	白色涂料	米色瓷砖	白色涂料 米色瓷砖	

该阶段初期即计划经济时期出现的商业建筑类型主要以街铺、专业店铺和百货为主，以解决人们的最基本的衣和食等生活问题。大型百货基本处于国营垄断阶段，建筑外立面延续原有材质和风格样式，局部翻新，室内仍以简单的水泥地坪和刷白墙面为主。

该阶段后期即市场经济初期，开放的政策使得人们的需求升级成社交需求和尊重需求，即马斯洛需求层次的第三、四级需求，经济模式随着需求的升级开始具备多样化、丰富性、包容性和自我调节的能力，直接使商业建筑的种类、规模、功能、形式也呈现多样化趋势，百货公司开始谋求转型，超市等商业类型开始出现，甚至在上海出现了第一个“多功能、综合性”的商业建筑——上海商城，堪称最早外资投资开发的商业综合体，街铺、专业店铺和百货则顺应时代发展出自身的特点。

结合该阶段的商业建筑涉及的街铺、专业铺和百货案例，我们会发现材料的取用与当时的经济条件密切相关，在街铺和专业铺，材料简单，以施工容易的砖块和水泥为主；而百货作为新兴的商业业态，展现出其当时的经济地位，所用材料也以石材和欧式的 GRC 和清水涂料为主，部分外墙应用石材。内装墙体用材以涂料为主。该阶段的色彩以灰色系和材料本色及白色为主。

4.3.2 第二阶段（1996~2010）The Second Stage(1996~2010)

1. 社会背景

进入 20 世纪 90 年代末期，经济迅猛增长带动消费水平长足增长，1997 年开始国内零售业平均每年的增长速度都在 10% 以上，而消费是产业发展和商业结构变化的主要动力，传统商业无可争议地全面向现代商业转型，新兴商业业态遍地开花，原有商业业态并购转型，适宜市场发展规律的蓬勃发展，悖逆市场发展规律的无情被淘汰，大浪淘沙，始得真金。

新兴商业业态出现在仓储业和批发业，同时进军消费市场，原有商业业态在零售业的基础上纵横发展。仓储业在物流中心的基础上建设了大型仓库型商场，批发业在配送中心的基础上建设了小型的连锁折扣店。零售业分为大型百货店、中型专卖店和小型日常杂货店，大型百货通常通过联合超级市场、餐饮服务和影院剧场转型为购物中心；中型商场转型为专业商店业态或小商品批发市场，专业商店重点商品是有一定技术含量的商品，如家用电器；或者垄断行业的商品，如烟草、汽车等；或者特殊行业的商品，如服装、化妆品、保健品、茶叶等。百货业态的重点在于提供多品种、高品质的商品，超级市场则注重便利、快捷，便利店要求方便和时效，仓储商店追求性价比高、品种全，购物中心则强调实体消费向服务消费转型，提供优良的购物环境和惬意的购物体验。

（中国加入WTO）

（1）专卖店

专卖店这种专门经营或授权经营某一种品牌商品的零售业态古老而常青，20 世纪 90 年代初期是现代专卖店的启蒙式发展时期，专卖店通过固定的门面、耳熟能详的品牌推广、便利的消费、专业的服务、贴心无忧的售后，仍然在中高年龄的消费者中占据一定的比例。初期的专卖店基本是简装门面房，内部简易装修。

①海尔电器专卖店；②烟草专卖店

（海尔专卖店）

（烟草专卖店）

20 世纪 90 年代末期，更多专卖店从百货店中分离出来，开始向更多行业发展，如办公用品、儿童用品、专业书籍和家居装饰等，而且店铺呈现大型化、专业化等特点，同时加强突出了品牌效应和连锁的组织管理机制。

③三联书店

作为中国传统书店的一个时代性缩影，三联书店堪称老牌名店，坚守“中国知识分子的精神家园”，面对新媒体和电商的双重冲击，三联书店的发展模式颇具思考价值。

（三联书店）

三联书店从建店至今，在销售内容和营销渠道上坚守以读者为中心的理念，积极努力开展线下线上结合的销售模式，并在三联韬奋书店实施 7x24 小时营业。在店面设计上，重视舒适度和温馨感，装饰材质以温暖木质为主，色彩采用暖色调，提供局部照明，营造良好的阅读环境。在设备上提供免费 WIFI、桌椅、台灯和自动售水机。坚守温情诚恳，守护精神家园，传递正能量，三联书店以其独特性和小众化在今天残忍的商业竞争上依然占据一席之地。

④丽婴房

1971 年成立于台湾，1993 年进入内地市场，不同于其他童装品牌的加盟模式，丽婴房在 2005 年正式开启直营专卖店模式，多种品牌组合营销，借力知名品牌开拓自身市场。丽婴房选址多在一二线城市的成熟商圈和高档社区，室内装饰温馨雅致、童趣可爱，大面积明亮的玻璃橱窗形成视觉中心，地面铺装采用浅色瓷砖或者原木色木质地板，墙面刷以高级灰或其他灰色系涂料，顶棚吊顶或者配以灯光设计，内部摆设有条不紊，空间充足，还会添设一些温馨可爱的小家具，色彩以天使白为主。

（丽婴房）

（2）超市

1995 年以法国家乐福为代表的欧美外资企业开始进入中国，1996 年美国沃尔玛，1997 年台湾大润发，1999 年法国欧尚、日本洋华堂、泰国易初莲花蜂拥而入。2004 年中国政府承诺解除地域和股权等方面对外资企业的限制，外资积极地进行全国扩张战略。经过最初的跑马圈地到向二三线城市二次扩张，外资超市渐成规模，带动大型超市迅速发展。同时以百联集团为代表的内资也在积极开拓市场，之后进入了外资和内资拼杀、整合和并进的整合发展期。

总体来说，大型超市内部空间以瓷砖、涂料为主要材质，内部色彩以为顾客营造舒适购物感的粉色、米黄色系为主。由于大型超市面积较大，处处需要醒目的消防安全方面的提示，其墙面和地面都贴有绿色的安全出口方向和标识。

①家乐福

提到大型超市不得不提的是最先入驻我国的法国家乐福，1959 年家乐福集团创建，1963 年家乐福首创了“大卖场”业态，即超级市场的雏形，1989 年家乐福首次将大卖场开到亚洲（中国台湾），1995 年作为第一个进入中国内陆的外资超级市场。家乐福最先提出一站式购物，其经营理念是以低廉的价格、卓越的顾客服务和舒适的购物环境为广大消费者提供日常生活所需的各类消费品。

（家乐福超市外观与室内环境）

②卜蜂莲花（易初莲花）

卜蜂莲花是泰籍华人谢易初创立的正大集团旗下的大型连锁超市，1997 年卜蜂莲花在泰国本土已经拥有超过 35 家连锁，是泰国不置可否的零售业巨头，同年入驻上海浦东。2000 年开始在华北和华南稳步扩张，2001 年成为上海地区销量最大的超市之一，2006 年门店数仅次于家乐福。

（卜蜂莲花超市外观与室内环境）

③大润发超市

1997 年台湾润泰集团创建大润发连锁超市品牌，同年大润发在大陆成立上海大润发有限公司，短短几年大润发连锁超市迅速跃居全球前五位。2001 年大润发率先整合国际市场资源，同拥有 45 年经验的国际知名大型流通集团欧尚（Auchan）集团全面展开合作，随即捆绑上市，此举为大润发迅速打开国际市场起到了重要作用。欧尚集团拥有全球跨国采购的能力，为大润发全球化战略奠定了坚实的基础，大润发率先在美国、匈牙利、卢森堡、法国、俄罗斯、日本、摩洛哥、葡萄牙、西班牙、中国大陆等多个国家建立了分店。

2010 年大润发取代家乐福成为中国大陆零售百货业冠军，2011 年初大润发门店数达到 150 家。

（大润发超市外观与室内环境）

（3）百货商场

第二阶段的百货商场以外资进入内地拉开序幕，以中外合资共赢发展推向高潮。1993 年日本华亭伊势丹百货、中国香港瑞兴百货、中国台湾中兴百货和太平洋百货相继在上海开业，为之后马来西亚百盛、香港新世界、巴黎春天、日本八佰伴和 JUSCO 等外资百货进驻上海，埋下了伏笔。

①上海第一八佰伴

1991 年日本八佰伴国际流通集团总裁和田一夫率团来上海考察，1992 年与上海第一百货合资（即百联集团）进入中国市场。上海第一八佰伴位于浦东新区张杨路 501 号，西邻浦东南路、杨家渡，东邻南泉北路、世纪大道，于 1995 年开业，开业当天客流达到 107 万人而被载入吉尼斯世界纪录，是中国第一家中外合资大型商业零售企业。令人唏嘘的是八佰伴国际流通集团在这之后的 2 年，由于盲目扩张、银行信贷激增，又恰逢亚洲金融危机，1997 年八佰伴国际流通集团正式宣布破产。

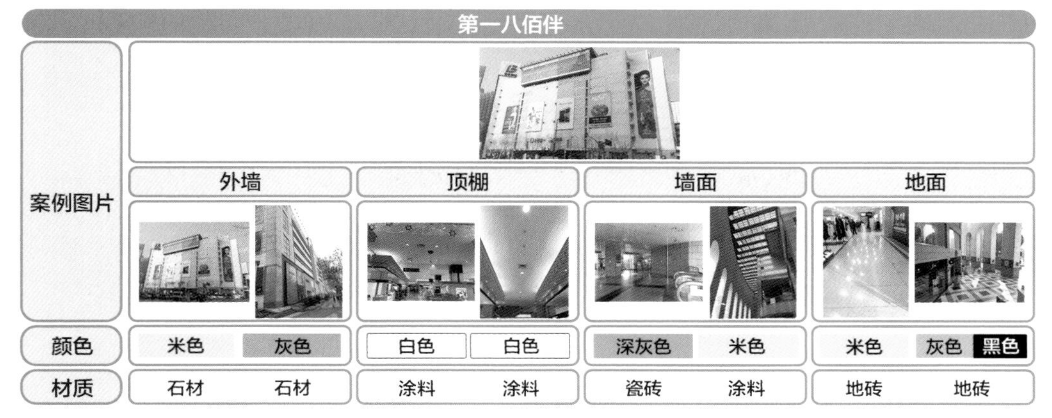

第一八佰伴

	外墙	顶棚	墙面	地面
案例图片				
颜色	米色 灰色	白色 白色	深灰色 米色	米色 灰色 黑色
材质	石材 石材	涂料 涂料	瓷砖 涂料	地砖 地砖

②汇金百货

汇金百货徐汇店位于徐家汇商圈，于 1998 年开业。交通的便捷、城市的壮大，使得南京路商圈已经不再能满足日益增长的消费需求，上海商圈开始由条状的街道型商圈转变成点状大型商圈，徐家汇商圈顺应历史一跃成为上海最活跃的商圈之一。徐家汇商圈最典型的特点是内部错位发展，互相促进。汇金百货的顾客定位为白领阶层，三条地铁线路交会其间，地面近 40 条公交线路纵横交错，交通十分便利。

汇金百货

	外墙	顶棚	墙面	地面
案例图片				
颜色	粉色 米色	白色 白色	黄色 白色	米色 米色
材质	涂料 涂料	涂料 涂料	瓷砖 涂料	大理石 大理石

③巴黎春天淮海路店

巴黎春天百货位于淮海中路商业街，由法国巴黎春天百货公司直接管理经营，目标市场着眼于高收入客户群，推行高雅商业文化，融入生活，注重人性化，在中国百货零售业享有良好的声誉和地位。

巴黎春天

	外墙	顶棚	墙面	地面
案例图片				
颜色	棕色 棕色	白色 白色	白色 白色	米色 棕色
材质	石材 石材	涂料吊顶 涂料	涂料 瓷砖	地砖 地砖

（4）购物中心

1992 年之前的上海或许和全国其他城市一样，并没有太大的不同，东方明珠还在建设之中，上海交易所交投清淡，真正的分水岭在邓小平 1992 年南巡之后，1993 年上海第一条地铁开始试运营，人均 GDP 首次超过 2000 美金，购物中心的商机也在寂静的黑夜开始悄悄成熟，有着丰富商业经验的外资纷纷抢占淮海中路、徐家汇、不夜城、南京西路等地铁沿线上的商业地块，投资建设购物中心。

初期的购物中心从投资到经营管理均以外资为主导，布局较为集中，大多位于中心城区内，沿地铁呈现出点状布局，此时大型百货公司仍然主宰着中高端零售市场，购物中心作为舶来品，除了在品牌资源、运营人才、消费人群培育上需要假以时日，主题餐饮和影院在当时尚未完全打开市场，购物中心还需要迎合中国消费者，克服初来中国的“水土不服”。因此这一阶段仍然是拥有价格和客户优势的百货公司和大型超市的天下，上海四大地标式购物中心——港汇广场、恒隆广场、新天地、正大广场也处于培育期。

但历史总会留给创新者舞台，购物中心作为一种新型商业地产，融合了零售、服务、餐饮、休闲、娱乐等复合业态，创造了新的市场需求，引领消费者来到现代商业的殿堂之中。

①正大广场

正大广场位于浦东陆家嘴商圈，由泰国正大集团旗下的上海帝泰发展有限公司投资兴建，由美国捷得国际建筑师事务所设计，于 2002 年开业。正大广场坐落在黄浦江畔，毗邻东方明珠、金茂大厦、环球金融中心和上海国际会议中心，地理位置得天独厚，总建筑面积接近 25 万平方米，地上 10 层、地下 3 层，提供 1000 多种国际国内品牌，面对以家庭为核心的中产阶级消费群体，开设了上海最大的电子游戏中心、真冰溜冰场、主题餐厅和三维电影院。

正大广场								
案例图片	外墙		顶棚		墙面		地面	
颜色	紫色	砖红色	透明色	白色	灰色	白色	彩色	灰色
材质	幕墙	幕墙	亚克力	涂料	石材	亚克力	大理石	大理石

②梅龙镇广场

1997 年开业的梅龙镇广场位于南京西路商圈，商场主入口位于南京西路、江宁路交会处，由香港和记黄埔投资开发。梅龙镇广场集办公、零售、餐饮等功能为一体，1~10 层为商场，12~37 层为办公楼。裙楼中部是著名的伊势丹百货，众多国际大牌青睐于此，主力顾客为都市白领等中高端消费者。梅龙镇广场的商场和办公各自拥有独立的出入口，与 7 层高的中庭相互贯通，商业部分的大堂和电梯厅都采用了暖色系石材，办公部分则采用较为冷峻的黑白色系。梅龙镇广场商场部分外立面也以肉红色等暖色调为主，办公部分以绿色玻璃幕墙等冷色调为主。

梅龙镇	外墙		顶棚		墙面		地面	
颜色	米色	肉红色	白色	白色	褐色	米黄色	米色	褐色
材质	幕墙	石材	涂料	彩钢板	大理石	大理石	地砖	马赛克

③**港汇恒隆广场**

港汇广场位于徐家汇商圈，由香港恒隆集团开发，美国凯里森设计事务所设计，于1999年开业。港汇广场集商业百货、现代化办公和商务套间为一体，是上海最大规模的购物中心之一。高耸的双塔为港汇中心，功能为写字楼，外立面附以银灰色的玻璃幕墙，内部装修高雅别致，极具现代感。商务公寓位于港汇花园的三座建筑内，以连廊和购物中心相连，一共能提供600多套商务公寓，其中还拥有配备屋顶游泳池和网球场的顶级豪华私家会所。商场主入口正对地铁站出入口，交通便捷的同时也暗示了港汇广场建成之初的主要消费群体为追求时尚潮流的年轻一族。随着国际一线品牌进驻，港汇广场正式更名为港汇恒隆广场，港汇广场也开启了升级调整的步伐。

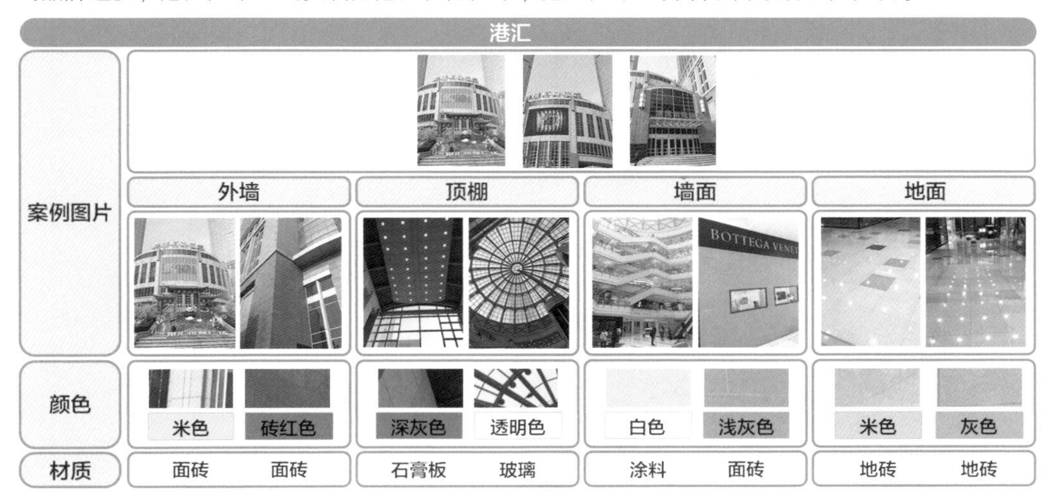

港汇	外墙		顶棚		墙面		地面	
颜色	米色	砖红色	深灰色	透明色	白色	浅灰色	米色	灰色
材质	面砖	面砖	石膏板	玻璃	涂料	面砖	地砖	地砖

④**恒隆广场**

恒隆广场位于上海南京西路商圈，静安区南京西路北侧、陕西北路与西康路之间，于2001年开业，由上海恒邦房地产开发有限公司投资，国际著名的KPF建筑师事务所（Kohn Pedersen Fox）设计。两座遥相呼应的大楼采用流线型的玻璃主体建筑，主楼高288米，以顶级办公楼为主，建成时是中国上海浦西第一高楼。裙楼高5层，为商场部分，单店面积大，以全球一线品牌为主。流线型双中庭设计，双中庭分别位于两端出入口处，中间以狭长形廊道连接，空间流畅，内部环境简约而高雅，地面以浅灰色系为主，环绕中庭的走廊以白色栏板为主，上面安装透明玻璃，营造高档购物环境。恒隆广场定位为高档百货，云集了来自世界各地最为顶级的时尚品牌。

恒隆广场								
案例图片	外墙		顶棚		墙面		地面	
颜色	砖红色	透明色	米黄色	白色	透明色	白色	深灰色	灰色
材质	艺术砖	玻璃	石膏板	涂料	幕墙	涂料	地砖	地砖

2. 第二阶段商业建筑“色·材”特点

建筑类型	案例名称	案例图片	外墙	顶棚	墙面	地面	常用量色、材	点缀色、材
街铺	杂货铺						白色涂料	米色
	衣铺		涂料		涂料			
专业铺	海尔专卖		白色涂料 金属板材	涂料	涂料	瓷砖	白色涂料、瓷砖	米色
	烟草专卖		瓷砖	涂料	涂料	瓷砖		
百货	汇金百货		粉红、米白	白色涂料	白色涂料	米白瓷砖	米色石材、白色涂料、米色瓷砖	粉红色、红色鲜艳的颜色金属板或者涂料
	第一八佰伴		米色石材	白色涂料	米色石材	米白瓷砖		
超市	家乐福		白色瓷砖	白色石材	白色石材	白色瓷砖	外墙／白色、米色瓷砖 顶棚／白色涂料 内墙／白色涂料 地面／白色或米色灰色瓷砖	外墙以超市标志色为点缀、绿色、红色、蓝色等鲜亮色系
	易初莲花		瓷砖、灰色、白色涂料	白色涂料	白色涂料	米色瓷砖		
	大润发		米色瓷砖	白色涂料	白色涂料	米色瓷砖		
购物中心	正大广场		黄色／粉色石材、玻璃、黄色瓷砖	白色涂料	石材	米黄大理石	外墙／玻璃：米黄色石材、褐色石材 顶部／墙面：白色涂料、米色瓷砖、米黄石材	外墙：粉色石材、褐色金属板 内墙／顶部：玫红、天蓝色、正黄色等亮色系为点缀色
	梅陇镇广场		玻璃、红铜金属板	涂料	涂料、玻璃	米色瓷砖		
商业综合体	港汇广场		玻璃、褐色石材	玻璃／白色涂料	涂料	石材瓷砖		
	恒隆广场		玻璃、米黄色石材	涂料	涂料	米色石材		

商家为了更好地吸引顾客眼球，使商业建筑在设计上开始标新立异。商品种类和服务方式开始多样化，便于满足不同需求的消费人群，使得商业建筑的类型开始多样化，建筑类型出现了购物中心、商业综合体。品牌专卖店也开始发掘品牌价值，并且迅速扩张，装饰用材也具有其品牌特点。这个时期商业建筑以街铺、专卖店、大型超市、百货商城、购物中心和商业综合体共存为主。

这一阶段的商业建筑，无论是拔地而起的新建现代风格的高层建筑，还是保护建筑的立面和室内翻新，均呈现出五彩纷呈的包容性、浓厚的现代化商业气息等特点，专卖店开始呈现个性化特征，店内依据所售商品的特质来进行室内装饰，连锁店则保持鲜明的一致性，突出品牌效应，超级市场也在努力提高外立面的可识别性和室内购物环境，大型百货转型的同时更注重区别化发展，区别于超级市场明亮、舒适的室内空间，百货商城更注重休闲空间的营造，最值得一提的是新建的购物中心，高层部分大面积玻璃幕墙开始使用，表达出轻盈现代的建筑含义，建筑底部使用石材饰面，强调其尊贵高雅的建筑内涵，内部装饰也开始使用大理石或仿石瓷砖铺面，视觉中心如入口处或者中庭的墙面为贴面装饰，其他墙面使用白色或者高级灰涂料。

4.3.3 第三阶段（2011~至今）The Third Stage（2011~Present)

1. 社会背景

第三阶段为社会主义市场经济体制的成熟时期。该阶段中国的经济发展已经告别粗放式高速发展期而进入稳速发展期，国内商品生产厂家开始发挖掘消费者心理，推出定制商品；同时商家为了更好地延长顾客以及顾客陪同人员在卖场的驻留时间，配套了相应的消费需求产业链，如配备不同口味风格的餐饮店、电影院、儿童乐园、咖啡馆、茶室、健身房、书店等服务型店铺；品牌越发国际化，满足不同消费能力的顾客选购。在传统百货面临困境的同时，大型超市也表现出颓势，业绩停止增长或者小幅下滑，在大众消费出现后退的同时，奢侈品专卖店也频现降价或关店的现象。商业地产开启多元化发展之路是大势所趋，实体商业一部分被线上商业所取代，另一部分开始向体验商业转型，体验商业需要直面消费者的个体差异，发掘其内心渴望，重视消费体验，倡导消费者主动参与，甚至为消费者提供参与产品设计或参观产品生产的机会。透明化产品的生产路径，在产品源头把控产品质量和塑造产品良好形象，通过和消费者沟通有关产品的各方面细节，实现和消费者的情感交流，最终达到让消费者对产品、销售和购物环境产生共鸣的目的。这种共鸣可能让消费者回忆起某种美好的场景或逝去的老时光，传递正能量，让消费者感到温暖，甚至思念某个人，想念家乡。

2. 第三阶段商业建筑“色·材”特点

商业建筑的种类和规模在原有形式的基础上也向更加集中化、大型化、综合化方向发展，汇集购物、休闲、住宿、办公等多种功能于一身，同时商业空前关注顾客的购物舒适性、个性、体验性。随着新型材料、电子信息技术、建筑结构技术等的进步，新世纪的商业建筑也在向着绿色建筑、环保建筑、智能建筑等方向发展，可持续发展的理念也在商业建筑的设计中得到更多的体现。在商业建筑设计方面，可以从视觉、听觉、触觉、味觉与嗅觉等感官体验模块的设计做起，比如视觉中心的设计，需要明亮温情的灯光照射，同时墙面和摆设可以采用不同花样和花色的涂刷和家居品。消费者可触部位采用精致细腻的材料，带给消费者以新鲜感和认同感。

该阶段新建的商业建筑越发注重消费者的心理需求，注重体验感，商品的陈列和摆放也越发场景化，新建建筑以大型的购物中心、大型商业综合体为多，兼合百货、超市、专卖店和街铺等类型商业建全面开花。

（1）大型超市

随着在一线城市趋于饱和状态，大型超市开始谋求向其他线城市发展，并且通过寻求合作、上市融资等方式继续扩充市场份额。面临不同地域和层次的消费需求，超市也开始细化销售方式、调整产品结构，许多企业开始进军高端精品超市领域，如华润万家开设了 BLT 等。同时，互联网时代的到来，超市也开始进军电子商务，开设线上超市。在上游源头的产品生产领域，许多品牌超市也开始涉足，并开辟发展了自有品牌。在横向发展上，超市也联合餐饮、儿童乐园等一系列休闲娱乐功能，在同样面积下，精简商品的陈列空间，引入其他功能，节约用地、提高效能。另外具有中国特色和民族品牌的内资超市如何向外发展，抢占中国内陆以外的市场也是我们在新时期需要考虑的一个方向。

（华润BLT精品超市以及室内环境）

大型超市面临的消费群体越来越老龄化，如何吸引追求生活品质、不太看重价格且排斥低价劣质商品的中年甚至青年人群成为大型超市发展中必须思考的一个问题。精品超市的发展成为一种有效的解决途径。精品超市的选址多位于一二线城市的高档社区和中心商圈内，经营面积远小于大型超市，提供商品以进口商品和绿色有机农产品为主，毛利较高，例如高档葡萄酒、欧式面包等，同时注重和顾客之间的互动，如设置私家小厨，聘请特级厨师现场制作食品，体验式分享。

精品超市非常注重室内装饰，门面多采用大理石墙面或纯色涂料铺装和立体醒目的 LOGO，地面除了使用传统的瓷砖铺地以外，还局部使用大理石和木质地板等高端材料，在颜色上更是注重和其他店铺加以区别，注重大面积纯色的使用，显得深沉有品位，加深顾客的印象和认同感。在顶棚设计上，不同于以往大型超市裸露天棚，直接涂黑或刷白，简化灯具样式，精品超市的灯光设计颇具影响力，注重用暖色调来营造小资情怀，灯具造型上颇有特色，多带有某些特殊元素，或中式或西式。从室内装饰上看，精品超市已经倾向于精致化的独立门店，只不过营业面积和商品种类均多于精品门店。

（2）街铺

越来越多的年轻消费者更倾向于便利和消费体验，大型超市在卖场可达时效、商品查找速度、结账速度上都不如社区型街铺便利。

（3）大型购物中心

随着城市居民收入提高、外来人口不断涌入、交通便利高效及城市郊区化发展为购物中心的开发方式和运营模式提供了无限可能性。购物中心的种类也愈加丰富，出现了奥特莱斯、机场及高铁车站购物中心等新式购物中心，选址上呈现出由市中心向城郊中心区延伸的趋势。以上海为例，港资、国内一线商业集团及其他内地实力企业都希望能在上海建立自己的品牌和商业综合体，新鸿基、太古、新世界、恒基、恒隆、中海等多家香港大型房地产公司抢滩上海的同时，部分民营房地产企业和著名商业集团，如万达集团、证大集团、绿地集团、悦达集团、百联集团等纷纷开始在这个紧跟时尚和国际化的大上海开发建设购物中心项目。

这阶段的购物中心的典型案例有 K11、世贸国际等。

① K11 艺术购物中心

K11 艺术购物中心最为亮眼的创新在于把商业和艺术跨界组合，这里不仅是一座购物天堂，更是一间艺术博物馆、环保体验中心和主题旅游中心。上海 K11 位于卢湾区淮海中路，为原来的香港新世界大厦翻新，商业部分地下三层，地上六层，开发商为新世界中国地产有限公司，市场定位为中青年，追求艺术和购物相契合的群体，并非一味追求高端奢华。一至二层以国际品牌为主，三至五层以国际美食为主，负一层以一线品牌的副品牌为主，负二层以潮流品牌为主，负三层为艺术品空间，顶层设置屋顶花园。贯穿式的开放式中庭具有强烈的视觉震撼力，面对入口是一处高达 33 米的全球最大人工瀑布，地下入口处异形的玻璃顶棚极具艺术效果，钢和玻璃有机融合成树木的造型，使整个景观融入自然元素。中庭四周垂直绿植是 K11 对自然环保主题的精准契合，绿植中间镶嵌着著名雕塑家隋建国的“蝴蝶”，绿植和水景不仅能有效降低能耗，并使整个中庭在瀑布和绿植中仿佛徜徉在丛林之中。

差异化发展是 K11 艺术购物中心应对购物中心同质化发展和电商冲击的有效途径。位于三层的都市农庄面积为 300 平方米，是一个室内生态互动体验种植区，让大众零距离接近自然，给大众带来了前所未有的种植体验乐趣，K11 文化学院提供鸡尾酒调制、陶艺、烘焙课程、美发美甲

K11								
案例图片	外墙	截图色	顶棚		墙面		地面	
颜色	灰色	红色	透明色	灰色	米黄色	白色	黄色	褐色
材质	石材	涂料	玻璃	铝合金	石膏	涂料	地砖	木材

等都市白领热衷的课程，极大地提升了体验式购物的乐趣和格调。购物中心随处可见的艺术品，如绘画、雕塑等，让顾客能够移步换景，处处有惊喜。相对传统的博物馆或者艺术馆，购物中心凭借其人流量优势，更有利于对大众实施潜移默化的艺术教育。艺术是大众的，才会更加具有生命力。K11 正是营造了一种良好氛围，让一群喜欢回归生态、热爱美食、酷爱艺术、对新鲜事物保持好奇心的人能够在这里找到自己心灵深处的共鸣，这种归属感是其他购物中心望尘莫及的。

②上海世贸国际广场

上海世贸国际广场位于南京路商圈，靠近人民广场，最为著名的是其独特超前的建筑形象和超高的建筑高度，堪称南京路上的地标建筑。世茂国际广场地上 60 层，地下 3 层，裙房 10 层，主楼平面呈三角形，总高 333 米，功能为五星级宾馆和高级俱乐部，裙楼功能为大型购物中心——百联世贸国际广场。底层架空，裙楼顶部向外出挑形成入口空间，和南京路步行街浑然一体，配以玻璃材质，将自然光线引入中庭，室内外空间自然穿插过渡，引导消费者进入购物中心内部。

（4）大型商业综合体

商业综合体体量巨大，兼容多种功能为一体，诞生于寸土寸金的城市中心地带，要求功能复合、高效、统一。虽然是出于对土地资源的高度集约化需求而生，但是伴随着大型城市的多中心发展，商业综合体开始出现在城市副中心、新建 CBD 以及大型交通枢纽地带。

正大广场坐落在黄浦江畔，毗邻东方明珠、金茂大厦、环球金融中心和上海国际会议中心，地理位置得天独厚，总建筑面积接近 25 万平方米，地上 10 层、地下 3 层，提供 1000 多种国际和国内品牌，面对以家庭为核心的中产阶级消费群体，开设了上海最大的电子游戏中心、真冰溜冰场、主题餐厅和三维电影院。

①国金中心

上海国际金融中心位于浦东陆家嘴商圈，由甲级写字楼、酒店、公寓及商场集合而成，其中商场定位为殿堂级国际购物旗舰店。大楼意向取意于璀璨永恒的钻石，由美国著名建筑师事务所佩利建筑事务所 (Pelli Clarke Pelli Architects) 进行设计。整个商场内部装修以香槟色和米白色为主色调，装饰风格以欧式为主，象征着高贵典雅。

国金中心				
案例图片	顶棚	顶棚	墙面	地面
颜色	透明色 黄色	透明色 黄色		黄色 深灰色
材质	玻璃 玻璃	玻璃 亚克力		地砖 地砖

②华润时代广场

华润时代广场位于浦东新区，1997 年建成之后一直称为上海时代广场，2003 年更名为华润时代广场，大楼高 155 米，由甲级写字楼、购物中心、娱乐新天地三大部分有机组成。塔楼为 10~34 层，建筑功能为高级写字楼，裙楼为 1~10 层，建筑功能为购物中心，地下 2 层为车库。华润时代广场购物中心在裙楼的 1~7 层，总建筑面积 35000 平方米。华润时代广场总体定位为集购物、娱乐、休闲、办公为一体的智能化综合体，定位偏高端。

华润时代广场				
案例图片	顶棚	顶棚	墙面	地面
颜色	米色 玻璃色	白色 白色	砖红色 琥珀色	米色 灰色
材质	面砖 玻璃	涂料 涂料	大理石 大理石	大理石 水泥

建筑类型	案例名称	案例图片	外墙	顶棚	墙面	地面	常用量色、材	点缀色、材
街铺			白色		白色		白色涂料	红色等彩色
			涂料		涂料			
			涂料					
专业铺	沈大成		米黄色	白色	白色	黄色	米黄色涂料	红色、蓝色等彩色系点缀
			涂料			米色瓷砖		
	上海帐子公司		浅灰色		白色	米白色		
			红色涂料		涂料	瓷砖		
超市	DIG外高桥进口超市		白色	白色	白色	米色	白色涂料 米黄色瓷砖	
			瓷砖	涂料	涂料	瓷砖		
	城市超市		深灰色	白色	白色	米黄色		
					涂料	瓷砖		
购物中心	华润时代广场		米色石材	白色涂料	砖红色石材	白麻石材	白色涂料 米白色石材、白色系列瓷砖	局部砖红色、橙黄色等亮色系瓷砖和石材
			玻璃		琥珀色石材	灰麻大理石		
	国金中心		透明色	透明色	黄色	黄色		
			透明色	白色	白色	深灰色		
商业综合大楼	静安嘉里中心		透明色	白色	白色	米色	白色涂料 地面：米色石材 外墙：玻璃幕墙	红色金属烤漆、黄色、褐色瓷砖
			透明玻璃	涂料		石材		
	K11		灰色石材	透明色	米黄色	黄色		
			红色金属板	灰色	白色	褐色		

4.4建筑色·材对商业建筑的影响

The Influence of Color and Material on Commercial Architecture

4.4.1 色彩对商业建筑的影响
The Influence of Color on Commercial Architecture

商业建筑色彩能极大程度影响消费者对商业建筑的第一印象，从而影响消费者的心理和舒适度，最终传导到购物欲望和精神愉悦上。色彩具有不可思议的神奇魔力，不同色彩给人的感觉不同。例如，色彩可以使人的时间感受发生混乱，人在一个充满红色的环境里会感觉时间比实际时间长，而蓝色则感觉时间比实际时间短。如快餐厅会使用橘红色或红色为主，这两种颜色虽然有使人心情愉快、兴奋以及增进食欲的作用，但是顾客吃完就走，不会停留很长时间。因为长时间注视这一色系的颜色会让人产生烦躁感，从而感觉时间加快流逝。

不同颜色可以使物体产生放大或缩小的心理感受，红色、橙色和黄色这样的暖色，可以使物体看起来比实际大。而蓝绿色等冷色系颜色，则可以使物体看起来比实际小。 在建筑设计中，只要合理使用膨胀色与收缩色，就可以使空间显得宽敞明亮。

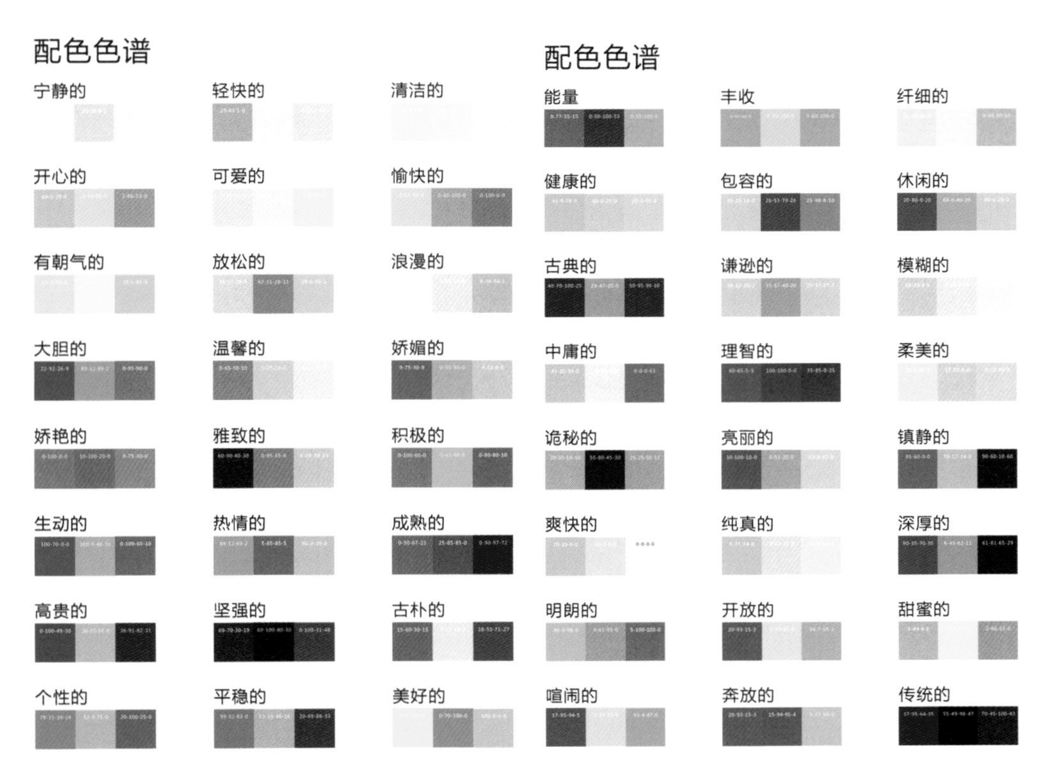

颜色让人心理上有暖与冷之分。红色、橙色、粉色等就是“暖色”，可以使人联想到火焰和太阳等事物，让人感觉温暖。蓝色、绿色、蓝绿色等被称为“冷色”，这些颜色能让人联想到水和冰，使人感觉寒冷。色彩是最环保的空调，通过改变颜色来调节人的心理温度，有实验表明，暖色与冷色可以使人对房间的心理温度相差 2~3℃。

商业建筑的色彩规划多涉及建筑外立面、室内环境和店面展示等方面。例如建筑外立面的色彩设计在满足城市环境和谐统一的前提下应具有商业建筑的特质，让人们一眼就能辨识出其建筑功能。另外不同的商业建筑也应该有其可识别性的一面，更突显其独特的商业价值。

而在内部环境设计中，除了符合室内环境或高雅或前卫的定调以外，还需考虑室内功能的不同，使用不同的颜色设计，如人流量大的交通空间，应使用膨胀色，而相对空旷的大空间可适当使用收缩色来减少人们的渺小孤立感。

在店面设计上，要根据出售商品的特点设计颜色，如使用黑色、白色与金属色可以提升电子产品的科技感，而粉红色、天蓝色可以提升婴幼儿产品的可爱度和温馨感等。

4.4.2 材质对商业建筑的影响 The Influence of Materials on Commercial Architecture

不同的材质有不同的物理属性，除考虑其物理属性之外，还应更多地关注材质的心理属性。按材质的心理感觉分类，材料可以分为以下几类：冷暖、软硬、轻重和肌理。

冷暖与材质和人的接触感受或者色彩感受有关，如金属、玻璃、石材等材质接触感受偏冷，而木材、织物等材质的接触感受偏暖。色彩的冷暖是材质触感的下一个等级，如深蓝色的织物与红色的石材，在色彩感受上，红色比蓝色感觉暖，而在材质触感上，织物比石材暖。材质的冷暖同样具有相对性，如石材相对金属偏暖，而相对木材则偏冷。

室内空间材质软硬的感觉直接影响人的心理，材质软硬具有视觉和触觉两个属性，同时软硬也具有相对性。软性材质温馨柔软、亲和友好；硬性材质棱角分明、挺拔硬朗。如织物皮革能产生柔软的感觉，而石材、玻璃能产生硬朗的感觉。营造温馨舒适的室内空间，需要适度地增加软性材质；反之，则需要选用硬性材质。同时空间属性还和各种材料各自所处的位置、面积大小等都有关系。

不同材质会产生空间形态的轻与重的感觉，这称之为材质的轻重感。室内空间材质应用需要注意空间构图的平衡感。轻质材质的合理使用可使空间更柔和、轻盈，如玻璃、丝绸等。还有许多材质具有通透性的特点，如多孔材料，它们在室内空间的应用中可有效地减弱空间的局促与压抑，使空间通透灵动，视觉可达性强。与之相反，具有厚重感和体量感的材质，如金属和石材等，更适宜营造庄重、沉稳的空间氛围。

肌理是材质细节方面的具体表述，成功藏于细节之中，通常运用于可以和人直接接触的室内空间里。肌理特征会经过视觉、触觉作用于使用者，使其获得特定的感受，从而影响人们的心理感受。肌理有规则的和不规则的，有人工的和自然形成的，材质表面的凹凸感能产生丰富的感受，同时粗与细、滑与涩、规则与杂乱均能作用于人的心理而产生不同的感受。

4.4.3 消费者心理分析 Consumer Psychology Analysis

消费者心理和消费环境是商业永恒的两大主题，基于消费者心理的研究能直接引导消费环境的设计。消费是人类与生俱来通过购买物质满足自身欲望的一种经济行为。欲望是消费者进行消费的出发点。消费者的欲望因个体不同而存在明显的差异和偏好，有的消费者重视商品的质量和功能、使用寿命，属于理智型消费；有的消费者重视一分钱一分货，看重价格和商品的实际价值之间的匹配程度，属于求实型消费；有的消费者喜欢物美价廉的商品，购买前先考虑是否足够便宜，属于经济型消费；有的消费者对美的商品有着强烈的追求，对时尚有特别的喜好，而不关心商品的其他属性，属于审美型消费；更有一群消费者紧跟在时尚之后，刻意追随攀比，没有发自内心的自我选择，属于从众型消费。

当消费者进入消费环境中，其视觉、听觉、触觉和嗅觉都会把环境中相关的信息传递给消费者，从而在消费者心里形成一个消费环境的整体印象。消费者不仅可以观察到商品的造型、质量、包装和价格等，还可以领略到独特的企业文化和品牌魅力，感受到时尚、轻松、温馨、亲切的人性关怀，这些都会增加消费的满足感。同时优雅、舒适的购物环境会使消费者停留更长的时间，令整个购物进入良性循环，使接触商品和吸引消费者的可能性增加，唤起消费者注意，加深消费者对商品的第一印象，同时启发消费者产生美好的联想，从而产生购买行为。

消费环境需要具有一定的刺激强度才能被感知。首先店面设计是重中之重，广告、霓虹灯、橱窗等是最明显的商业元素，其次室内环境要契合商品的特质。如服装的卖场设计不仅是服装的简单排列展示，而应研究消费者的心理特点，如男装卖场可以使用黑白灰等色调为主的硬性装饰材料，突出高级、硬朗的气势，而女装卖场应使用白色、粉色等女性化的色彩，多使用软包、弧形的展示架，提供温馨柔美的购物环境。

4.5未来商业建筑色·材发展趋势

Future Development Trend of Commercial Architectural Color and Materials

从商业建筑功能的本原出发，就是以满足消费者的物质需求为基本。随着社会生产力的发展，物质的快速丰富化，购买方式的网络化，人们更加期冀在购物的同时能够满足其精神需求，从荣耀感、时尚感到个性化。由此，高端商业开始了体验式、场景式、个性化的新尝试。而普通的以物质供给为主要形式的低端商业则更多的趋向于标准化、简洁化。但两者共同之处是在用色上注重和谐统一，用材上注重环保绿色。

4.5.1 街铺色·材发展趋势推导

Development Trend Derivation of Street Shop Architectural Color and Materials

作为传统商业形式存在的街铺型商业，由于它所需要的面积较小，商业形态灵活多变。通过在道路两旁的简单的铺位式商业空间，即可满足周边人群对于生活必需品的要求。此类商业形式，目前正在往两个极端方向发展，一种突出的是商业自身的内容和功能，也就是卖的商品或为客群提供什么样的服务，主导了此类商业存在的可能和意义。在各个大街小巷，诸如小型的便利店、杂货店、水果摊等早在数百年前便存在的传统商业，至今仍然在人们的生活中扮演着一定数量的角色。在这种以随意购买和便利购买为主导的场所，极大地展示物品仍然是其主要诉求，室内环境的色·材设计往往退居其后，被掩盖在琳琅满目的物品中，而建筑外观设计将成为重点，注重个性感和识别度，以期“万绿丛中一点红”。

另一种则朝着特色店方向发展，这种沿街小铺处于特定的高端社区里，有着特定的消费人群，店面面积不大，商品种类也不是很多，但是强调温馨舒适的购物环境和优良独特的商品品质。供顾客休闲的空间远大于传统街铺商品，甚至可以和商品的陈列空间相等。外立面一般会设计得比较低调，不突出张扬外显的广告效果，内部环境设计往往独具一格，别出心裁，针对顾客群体有的放矢，能成功唤起这部分顾客内心深处的独特记忆或感知，从而引起消费行为。

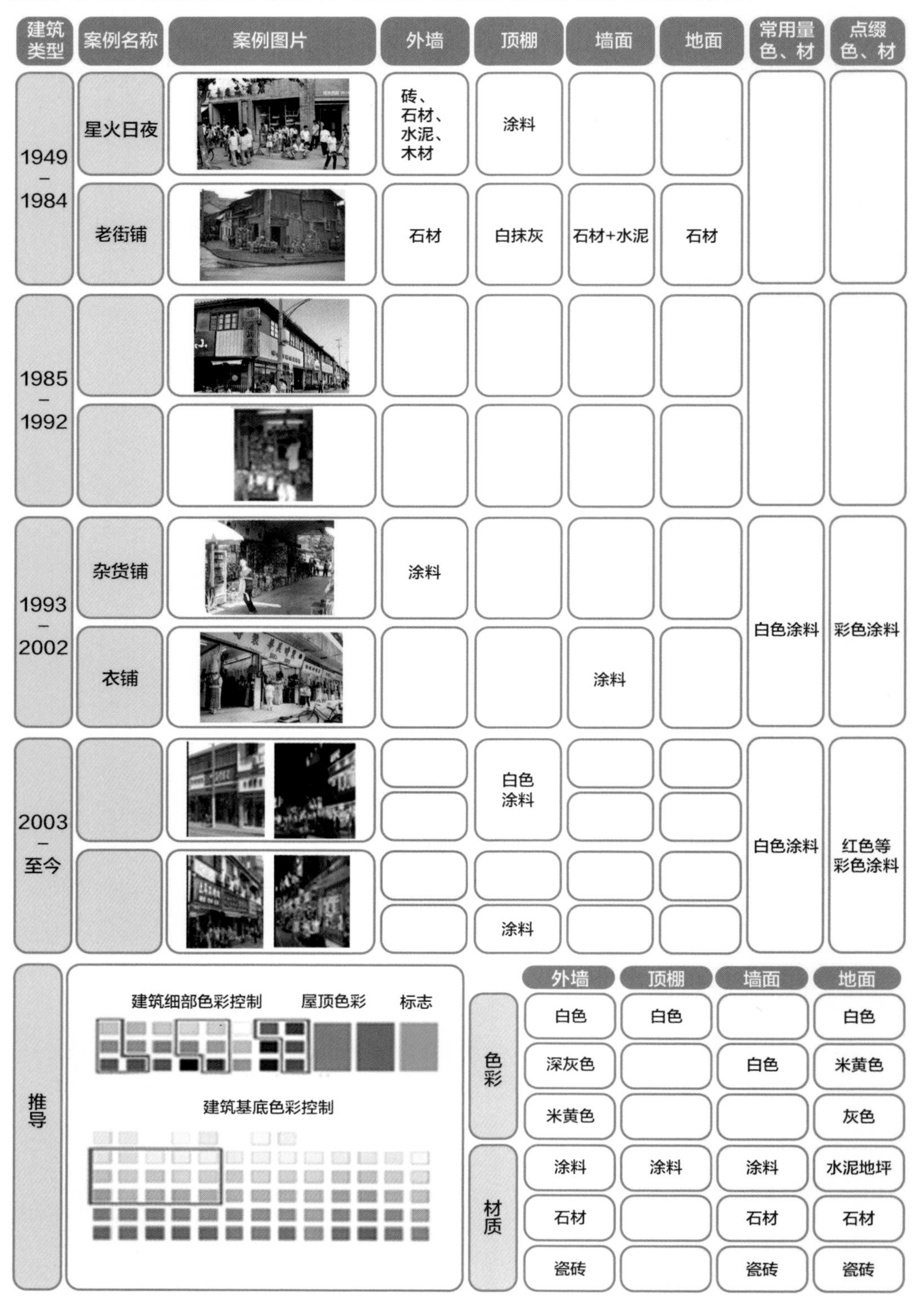

建筑类型	案例名称	案例图片	外墙	顶棚	墙面	地面	常用量色、材	点缀色、材
1949–1984	星火日夜		砖、石材、水泥、木材	涂料				
	老街铺		石材	白抹灰	石材+水泥	石材		
1985–1992								
1993–2002	杂货铺		涂料				白色涂料	彩色涂料
	衣铺				涂料			
2003–至今				白色涂料			白色涂料	红色等彩色涂料
				涂料				

推导

	外墙	顶棚	墙面	地面
色彩	白色	白色		白色
	深灰色		白色	米黄色
	米黄色			灰色
材质	涂料	涂料	涂料	水泥地坪
	石材		石材	石材
	瓷砖		瓷砖	瓷砖

4.5.2 专业店铺色・材发展趋势推导
Development Trend Derivation of Professional Shop Architectural Color and Materials

由于某些商品或服务行业的特殊性，使得很多专业性较强的专业店，也如传统的街铺商业一样，以其特有的商业特征，从古至今，被人们所认可。虽然在社会不断发展的过程中，各类商业形态不断发展和变化，但无论是什么类型或多大规模的商业建筑，专业店铺，始终由于它的门类的特殊性，与其他商业形态共同长久地生存着。其色彩的特征将仍然保持着自己独有的个性化、标志性和象征性，用历史和文化的魅力来吸引志趣相投的消费者。当然在组合和用材上将跟上时代的发展，乃至创新并引领潮流风向标。

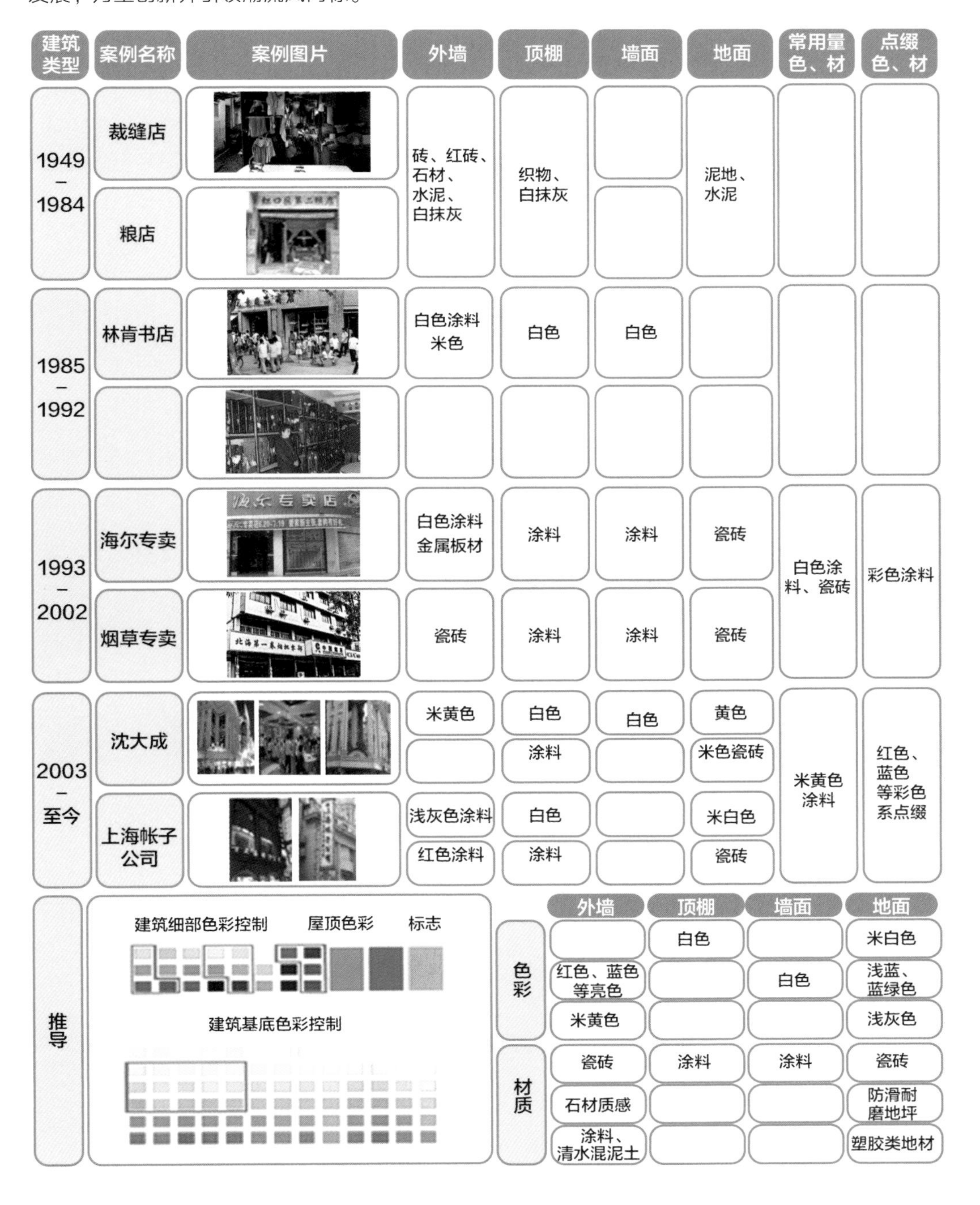

建筑类型	案例名称	案例图片	外墙	顶棚	墙面	地面	常用量色、材	点缀色、材
1949–1984	裁缝店		砖、红砖、石材、水泥、白抹灰	织物、白抹灰		泥地、水泥		
	粮店							
1985–1992	林肯书店		白色涂料米色	白色	白色			
1993–2002	海尔专卖		白色涂料金属板材	涂料	涂料	瓷砖	白色涂料、瓷砖	彩色涂料
	烟草专卖		瓷砖	涂料	涂料	瓷砖		
2003–至今	沈大成		米黄色	白色	白色	黄色	米黄色涂料	红色、蓝色等彩色系点缀
				涂料		米色瓷砖		
	上海帐子公司		浅灰色涂料	白色		米白色		
			红色涂料	涂料		瓷砖		

推导

	外墙	顶棚	墙面	地面
色彩		白色		米白色
	红色、蓝色等亮色		白色	浅蓝、蓝绿色
	米黄色			浅灰色
材质	瓷砖	涂料	涂料	瓷砖
	石材质感			防滑耐磨地坪
	涂料、清水混泥土			塑胶类地材

4.5.3 百货商店色·材发展趋势推导
Development Trend Derivation of Department Store Architectural Color and Materials

百货，作为 20 世纪曾经的主流商业形态，在 21 世纪开始时，即由购物中心和城市综合体所替代。由于百货的规模和商品的种类及数量，不同于街铺和专业铺，而单纯的商品的买卖，在当前社会环境下，已经无法满足人们对于物质需求和精神需求的追求，因此势必在未来彻底被取代或转型成为其他类型的商业。在未来，体验或成为一个时代的典型和时尚。

建筑类型	案例名称	案例图片	外墙	顶棚	墙面	地面	常用量色、材	点缀色、材
1949–1984	五道口百货		白色涂料、浅灰色石材、砖					
	新世界		石材	涂料	白色涂料	水泥		
	永安百货		GRC+清水涂料石材	白色涂料	石材+涂料	石材		
1985–1992	上海第一百货		白色涂料、米黄色材质	白色涂料	白色涂料			
	东方商厦		白色涂料、琥珀色石材	白色涂料	白色涂料	米黄色石材		
1993–2002	汇金百货		粉色米色	白色涂料	白色涂料	米色瓷砖	白色涂料 米色石材 米色瓷砖	粉红色、红色、鲜艳的颜色金属或涂料
	第一八佰伴		米色石材	白色涂料	米色石材	米白色		
2003–至今	百盛		米黄色石材 玻璃幕墙	白色 涂料	白色	米色	米黄色涂料、白色涂料、米色地砖	绿色、红色、蓝色等百货公司彩色标志色点缀
	巴黎春天		灰色	白色 涂料	白色	米黄色		

推导		外墙	顶棚	墙面	地面
	色彩	白色\米色	白色	白色	米黄色
		黄色\粉色			米白色
		米黄色\浅灰色			浅绿色系
	材质	玻璃幕墙	涂料	涂料	瓷砖
		石材质感涂料	绿色环保涂料		人造大理石
		涂料			耐磨地坪

4.5.4 超市色・材发展趋势推导
Development Trend Derivation of Supermarket Architectural Color and Materials

今后的商业类型，将根据服务人群来定义其商业的类型和规模。超市或购物中心类型的商业，更像是社区性或区域性的购物服务中心，以解决一定商业辐射范围内，人们对于多种类、多数量和选择的商品的需要。快速、标准、清洁、网络化等将成为其未来的主要表征。色彩的简洁化也将为实现这些目标提供良好支撑。

建筑类型	案例名称	案例图片	外墙	顶棚	墙面	地面	常用量色、材	点缀色、材
1985–1992	联华超市		白色涂料	白色涂料	白色涂料	米色地砖	白色涂料	
1993–2002	家乐福		白色瓷砖	白色涂料	白色涂料	白色瓷砖	外墙/白色、米色瓷砖 顶面/白色涂料 内墙/白色涂料 地面/白色或米色浅色瓷砖	外墙以超市标志色为点缀；墨绿色、红色、蓝色等鲜亮色系
	易初莲花		灰色瓷砖	白色涂料	白色涂料	米色瓷砖		
	大润发		米色瓷砖	白色涂料	白色涂料	米色瓷砖		
2003–至今	DIG外高桥进口超市		白色 瓷砖	白色 涂料	白色 涂料	米色 瓷砖	米黄色 瓷砖 白色涂料	
	城市超市		深灰色	白色	白色 涂料	米黄色 瓷砖		

推导

	外墙	顶棚	墙面	地面
色彩	白色	白色	白色	白色
	米色			米色
	灰色			米黄色
材质	涂料	涂料	涂料	瓷砖
	瓷砖			耐磨地坪

4.5.5 购物中心色·材发展趋势推导

Development Trend Derivation of Shopping Mall Architectural Color and Materials

无论是社区级、片区级，还是城市级，都能够满足人们对于商品采购的最基本的要求和保障，是满足人们日常生活必需品及一般生活购物需要的场所。社区型购物中心已经呈现异军突起的趋势，主题购物中心也变得越来越有特色。经营理念开始回归消费者行为和消费习惯，例如注重引入体验式消费、有便利的可达性和停车设施、经常引入新鲜事物、使用云端大数据进行管理等。

建筑类型	案例名称	案例图片	外墙	顶棚	墙面	地面	常用量色、材	点缀色、材
1985–1992	上海商城		白色涂料、米白色石材	白色涂料	白色涂料	米色瓷砖	白色涂料	
1993–2002	正大广场		黄色、粉色	白色涂料	石材	米色大理石		
	梅陇镇广场		玻璃、红铜色	涂料	瓷砖、涂料	米色瓷砖	外墙 / 玻璃、米黄色石材	
2003–至今	华润时代广场		砖红色石材米色石材	白色涂料		白麻石材	白色涂料米白色石材、白色系列瓷砖	局部砖红色、橘黄色等亮色系瓷砖和石材
			琥珀色石材玻璃			灰麻大理石		
	国金中心		透明色	透明色		黄色		
			浅咖石材	白色涂料		深灰色		

推导

	外墙	顶棚	墙面	地面
色彩	白色	白色		米黄色
	米白色		白色	米色
	米黄色		米白色	深灰色
材质	质感涂料	涂料	瓷砖	大理石
	石材		涂料	瓷砖
	玻璃			耐磨地坪

4.5.6 商业综合体色·材发展趋势推导
Development Trend Derivation of Commercial Complex Architectural Color and Materials

商业综合体，作为目前商业的主流，它所为人们提供的，已经不再是一般的简单商业所涵盖的商业内容。随着办公和酒店等功能的加入，商业综合体更像是一个配套完全的社区，在一个人为打造的空间中，将人的工作生活和娱乐等所有包括在一起，自成一体。这类大体量、大规模的城市的庞然大物，伴随着人类技术的发展，以及网络通信等现代化科技手段的运用，包含更多内容和功能的城市综合体，使人们的工作和生活，能够在短时间内可涉及的区域完成。但是由于服务的客群的数量大、种类广、内容全面，势必造成在商业空间和修饰等审美的打造和要求上，需要满足大多数人的口味。这样也就自然失去了一定的个性化的特征。经典的、主流的色调，已经可以被长期使用，耐用的材料及颜色，被广泛地在综合体中使用。结合目前世界上关于环境保护及绿色生态、健康的主题和趋势，这已经成为对材质功能性的基本要求。

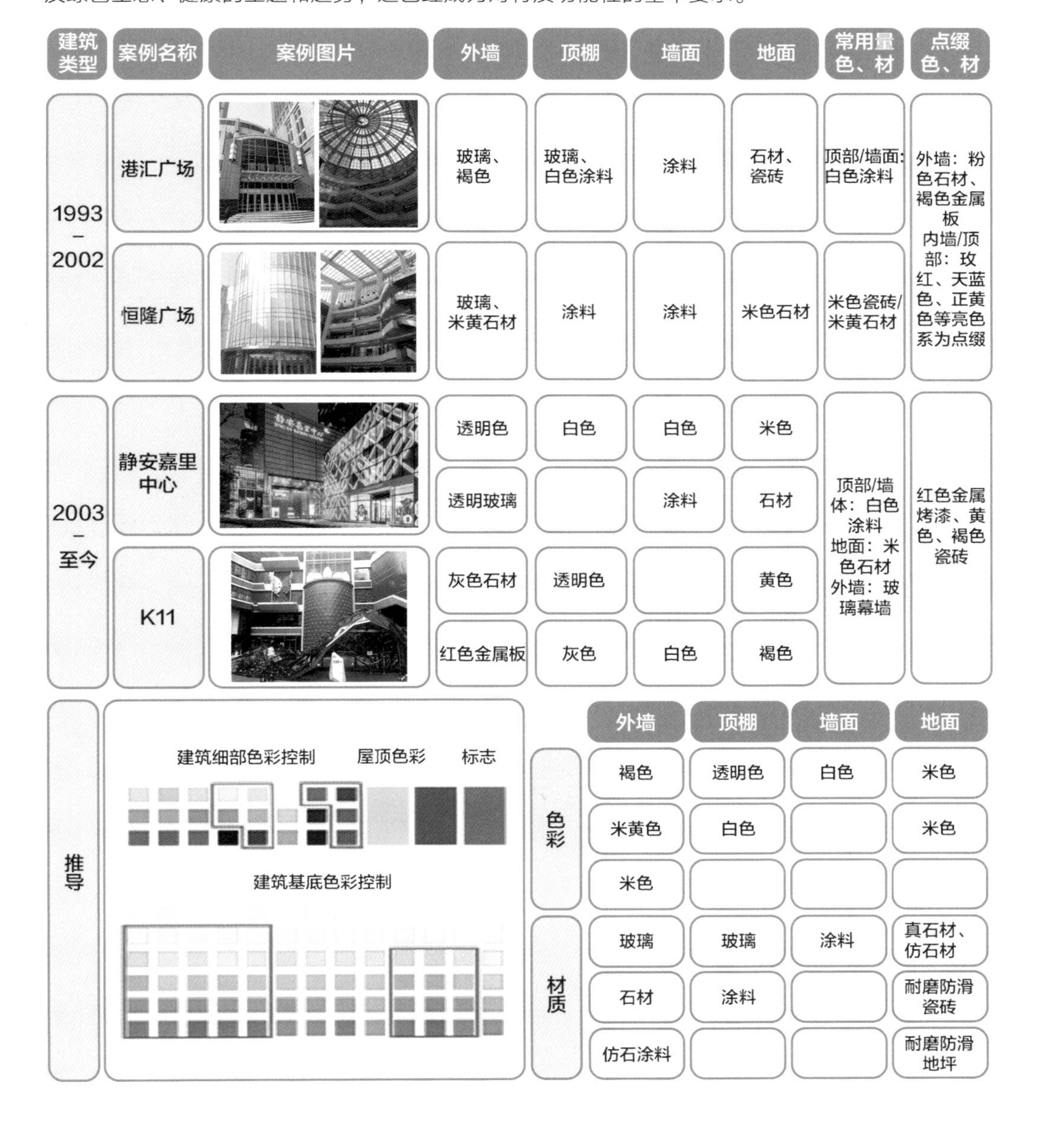

建筑类型	案例名称	案例图片	外墙	顶棚	墙面	地面	常用量色、材	点缀色、材
1993–2002	港汇广场		玻璃、褐色	玻璃、白色涂料	涂料	石材、瓷砖	顶部/墙面：白色涂料	外墙：粉色石材、褐色金属板 内墙/顶部：玫红、天蓝色、正黄色等亮色系为点缀
	恒隆广场		玻璃、米黄石材	涂料	涂料	米色石材	米色瓷砖/米黄石材	
2003–至今	静安嘉里中心		透明色	白色	白色	米色	顶部/墙体：白色涂料 地面：米色石材 外墙：玻璃幕墙	红色金属烤漆、黄色、褐色瓷砖
			透明玻璃		涂料	石材		
	K11		灰色石材	透明色		黄色		
			红色金属板	灰色	白色	褐色		

推导

	外墙	顶棚	墙面	地面
色彩	褐色	透明色	白色	米色
	米黄色	白色		米色
	米色			
材质	玻璃	玻璃	涂料	真石材、仿石材
	石材	涂料		耐磨防滑瓷砖
	仿石涂料			耐磨防滑地坪

伴随着人类需求理论，在现阶段，社会需求、尊重需求等被满足，人类将向着需求的更高一个层次发展。这也就是马斯洛人类需求理论的最高一层，自我超越的需求。在这个层面上，高峰体验，灵性成长，成为主导诱因。

各式的体验型的商业形态将成为未来商业的时尚典型。“色”与“材”，结合高科技手段，在室内的虚拟空间的打造，营造一个人造空间的感受；室外空间的场景渲染，都是试图通过人为的加工和处理，给予置身这个空间的人们，一种拟真的非现实所在空间的感受。这是人们内心，当物质和精神达到一个高度后，内心的一种自我超越的渴望和需求，是不同品位和审美人群，渴望在空间中找寻属于自己的特有的商业体验。

越来越多的城市的人们，希望亲近大自然，希望更加健康的生活。当现代化的生活和工作，无法使人满足这方面需求的时候，虚拟空间的营造，便是无形中引导客流到来的原因，也是人们在潜意识里，渐渐地被引导的方向。各种与自然主题相关的颜色、材质，相应被打造的自然空间，在未来都将成为一个时间里时尚的代名词。但就像人类需求的金字塔一样，所有的追求，都需要有一个稳固的基础。一个时代的时尚和流行，可能只是这个时代被人们所看到的塔尖。它作为这个时代的标志和象征，处于需求的最顶端，但它绝对不是人类需求的基础。任何一个事物，都不是空中楼阁，都是基于一个稳定的基础后，再产生的，否则，它的存在将是非常短暂的，且不稳定，是易变的。

所以，虽然在未来，“体验”成为一个时代的典型和时尚，但它在一个长时间内，始终无法取代人们对于生活的最基本的需求的基础，始终无法脱离人们对于商业消费活动中所需要获得“被尊重”和“自我需求实现”的心理满足感。在那些高科技、新材料和新技术被不断研究和突破的同时，满足最基本的功能和颜色需要的色彩和材质，将仍然成为这个社会中的主体，不可被人们所忽视。

CHAPTER 05

医疗建筑色·材趋势

The Develcpment Trend of Medical Building's Color and Material

“医院”（Hospital）一词的最初含义是源于拉丁文“客人”，本意是为人提供避难、休息的场所，喻示着使来者舒心，更有招待的意图。因此，长久以来，医疗建筑这一古老的建筑类型，不仅需要具备以医术治疗伤患的基本物质条件，也有义务为病人提供优雅舒适的治愈场所。但长久以来，其存在的过程中没有形成独立的设计体系，究其原因，还是当时的医疗技术水平没有对建筑功能提出相应的设计要求。

5.1医疗建筑概述
Overview of Medical Building

5.1.1 研究对象 Research Object

“医院”（Hospital）源于拉丁文“客人”，本意是为人提供避难、休息的场所，喻示着使来者舒心，更有招待的意图。因此，医疗建筑这一古老的建筑类型，不仅需要具备以医术治疗伤患的基本物质条件，也有义务为病人提供优雅舒适的治愈场所。但长久以来，其没有形成独立的设计。

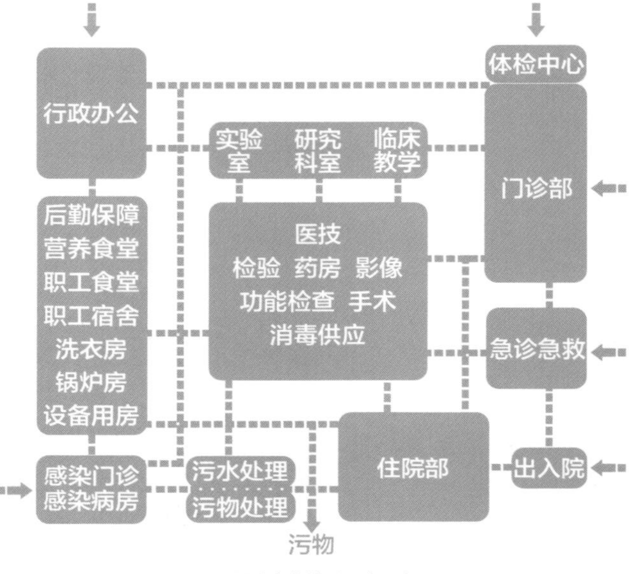

(医院功能关系示意图)

随着20世纪现代医疗条件的日趋成熟，传统医学开始和其他学科交叉，扩展至心理医学、社会医学等新兴学科。与此同时，医疗建筑在规划设计方面也更全面系统，不仅在医学建设及医疗建筑发展等硬性条件上有所突破，在医治机构的精神面貌、病患的医疗体验等软性因素上也与之并驾齐驱，而这也是当下社会的先进性医疗诉求，更是未来医疗建筑的建构标准与趋势。

(现代医院设计)

本文通过对当下新医疗建筑的观察总结，分析建筑各个部位色彩和材质的演变，进而对未来的医疗建筑色·材做出趋势推导，以希量身制定一套理想化、人性化及建筑功能完整化的现代医疗建筑设计体系，真正建立与时俱进的现代医院体系。

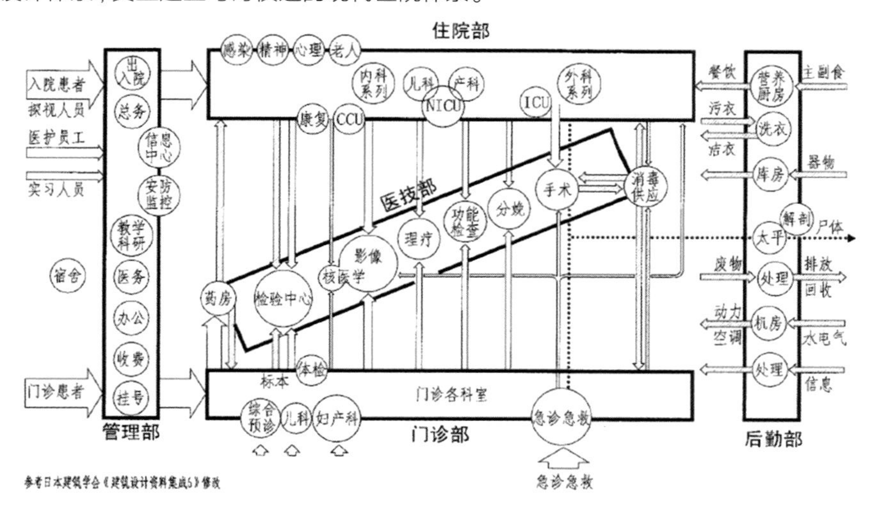

医院各部分功能关系图

5.1.2 研究背景及意义 Research Background and Significance

医疗建筑的演变始终跟随着医学模式的变化在转型。当前，中国医疗建筑，正经历经济体制、医学模式和技术革命的变革。在这一错综复杂的时代背景下，我国医疗建筑的形式结构将发生怎样的变化？建筑色彩与建筑材质之间又呈现出何种关系？未来医疗建筑在色·材趋势方面又将走向何方？这些都成为影响社会民生发展的焦点问题。

（现代医疗建筑室内设计）

自新中国建国起，医院的功能设置、建设规模和医疗服务质量反差巨大。近十年来，我国相关职能部门加大了对医疗机构的建设力度，在中央财政的支持和卫生部的指导下，各地分期分批进行了新中国成立以来最大规模的医院建设，并取得了长足发展。通过对我国医疗建筑历史沿革的回顾（1949年至今），进而对建筑色·材方面展开系统性研究，找到促使医疗服务质量更高、医用功能空间更科学、医患人群与医务工作者在医治体验上更具美学感受的一条路径，这将为我们当下时代的社会、经济发展等带来积极的功能性价值，也为探索未来医疗建筑在形态走势及色·材趋势方面带来理论性的指导意义。

（滁州市第二人民医院城南新院区）

5.2医疗建筑的分类

Classification of Medical Building

医院类别	县级医院；传染病、精神病等医院	教学和研究型综合医院	部分政办和国有或集体医院	国有或集体企事业举办医院
改革方向	国有政办	国有公营	国有民营	民有民办
政府管制力度	★★★★★	★★★★	★★★	★★
市场灵敏度	★★	★★★	★★★★	★★★★★
政府投入力度	★★★★★	★★★★	★★★	★★
公益性程度	★★★★★	★★★★	★★★	★★

一所具有一定规模的医院，其房屋的建设资金最多可达十几亿元，而房屋使用年限多则上百年。对这样一类投资大、使用年限久、功能要求高并与人们生命健康息息相关的工程项目，我们应更加重视其本身的特殊性和复杂性，根除建设上的“见缝插针”和“短期行为”，致力于创造科学舒适的人性化医疗空间。

本文从医院建筑的属性分类和其年代发展的划分出发(1949年至今)，通过对各个时期典型案例的分析，阐释医院建筑从新中国成立至今的变化与发展，以期从中寻觅线索，发现建筑色·材的功能趋势，更好地为创造良好的就医环境服务。

（辽宁省肿瘤医院）

医院按不同的属性可以划分成多种类型，最常见的分类方法基本为三种：

1. 按专业性质分类；2. 按床位规模和所能提供的服务质量等级分类；3. 按功能组成及相应部位分类。

5.2.1 按专业性质分类 According to the Technicality

（社区服务中心、专科医院及综合医院）

按专业性质分类，一般把医院分成:1.综合医院;2.专科医院;3.教学医院以及诊所。

综合医院是指提供全科（或综合科目）医疗服务的医疗机构；专科医院是指提供专项病种治疗的医疗服务机构，如五官科医院等，以及专属病患人群的儿童医院、妇幼保健院等；教学医院是在提供治疗的基础上，同时结合医学及护理学生教学工作的医院，通常是综合性大学的附属医学院等；诊所提供针对常见疾病门诊服务的医疗机构，包括公立诊所（社区卫生服务中心）和民营诊所两种。

5.2.2 按床位规模和所能提供的服务质量分类
According to the Scale of Bed and Service Quality

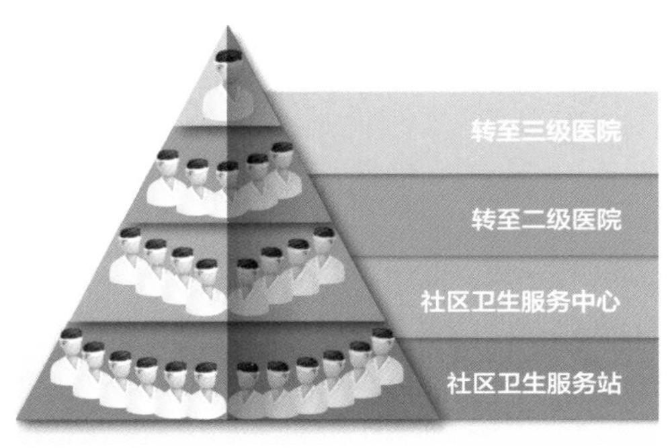

（医院分级管理）

依据我国《医院分级管理标准》统一规定，按医院功能、设施、技术力量等对医院资质评定划分为一、二、三级医院。

1. 一级医院是初级卫生保健机构，主要是为社区提供医疗性综合服务（含预防、康复、保健）的基层医院、卫生院等提供床位、一般在 20~100 张以内。

2. 二级医院是地区性医疗预防技术中心，主要功能是接受一级转诊，并对一级医院进行业务技术指导及教学科研工作，一般提供床位在 100 ~ 499 张。

3. 三级医院是面向全国范围提供医疗卫生服务的医院，是具有全面医疗、教学、科研能力的医疗预防技术中心，并参与和指导一、二级医院的各项工作，一般提供床位在 500 张以上。按照《三级综合医院评审标准》规定，三级综合医院的资格达标要求有以下几方面：（1）医院的规模；（2）医院的技术水平；（3）医疗设备；（4）医院的管理水平；（5）医院综合质量。

5.2.3 按功能组成及相应部位分类
According to the Function and Postion

鉴于以上两种分法各有优势，以及医院整体组成模块有一定的规律，本文主要采用按功能组成及相应部位分类，即: (1). 门急诊模块;(2). 医疗医技模块;(3). 住院模块;(4). 外立面模块。

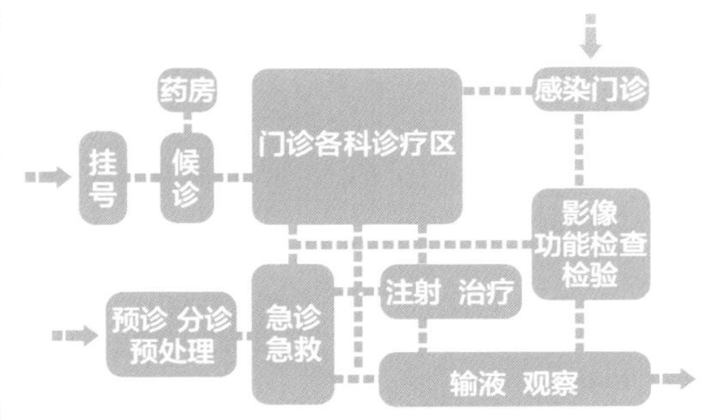

（门急诊组成关系及流程图）

（急救中心大厅）

1. 门急诊模块

（1）由门诊公用部分、诊断治疗部分和各科诊室组成，组合形式有单厅式、分厅式和集中成片式等；

（2）急诊部（或急救部）的规模大小根据医院的规模和实际需要配备，一般需要设置各科配套的医技诊疗、治疗科室等；

（3）感染（或隔离筛查）门诊用房，一些高规格的医院（或专门医院）设有传染病房，并将感染（或隔离筛查）门诊用房与传染病房合并建设，常规医院则是在门急诊用房区设置独立用房区域用于承担该项门诊业务；

（4）药房部分是用于药品验收、保管、加工、发放及销售的场所；

（5）静脉药物配置中心是用以静脉药物配置的独立功能区域，多开设于三级资质医院；

（6）健康状况评价中心（或称体检中心），因受限于大型医疗设施等基础建设，目前仍大多设置在综合医院中，虽然有独立的体检中心建设，但依然从属于医疗建筑范围。

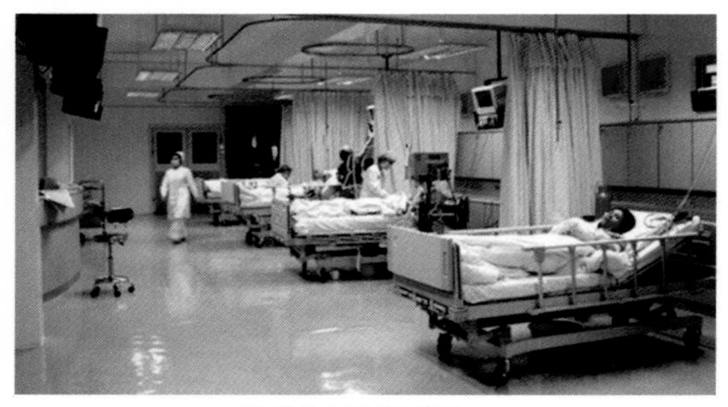

(急救中心医疗区域）

急诊急救中心功能关系图

(感染或隔离区域及无菌治疗室）

无菌治疗室

（医院药房）

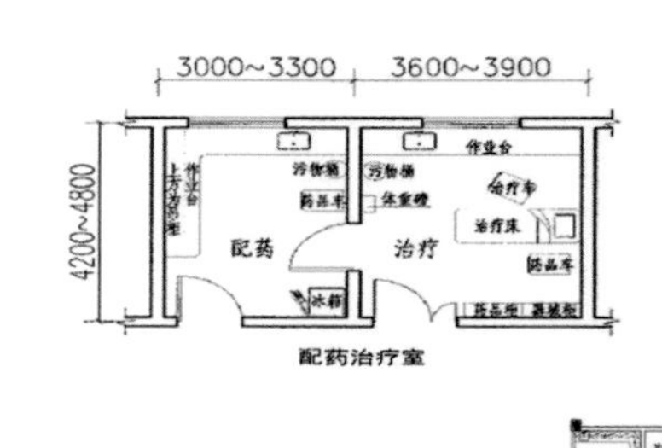

配药治疗室

（体检中心）

体检中心局部平面示例图一

2. 医疗医技模块

医疗医技模块是医院最重要的组成部分之一，主要是为病人提供手术与急救的场所，同时也参与诊疗工作，因此，各系统链接庞杂，整体囊括约 11 个门类科室，分为“临床”与“非临床”两大功能区分。其中“临床”部分，是指直接面对病人进行参与诊治的科室，即：（1）手术部门。“非临床”部分，是指辅助临床疾病做出诊断治疗的科室，也是现代医疗机构体现科学先进性的地方之一，即：（2）核医学科；（3）放射科；（4）超声科（含心血管超声和心功能科）；（5）药剂科；（6）内镜室；（7）消毒供应室；（8）营养科；（9）检验中心；（10）病理科；（11）输血科（中心血库）。

（1）手术部门

①以手术有菌到无菌程度不同分类，可划分成 5 个等级（Ⅰ ~ Ⅵ）。

Ⅰ类手术间：即无菌净化手术间，主要接受心脏、移植等手术；Ⅱ类手术间：即无菌手术间，主要接受无菌手术；Ⅲ类手术间：即有菌手术间，接受胃、阑尾等部位的手术；Ⅵ类手术间：即感染手术间，主要接受脓肿切开引流等手术；Ⅴ类手术间：即特殊感染手术间，主要接受破伤风杆菌等感染的手术。

②按区域属性分类：分为限制区、半限制区和非限制区。限制区是指无菌手术间，半限制区是指污染手术间，非限制区是指除去手术间其他的区域。限制区、非限制区之间需要隔离。可以通过楼层不同或者通过同一楼层但中间使用半限制区过渡隔离。

③按功能属性分类：

a. 卫生通过用房，包括男女更衣室、浴厕及风淋室等；b. 各类别手术间（含手术准备室、层流净化间）；c. 手术辅助用房；d. 消毒供应用房；e. 实验诊断用房（病理检查室）；f. 教学用房，包括手术观察台、电视教室等；g. 其他部分，包括污物室（廊）、库房、冰冻切片室、医护休息就餐区、男女值班室、家属等候区等。

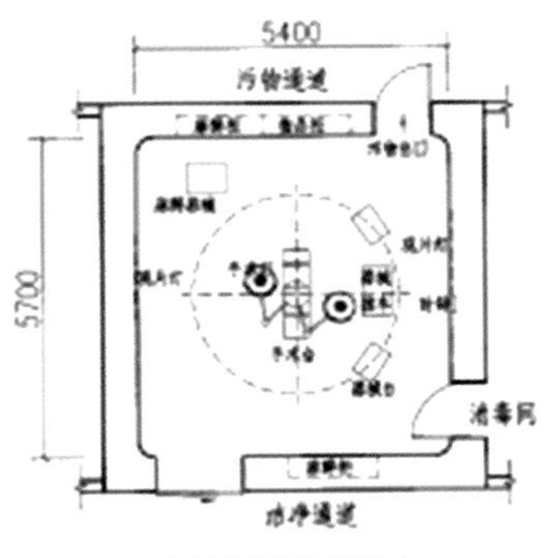

（大手术间示例图）

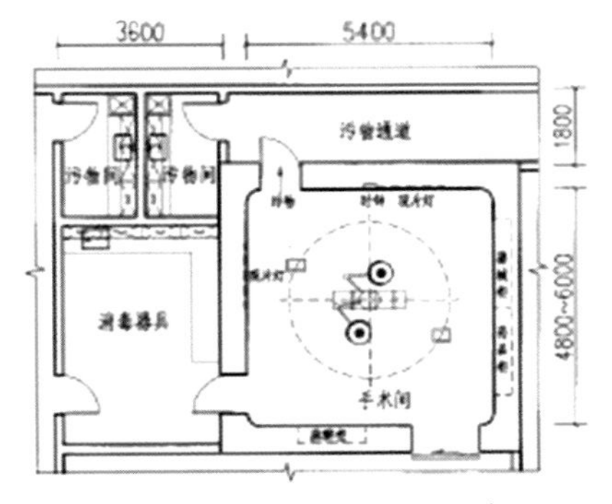

（大中型手术间配套组合示例图）

手术间平面净尺寸

手术间的分类	平面净尺寸/m×m(根据《综合医院建筑设计规范》)	平面净尺寸/m×m（一般推荐尺寸）	最小净面积（m²）	参考容纳人数
特大型	8.1×5.1	7.5×5.7	40~50	12人以上
大型	5.4×5.1	5.7×5.4	30~35	10人以上
中型	5.1×4.2	5.4×4.8	25~30	8人以上
小型	4.8×3.3	4.8×4.2	20~25	16人以上

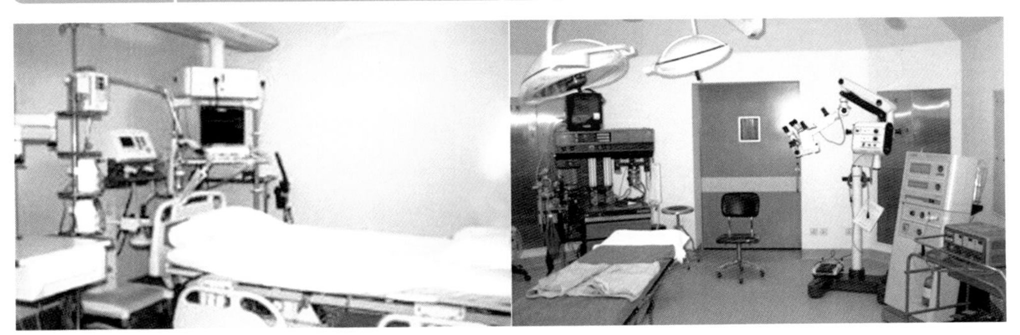
（手术间）

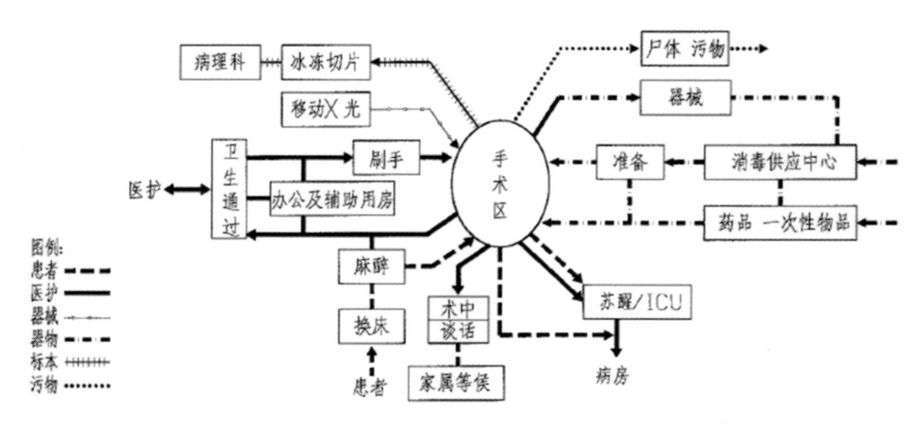

（手术功能区关系示意图）

（2）核医学科

按医疗功能分为四大部分：a. 影像与功能诊断；b. 标记免疫分析；c. 放射性核素治疗；d. 核医学肿瘤普查。主要用以对脏器疾病、甲状腺疾病、肿瘤、冠心病等的显像诊断及甲亢、骨转移方面的诊疗。

（3）放射科

是以医学影像分析方式对疾病进行检查、诊断、治疗于一体的科室，按医疗功能分为三大组：a. 诊断组；b 技术组；c. 医辅组。

（4）超声科（含心血管超声和心功能科）

以超声学开展医学诊断与治疗，基本分为五大部分：a. 二维超声；b. 多普勒超声；c. 介入超声；d. 三维超声；e. 造影。

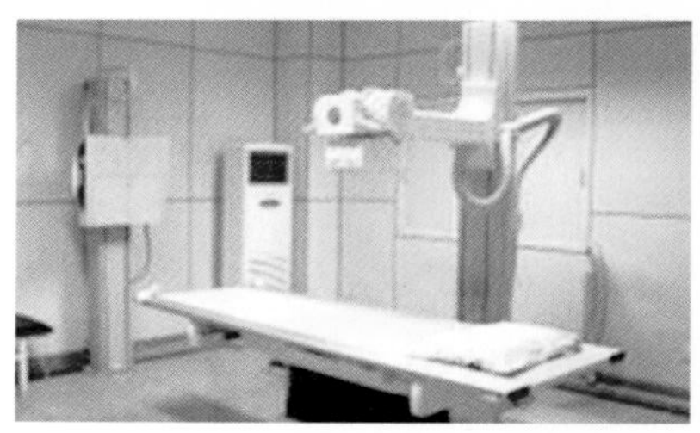

（核医学科）

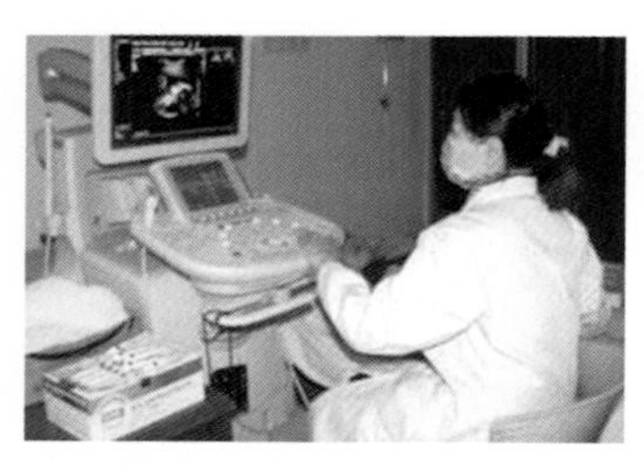

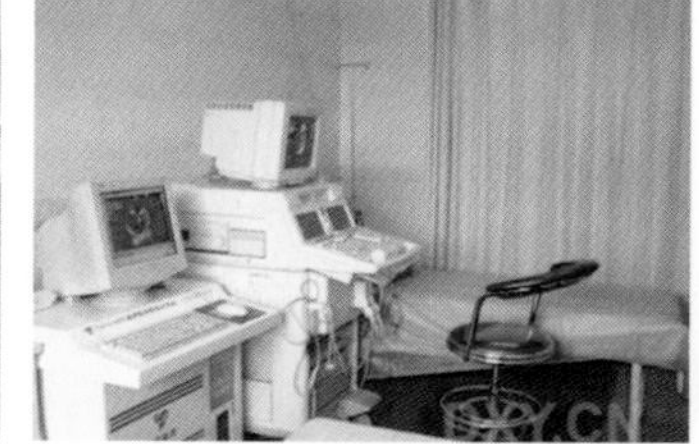

（超声检查科）

（5）药剂科

是以掌握现代先进的医疗、科研、教学需求及市场动向等资料，并向临床提供安全有效、质地优良的药品部门。基本分为三大结构：a. 门诊中西药房；b. 病区中西药房；c. 药库。

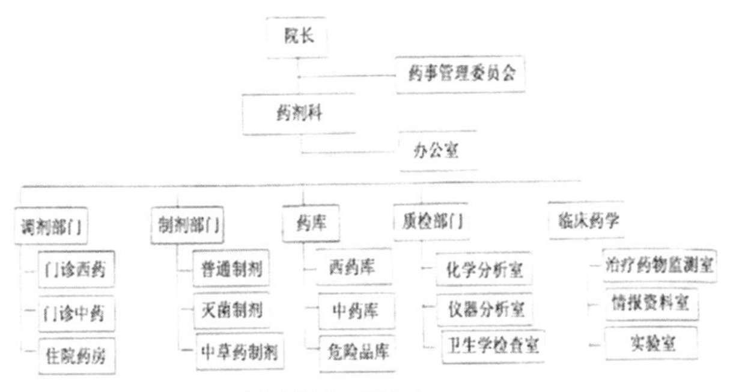

（药剂科管理层级）

（药剂科）

（6）内镜室

严格来说属于医疗科学仪器，其从属于医技模块，其功能是用于观察肉眼看不见的潜在病变部位，以帮助疾病诊断。

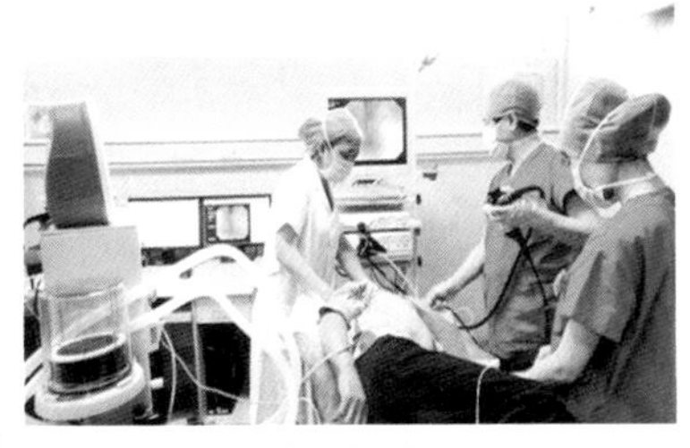

（内镜室）

（7）消毒供应室

即为医院提供各种无菌器械、敷料、用品的科室。因此，在建筑位置上毗邻临床科室（建议设置于各医疗部门中间位置），建筑环境方面要求高度清洁及无污染源，在建筑整体结构上形成相对独立的区域，便于组织内部有序工作。大致分为三大区域：a. 污染区；b. 清洁区；c. 无菌区。三区路线采取强制通过方式，建筑条件要求通风采光良好，墙壁及顶棚取材应无裂隙、不沾尘、便于清洁、消毒。地面光滑、有排水道。此外，还应有接收、洗涤、专用物品晾晒场所、敷料制作、消毒、无菌贮存、发放及医务人员更衣室。部分高级别医院还可设热原检测室、医务人员办公室及卫生间。

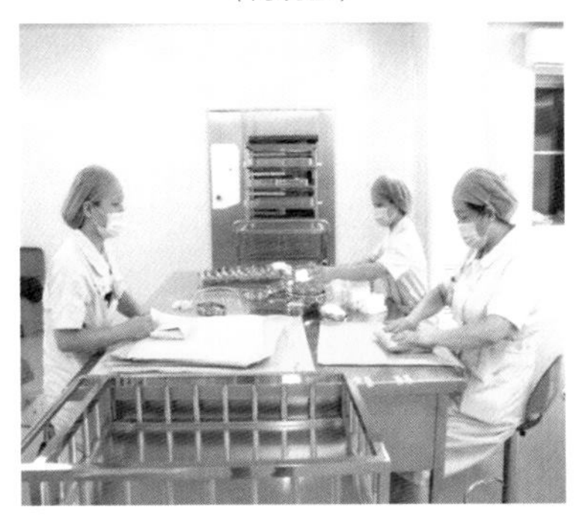

（消毒室）

（8）营养科

即是对长期住院治疗病患进行营养估评及营养治疗的部门。主要负责对长期住院病患提供膳食调理、制备与供应，以保证食物质量与营养质量。基本设置为两大区域：

①医疗区，包括：a. 营养门诊；b. 营养代谢实验室。

②营养治疗制备区，包括：a. 治疗膳食配制室；b. 肠内营养配制室。个别高级别医院可设置营养病房及科研、教学、行政等的办公室。

（营养科）

（9）检验中心

医院的检验中心是运用现代科学手段进行医学诊断的检验型科室，与门急诊区、住院区等有邻近通道。在平面布置中，细菌检验室应设于检验科的尽端；设无菌接种室时，应有前室；如设细菌培养室，操作台应在右侧有采光。

（检验中心）

（10）病理科

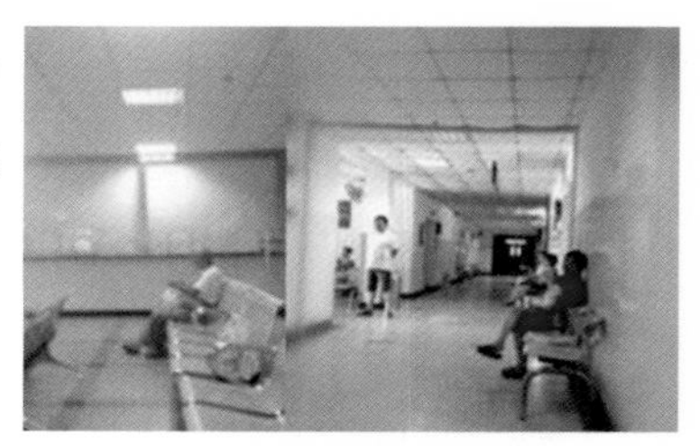

（病理科）

医院的病理科主要负责以医用科学技术对患病器官组织进行分析，做出疾病的病理诊断（部分含尸体病理检查），基本设置分支包括（单独或合用）病理解剖、标本库等，根据需要还可配备常规办公、生活用区。

（11）输血科（中心血库）

(候诊厅）

输血科是医院采集、检测及保存、发放血液及血制品的科室。常规情况下，需为一些功能用房配套相应的医用及基本公用设施。建筑的平面布局、室内装修以及功能配备等方面，尽可能地提供人性化的操作空间，力图营造一个舒缓放松的活动环境。

3. 住院模块

由若干个医用病区组成，并配备相应的护理单元及公共设施配套等。基本包括：（1）护理单元；（2）出入院处；（3）产房病房区；（4）血液病房区；（5）烧伤病房区；（6）重症监护治疗中心（ICU）。

(护士站）

（1）护理单元

①按护理单元体系分类，由医患病房、医护用房、辅助用房及公共综合设施配套组成；

②按护理单元性质分类，包括“普通病区”与“特殊病区”；

③按护理单元功能及人群分类：a. 医患病房，包括病房、抢救室及病患基本生活配备设施；b. 医护用房，包括医护人员办公室、治疗室、休闲餐饮区、卫生间等基本生活设施；c. 辅助用房，包括库房、病患配餐间等公共生活设施；d. 公共综合设施，包括病患活动室、病患家属谈话室、（主任）医师办公室、医疗窥视用房及教学用房等。

(休闲餐饮区）

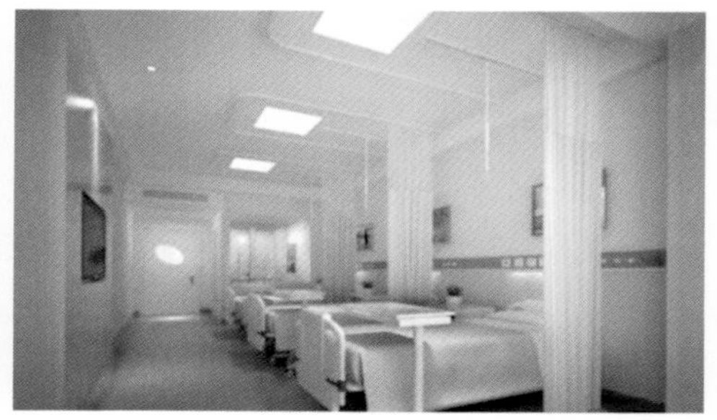

(病房区）

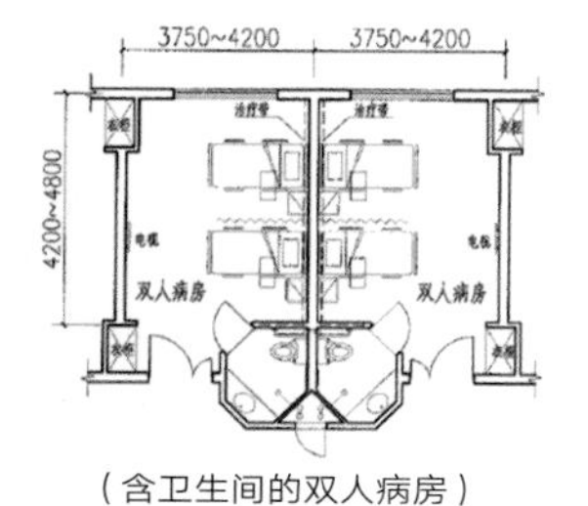

（含卫生间的双人病房）

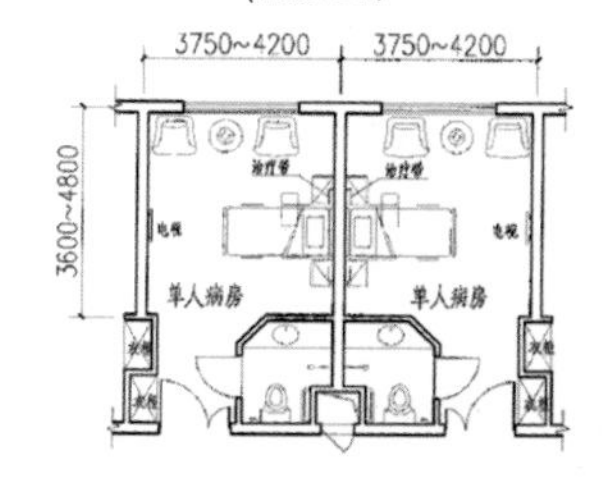

（含卫生间的单人病房）

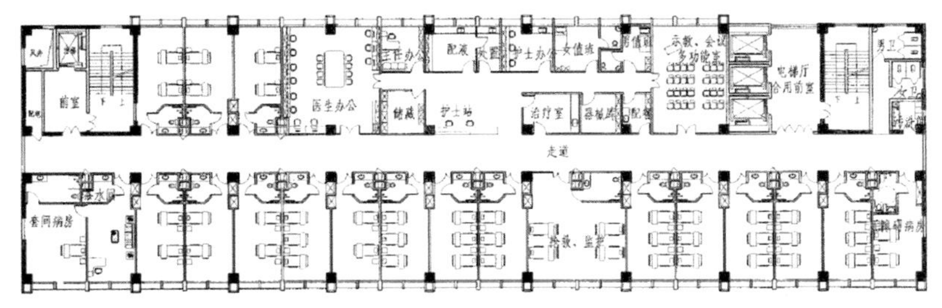

（护理单元平面示例图）

（2）出入院处

a. 按常规情况可分为出入院厅、探病管理处、值班室、卫生间、库房等；

b. 按需求情况可设置商用设施、病患公共用房及家属陪护用房。

（3）产房病房区

产科病房区一般由产休部、产房、婴儿部三部分组成。

a. 产休部为产妇分娩前后的休息用房，与一般护理单元的性质、功能大致相同；

b. 产房是供孕妇分娩的特殊用房；

c. 新生儿特别护理中心，也称“新生儿重症监护室(NICU)”，是集中治疗危重新生儿的病室。由新生儿医护用房及护理人员用房组成，根据监护病区的规模大小，也可视需要配套基本的护理单元及公共活动用房等。

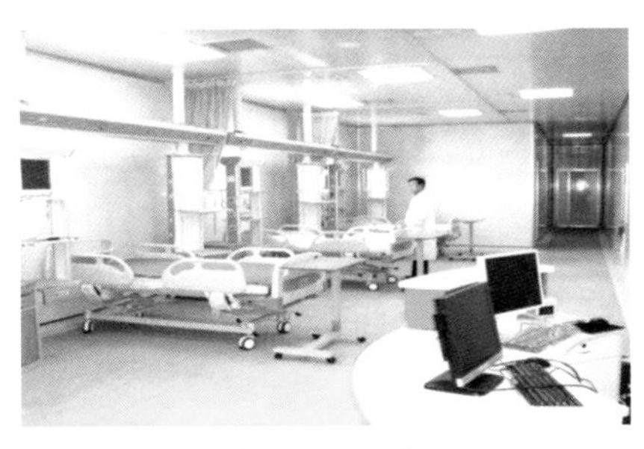

（产休病房区）

（4）血液病房区

血液病房一般设于内科护理单元内（或自成一区）。内单设“洁净病房区”，基本配置包括：

a. 病患浴厕、净化室；

b. 医护人员工作室、卫生通过室、准备室、消毒处和消毒品储藏室。

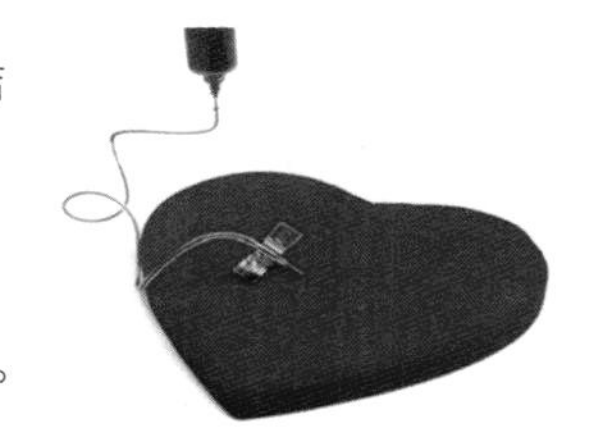

（5）烧伤病房区

烧伤病房是护理单元中的独立病区，设于外科护理单元尽端，环境卫生方面要求空气清洁。相对普通护理单元而言，需要增设：

a. 医护人员工作室、卫生通过室；

b. 换药室、浸浴间；

c. 消毒处和消毒品储藏室等。

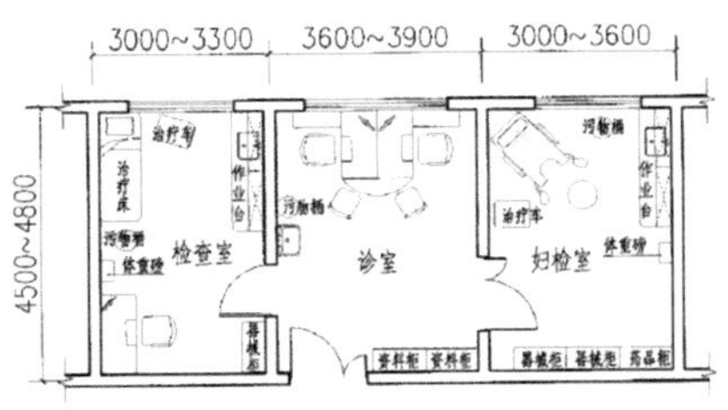

(全科综合诊室）

(6）重症监护治疗中心（ICU）

重症监护治疗中心（简称（ICU），是医院的重点科室之一，专门监测和治疗危重症病患。

a. 按部门功能分类：分为“综合监护病房(综合 ICU)”与“专科监护病房(专科 ICU)”；

b. 按医疗功能分类：需对患者进行观察、治疗、护理等。因此，布置形式以医护站为中心，呈敞开式结构，各病室环绕，以此形成卫生封闭的空间。

4. 外立面模块

(现代医院外观设计)

人们对事物的感知通常来自于物体外在的视觉表象。医院外立面作为建筑主体之一，建筑结构是否科学、美观及人们对建筑物是否具有辨识度、认同感等，都是由建筑外观在起着决定性作用。 医院的首要功能是为病患提供医疗救治等服务，而医院建筑在满足人们日益增长的医疗要求的同时，不但需成为一个区域性地标建筑，其外观造型也是人们检验医院资质的第一直观要素，这也为病人日后的治疗起着身心导向上的重要作用。

5.3医疗建筑的发展阶段及各阶段色·材特点

Development Stages and Characteristics of Medical Building's Color and Material

1949-1998年

1999-2009年

2010年至今

(医疗建筑发展的三个阶段及民营医院与新医改)

医疗建筑的发展源于两大因素，一方面源于医学模式的转型，各个相应的医疗配备设施同步展开；另一方面深受科技与社会发展变革的影响，建筑的形式结构及建筑色·材在应用发展与设计理念上势必随之演变，而这也是决定医疗建筑整体走向的重要因素之一。

改革开放，我国由计划经济转市场经济，医疗机构之间的角逐就已经开始，全面市场竞争已拉开序幕。为了更好地生存和发展，我国建立起医疗与产业共生的复合型医院，公立医院就此改革，私立医院大面积出现，从而形成我国医疗建筑的独特景观并延续至今。

步入 21 世纪的今天，私立医院的市场地位已经成为公立医院的重要补充，新医改的推行，也为私立医院的发展提供了更广阔的空间。当下，人们物质与精神要求持续增长，现代医疗建筑产业方兴未艾，这给从事医疗服务事业及医疗建筑设计的工作者们带来了新的机遇与挑战。

本文通过对“医疗建筑的体系分类”，结合“年代进程划分”，以两者相链接的研究方式，深入探求三大不同时代（1949 ~ 1998 年；

1999 ~ 2009 年; 2010 年 ~ 至今）背景下医疗建筑的趋势变化及建筑色·材的阶段性特征。基于此，主要面向我国上海等地，分别对具有鲜明代表性的公立、私立（含一级、二级、三级）医院进行考察调研，其中包括：1. 八五医院；2. 复旦大学附属儿科医院；3. 长海医院；4. 上海新华医院；5. 杨浦区中医院新院；6. 上海曲阳医院；7. 安达医院；8. 上海东方肝胆医院；9. 博爱医院；10. 复旦大学附属华山医院宝山分院；11. 南充市中心医院（四川）；12. 宁波第五医院（浙江），对不同时期、不同规模、相同空间模块（a. 门急诊模块、b. 医疗医技模块、c. 住院模块、d. 外对立面模块）的典型性案例在建筑色 · 材上进行提取分析，求同存异，以此建立一幅医疗建筑色 · 材的发展图谱。

1949年至今医疗建筑案例地图

	一级医院（社区医院）		二级医院（地区医院）		三级医院（跨地区综合医院）	
1949-1998 国家独立办院到城镇职工基本医疗保险制度逐步建立	浦东上钢新村地段医院（1986）	上海市赤峰医院（1990）	上海市闵行区中心医院	浦东新区人民医院（1990）	新华医院（1958）	第八人民医院
	上海市浦东新区民办安达医院		上海建工医院（1953）	曲阳医院	杨浦区中心医院（1958）	上海龙华医院
					八五医院	
1998年12月中共中央国务院出台《关于建立城镇职工基本医疗保险制度的决定》						
1999-2009 公立医院改革，私立医院开始出现	花木社区医院(2000)	博爱医院(民营)	复旦大学附属华山医院宝山分院(2006)	上海市第一人民医院分院(2000)	交通大学附属第三人民医院（2005）	上海市中山医院
	上海市杨浦区殷行地段医院(2001)		复旦大学附属华山医院浦东分院(2006)		复旦大学附属儿科医院	上海交通大学附属儿童医院
					交通大学附属仁济医院浦东	复旦大学附属肿瘤医院
2009年3月中共中央国务院出台《关于深化医药卫生体制改革的意见》(新医改)						
2010至今，民营医院的市场地位是为公立医院的重要补充，新医改的推行,为民营医院的进一步发展壮大提供了巨大的空间	江东医院		宝山区大场医院(2014)	杨浦区中医医院（2011）	南充市中心医院改造（2012）	宁波第五医院
			上海市闵行区中心医院急诊楼（2011）		牡丹江市第二人民医院（2013）	东方肝胆医院（2014嘉定新院）
					禾新医院（2011台资）	长海医院

5.3.1 第一阶段（1949 ~ 1998）The First Stage（1949 ~ 1998）

1. 八五医院（公立医院）

八五医院成立于 1949 年，是中国人民解放军三级甲等综合性医院、上海市首批医保定点医院，床位 1200 张，占地 36.6 亩，医疗用房 6000 平方米。

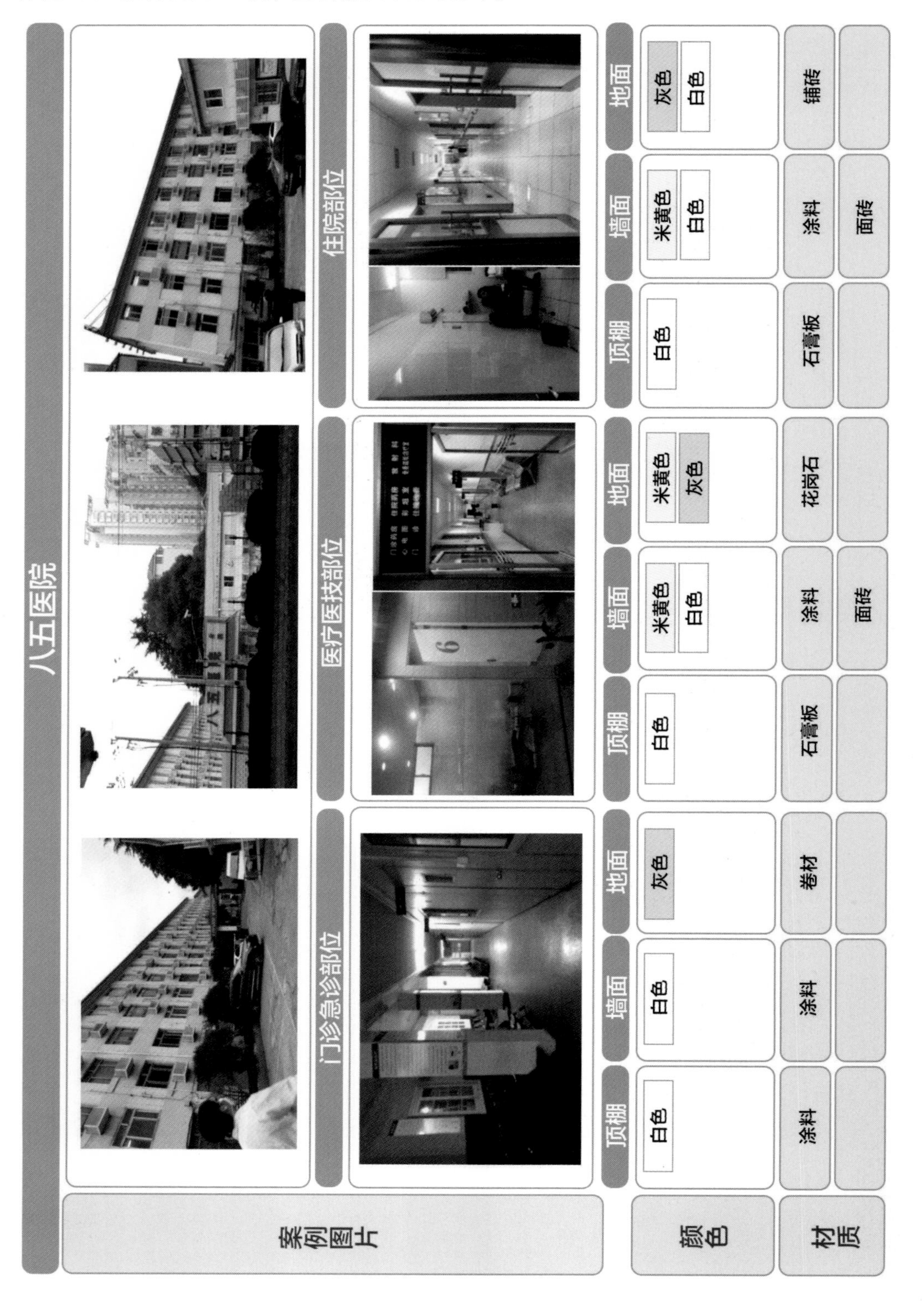

八五医院	门诊急诊部位			医疗医技部位			住院部位		
	顶棚	墙面	地面	顶棚	墙面	地面	顶棚	墙面	地面
颜色	白色	白色	灰色	白色	米黄色 白色	米黄色 灰色	白色	米黄色 白色	灰色 白色
材质	涂料	涂料	卷材	石膏板	涂料 面砖	花岗石	石膏板	涂料 面砖	铺砖

2. 复旦大学附属儿科医院（公立医院）

复旦大学附属儿科医院成立于 1952 年，是上海市一所三级甲等儿童医院。

复旦大学附属儿科医院

部位	位置	颜色	材质
门诊急诊部位	顶棚	白色、蓝色	石膏板、涂料
	墙面	白色、黄色、绿色、蓝色	涂料、面砖
	地面	蓝色、米黄色、褐色	地砖
医疗医技部位	顶棚	白色、蓝色、黄色	石膏板、涂料
	墙面	粉红色、绿色、蓝色、白色	涂料、面砖
	地面	灰色、绿色、蓝色	卷材
住院部位	顶棚	白色、米黄色	石膏板、涂料
	墙面	米黄色、白色、蓝色	涂料、面砖
	地面	灰色、蓝色、白色、米黄色	卷材

案例图片

3. 长海医院（公立医院）

长海医院自 1949 建立，经 1951 年至 1958 年三次更名改制（1993 年医院被评为三级甲等医院），现已经成为一所综合实力强势的现代化大型综合性医院，医院下辖一个中医系、57 个科室，展开床位 2100 张，医院占地 23.4 万平方米，建筑面积 68 万平方米。

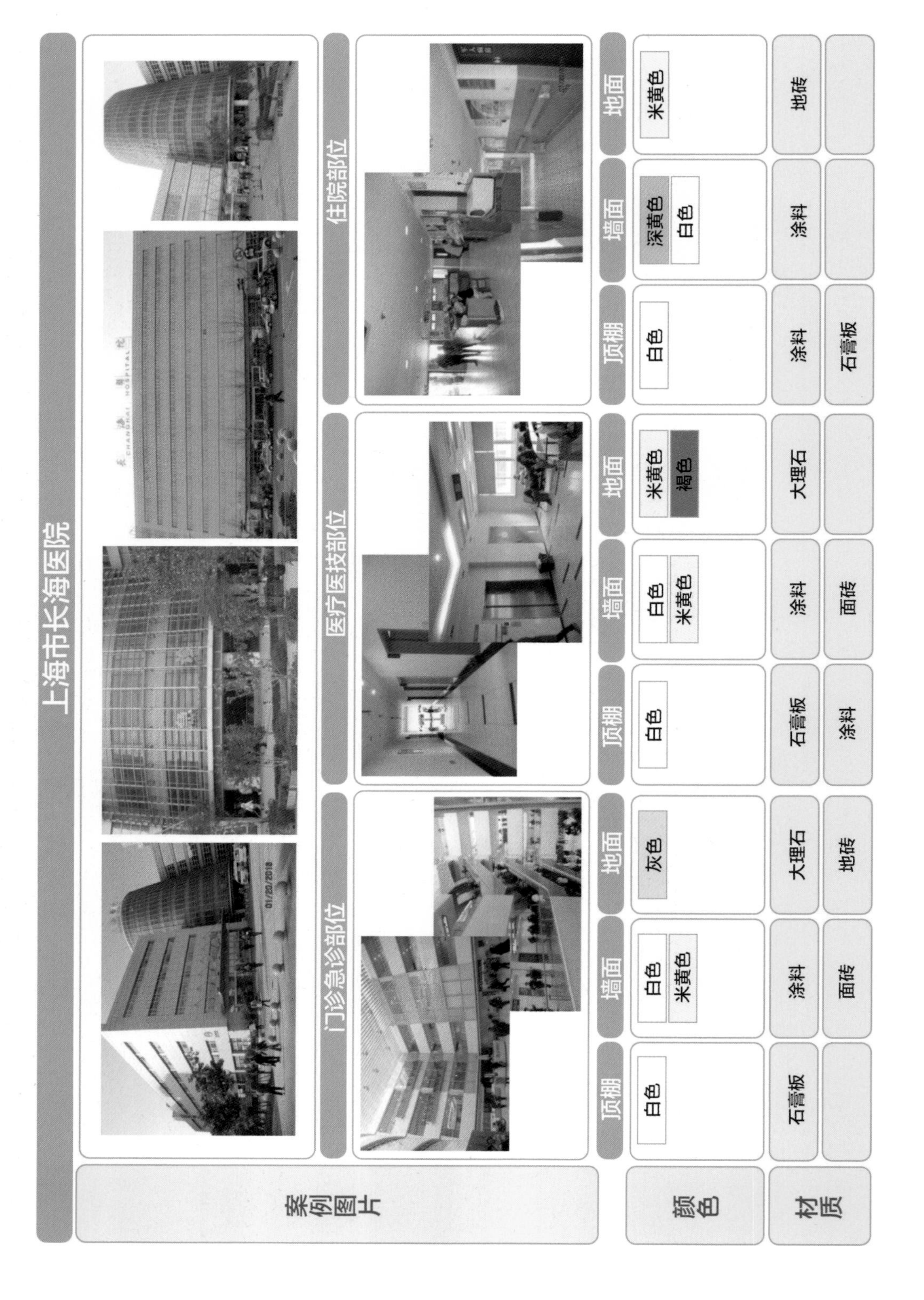

上海市长海医院

	门诊急诊部位			医疗医技部位			住院部位		
	顶棚	墙面	地面	顶棚	墙面	地面	顶棚	墙面	地面
颜色	白色	白色 米黄色	灰色	白色	白色 米黄色	米黄色 褐色	白色	深黄色 白色	米黄色
材质	石膏板	涂料 面砖	大理石 地砖	石膏板 涂料	涂料 面砖	大理石	涂料 石膏板	涂料	地砖

案例图片

4. 上海新华医院（公立医院）

上海交通大学医学院附属新华医院成立于 1958 年，是现代化综合性教学医院。

上海新华医院

部位		门诊急诊部位			医疗医技部位			住院部位	
	顶棚	墙面	地面	顶棚	墙面	地面	顶棚	墙面	地面
颜色	白色	米黄色、白色、褐色	米黄色、白色、灰色	白色、米黄色	白色、米黄色	米黄色、褐色	米黄色、白色	米黄色、白色、粉色	米黄色、蓝色
材质	石膏板、涂料	涂料	卷材、大理石	石膏板、涂料	涂料	卷材、大理石	石膏板	涂料、木材扶手	卷材

案例图片

5. 上海市杨浦区中医医院院（公立医院）

上海市杨浦区中医医院建立于 1980 年，中医区级医院（二级乙等）。医院门诊设有 14 个专家门诊和特诊部，医技科各科室分类齐全，住院部设三个病区。

杨浦区中医医院

部位	位置	颜色	材质	
门诊急诊部位	顶棚	白色	涂料	石膏板
	墙面	白色、灰色、米黄色	涂料	瓷砖 小面砖
	地面	米黄色、褐色	铺砖	大理石
医疗医技部位	顶棚	白色	石膏板	涂料
	墙面	白色、米黄色	涂料	瓷砖
	地面	米黄色、褐色	大理石	铺砖
住院部位	顶棚	白色	石膏板	
	墙面	米黄色、白色、灰色	涂料	整板
	地面	米黄色、灰色	卷材	

案例图片

6. 海曲阳医院（公立医院）

上海曲阳医院成立于 1989 年，是一所现代化综合性二级医院（2003 年更为国营民办）。

上海市曲阳医院

	门诊急诊部位			医疗医技部位			住院部位		
	顶棚	墙面	地面	顶棚	墙面	地面	顶棚	墙面	地面
颜色	白色	白色	蓝色	白色	粉红色	灰色	白色	米黄色 白色	灰色
材质	石膏板	涂料	卷材	石膏板	涂料 金属扶手	卷材	涂料	涂料	卷材

7. 安达医院（私立医院）

上海安达医院创建于 20 世纪 40 年代末，1966 年之后中断，1994 年 6 月恢复重建。

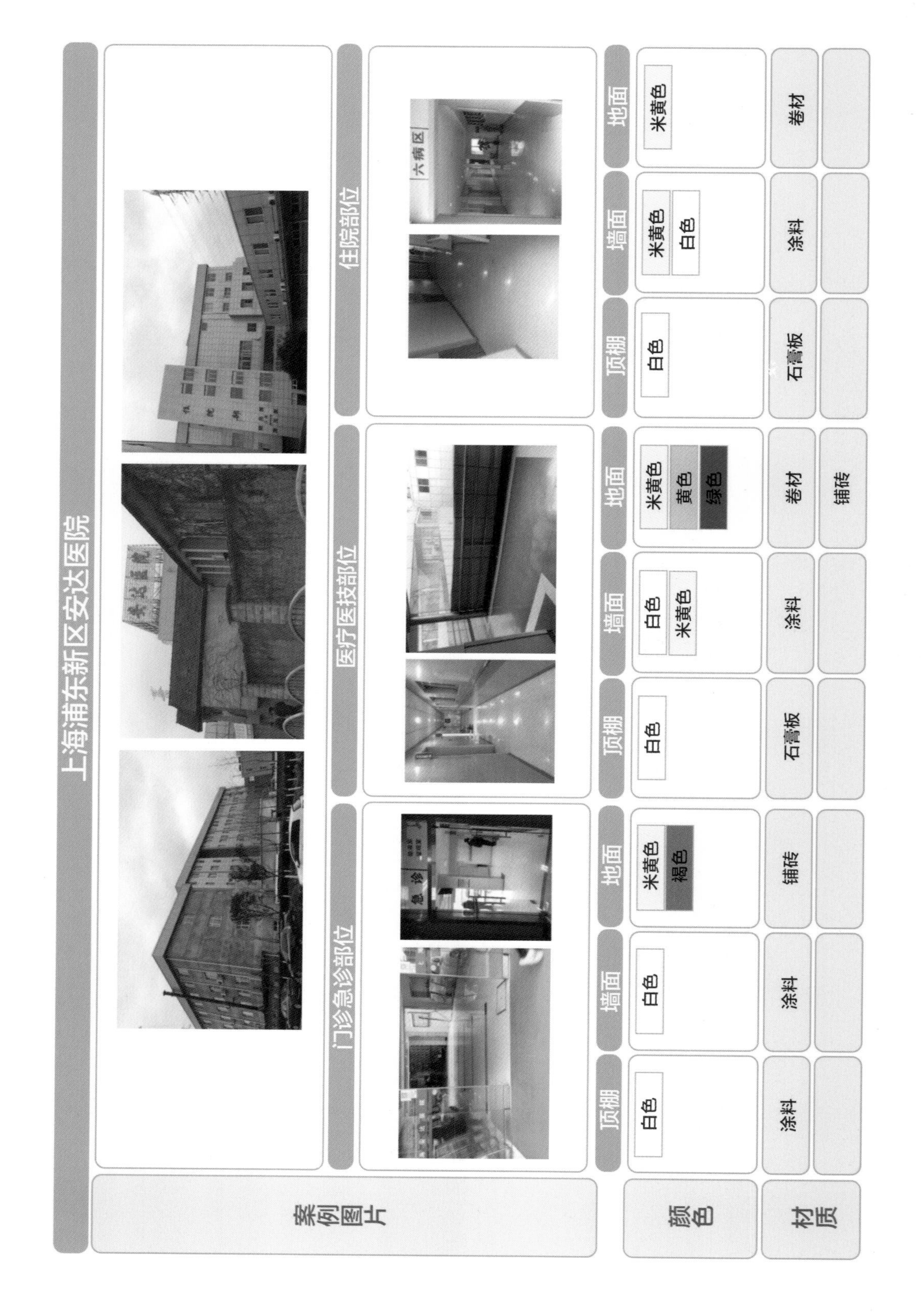

上海浦东新区安达医院

	门诊急诊部位			医疗医技部位			住院部位		
	顶棚	墙面	地面	顶棚	墙面	地面	顶棚	墙面	地面
颜色	白色	白色	米黄色、褐色	白色	白色、米黄色	米黄色、黄色、绿色	白色	米黄色、白色	米黄色
材质	涂料	涂料	铺砖	石膏板	涂料	卷材、铺砖	石膏板	涂料	卷材

8. 上海东方肝胆医院 （公立医院）

上海东方肝胆医院自 1958 年建立，经 1978 年至 1996 年三个基础上发展起来，是三级甲等综合医院。

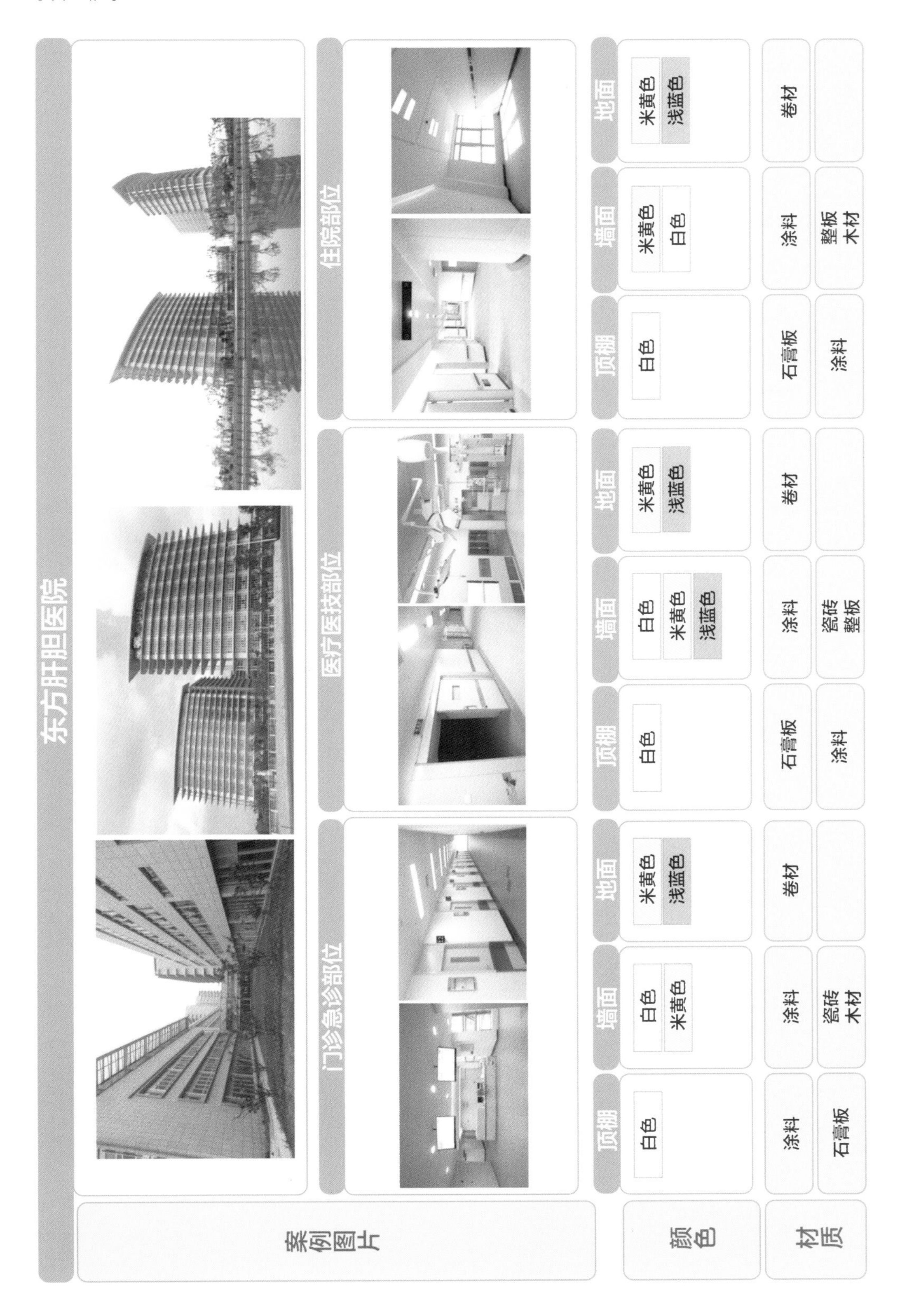

东方肝胆医院

部位	案例图片	颜色·顶棚	颜色·墙面	颜色·地面	材质·顶棚	材质·墙面	材质·地面
门诊急诊部位		白色	白色、米黄色	米黄色、浅蓝色	涂料、石膏板	涂料、瓷砖、木材	卷材
医疗医技部位		白色	白色、米黄色、浅蓝色	米黄色、浅蓝色	石膏板、涂料	涂料、瓷砖、整板	卷材
住院部位		白色	米黄色、白色	米黄色、浅蓝色	石膏板、涂料	涂料、整板、木材	卷材

5.3.2 第二阶段（1999 ~ 2009）The Second Stage (1999 ~ 2009)

1. 博爱医院 （私立医院）

上海博爱医院于 1999 年有偿转让，资产重组。

博爱医院

部位	位置	颜色	材质
门诊急诊部位	顶棚	白色	石膏板
门诊急诊部位	墙面	白色、米黄色	涂料、瓷砖
门诊急诊部位	地面	米黄色、褐色	铺砖
医疗医技部位	顶棚	白色、深灰色	石膏板、金色板
医疗医技部位	墙面	白色、棕红色	瓷砖、木板
医疗医技部位	地面	米黄色、灰色	铺砖
住院部位	顶棚	白色	石膏板
住院部位	墙面	米黄色、白色	涂料、瓷砖
住院部位	地面	灰色	铺砖、花岗岩

2. 复旦大学附属华山医院宝山分院（公立医院）

复旦大学附属华山医院宝山分院于 2000 年建立，是一所二级综合性医院。

复旦大学附属华山医院宝山分院

	门诊急诊部位			医疗医技部位			住院部位		
	顶棚	墙面	地面	顶棚	墙面	地面	顶棚	墙面	地面
颜色	白色	米黄色 白色 褐色	白色 灰色	白色 米黄色	白色 米黄色	米黄色 褐色	白色	白色	绿色
材质	石膏板	涂料	大理石	石膏板 涂料	涂料	卷材	涂料 石膏板	涂料	地砖

3. 南充市中心医院（四川，公立医院）

南充市中心医院（前身川北医院），2005 年正式更名，是国家三级甲等综合医院。

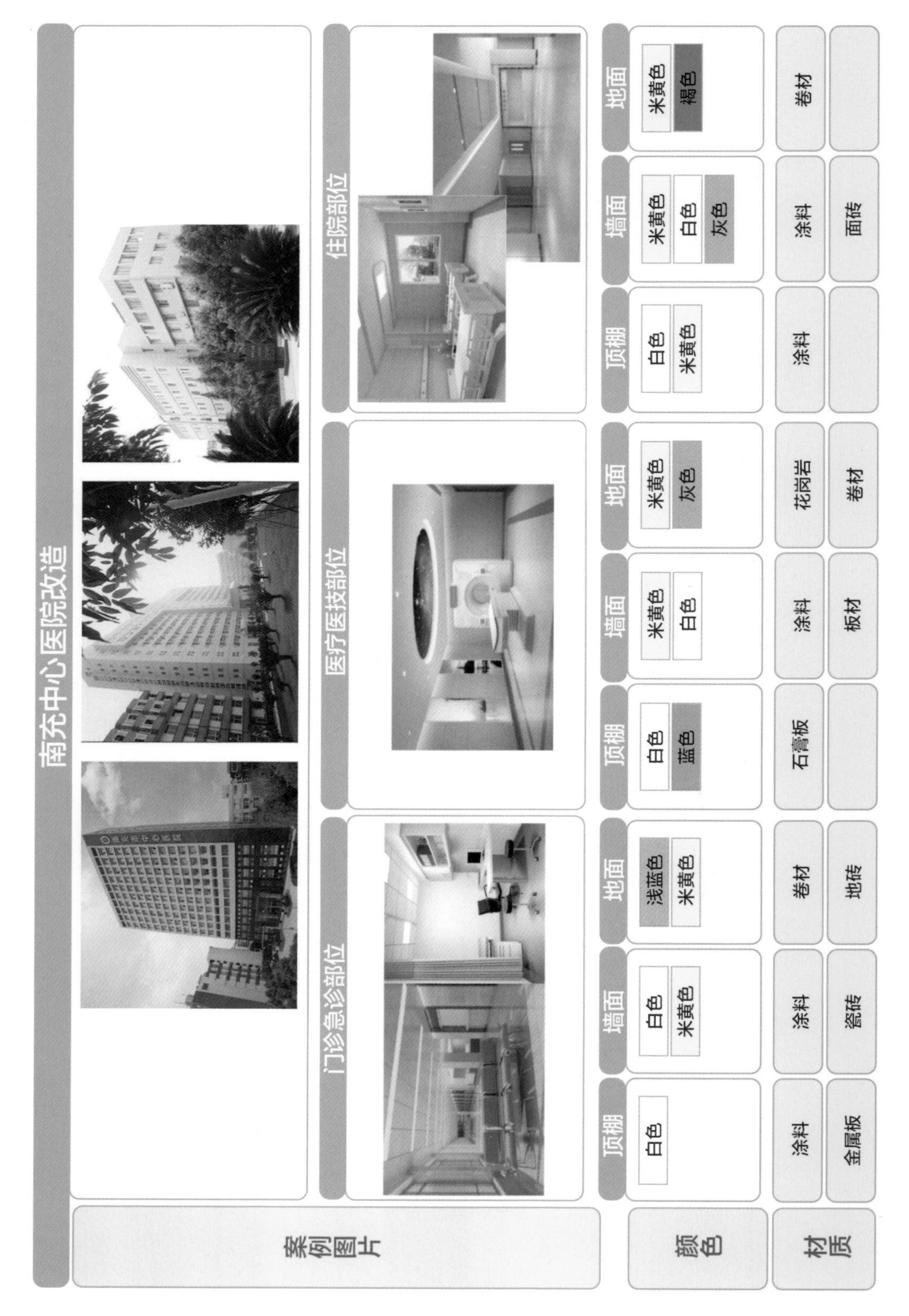

南充中心医院改造

	门诊急诊部位			医疗医技部位			住院部位		
	顶棚	墙面	地面	顶棚	墙面	地面	顶棚	墙面	地面
颜色	白色	白色、米黄色	浅蓝色、米黄色	白色、蓝色	米黄色、白色	米黄色、灰色	白色、米黄色	米黄色、白色、灰色	米黄色、褐色
材质	涂料、金属板	涂料、瓷砖	卷材、地砖	石膏板	涂料、板材	花岗岩、卷材	涂料	涂料、面砖	卷材

案例图片

5.3.3 第三阶段（2010 ~ 至今）The Third Stage (2010~Present)

宁波第五医院（浙江，公立医院）

宁波第五医院（宁波肿瘤医院）建立于 2011 年，是经浙江省卫生厅批准的宁波市唯一一家非营利性综合医院，属国家三级医院建设标准。

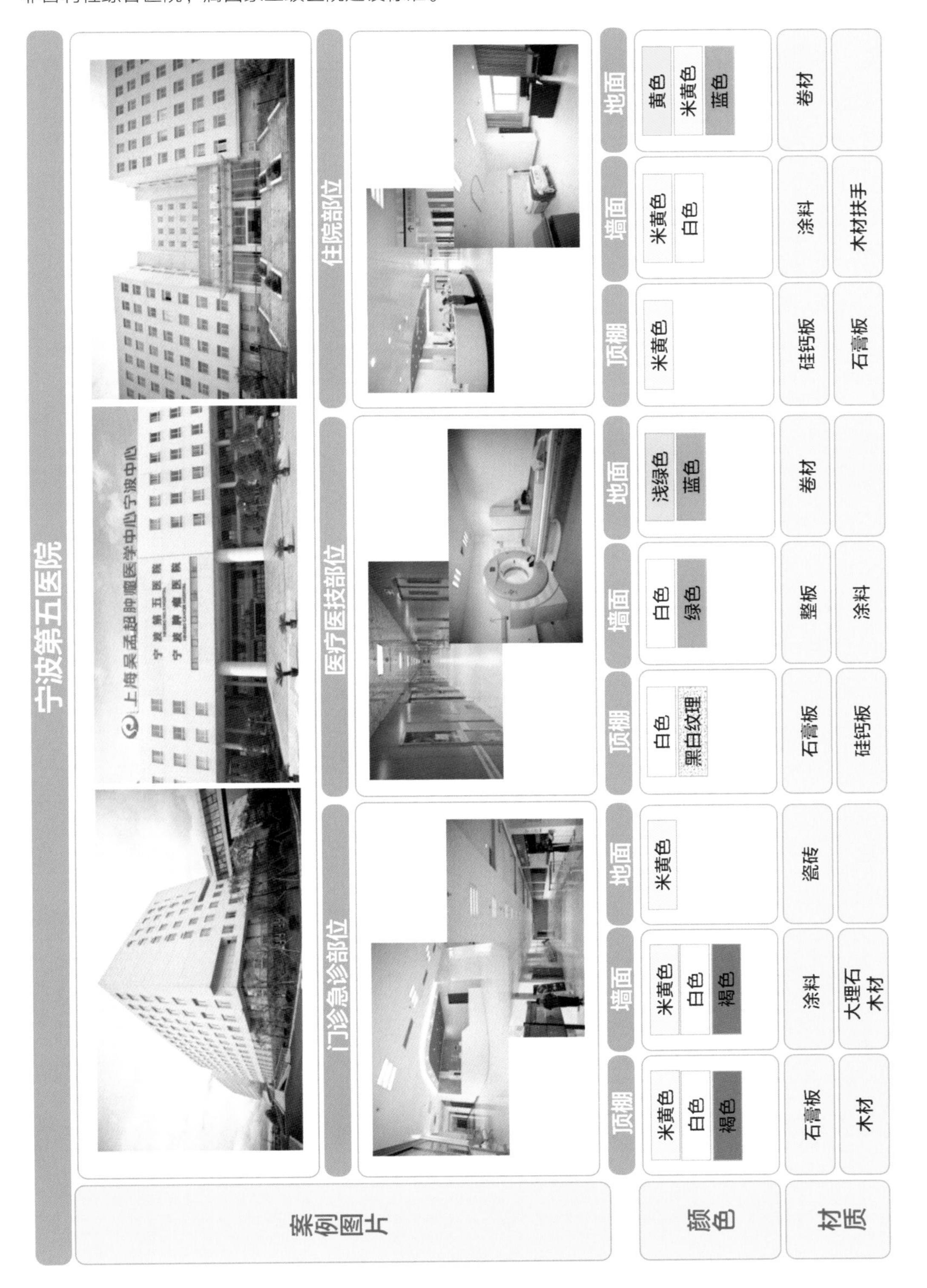

5.3.4 三大阶段性案例的综合分析 Comprehensive Analysis of Three - stage Case

1. 医院（公立与私立）综合发展变化

（1）医院资源建设更集中：初级阶段，每间医院的床位设置在 500 张，中级阶段发展到 500~1000 张床位，2010 年后则是 1000~3000 张床位。

（2）医院建筑规模逐步扩大：各诊疗科室的增加，医院建筑面积、使用面积随之扩大。

（3）医院设计要求逐步变高：医技设备不断更新完善，对医院空间设计产生了更高的要求。在医院改造的过程中，对建筑色・材的使用逐渐开始讲求和谐美观、科学环保，倾向打造人性化的医疗空间。

全国医疗卫生机构床位数及增长速度

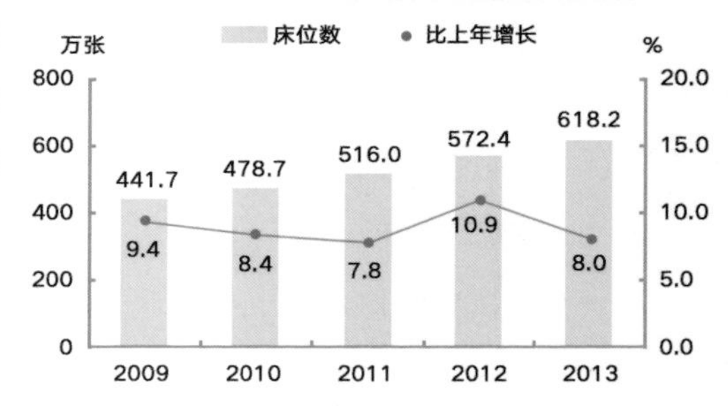

2. 材质提取图表的性能说明

(1) 吊顶（顶棚）

a. 常规科室：环保型矿棉板、硅钙板、石膏板；

b. 试验室、化验室、浴厕间：金属板吊顶（防菌性、防潮性、防霉性能指数高）。

(2) 墙面

a. 常规科室：环保型涂料（抗污性、抗裂性能指数高）；

b. 化验室、检查室、卫生间：瓷砖（抗污性能指数高）。

(3) 地面

a. 常规科室：亚麻地胶、PVC 地胶等环保地板（抗冲击性能指数高）；

b. 走廊地面：地胶（抗冲击性能指数高）；

c. 洁净室、试验室、卫生间：瓷砖（抗污性指数高）。

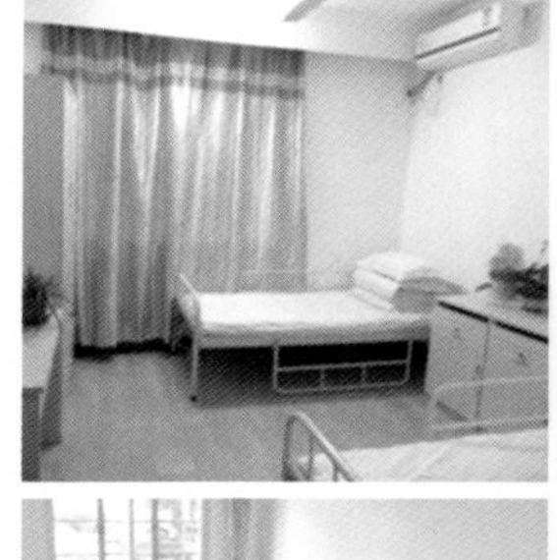
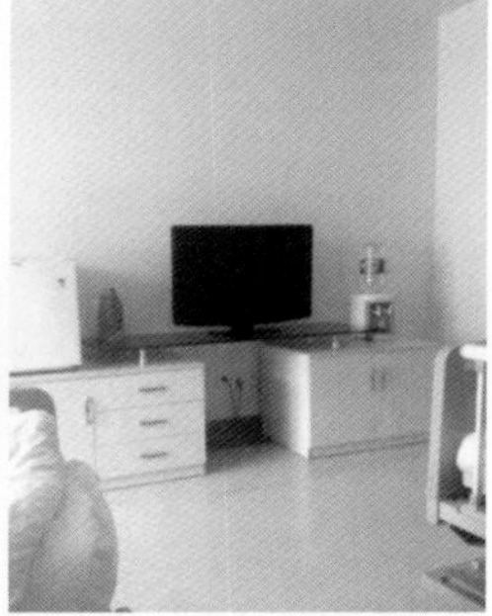

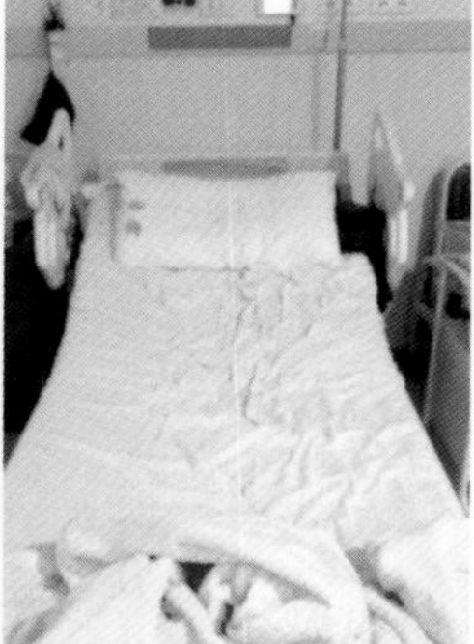

（住院处室内环境）

(4) 外立面

常规外立面设计：涂料、石材、面砖、Low-e 中空玻璃等。

3. 色材提取图表的趋势分析

（1）色彩丰富度

第一阶段医院建筑百废待兴，除个别改建医院外，大部分医院直接使用材料原色，对色彩关注极少；第二阶段的经济、技术层面较第一阶段有较大提高，开始关注色彩在医院建筑中的应用性；

第三阶段经济、技术层面已达到一定高度，部分医院有了追求色彩科学性的意识，以此满足使用者的心理需求。

（2）质感种类数

第一阶段材料质地的使用情况一方面受经济、技术的制约因素较多，另一方面受医院在抗菌、抗污等特殊环境要求的限制，因此在材料质感的选择上与色彩的多样性不同步；第二阶段的增长幅度小于色彩的丰富度，而第三阶段的增长幅度则变大。

（3）防火等级

一、二、三阶段基本以具体规范为准绳，随着经济和技术的提高，防火等级也相应提高。

（4/5）防潮性能 / 防霉性能

第一阶段由于条件限制，防潮性能 / 防霉性能较差；第二阶段有了较大幅度增长；第三阶段中，由于空调设备普及，防潮性 / 防霉性能的增长幅度有所回落。

（6/7）抗裂性能 / 抗冲击性能

第一阶段医院倾向以数量增长为主，对材料抗裂性能 / 抗冲击性能关注少；

第二阶段在经济技术层面提升后，材料的抗裂性能 / 抗冲击性能增幅较大；

第三阶段经济技术得到一定保障后，材料的抗裂性 / 抗冲击性能也相应提升。

（8/9）抗污性能 / 抗菌性能

第一阶段医院以数量增长为主，除手术室等特殊房间外，对材料的抗污性能 / 抗菌性能要求小；

第二阶段经济和技术进一步提升，材料的抗污性能 / 抗菌性能增幅较大；

第三阶段在经济和技术逐步发展后，医院建筑中对抗污性能 / 抗菌性能有要求的房间，基本可得到性能保障。

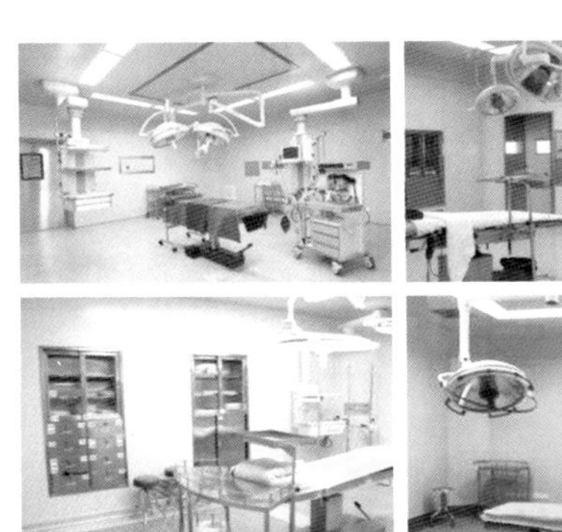

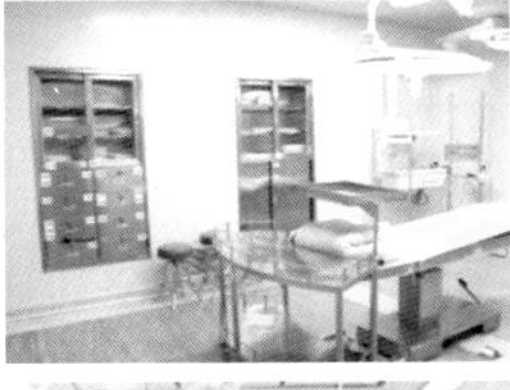

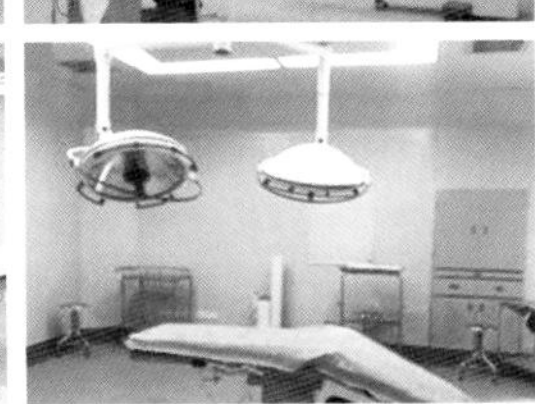

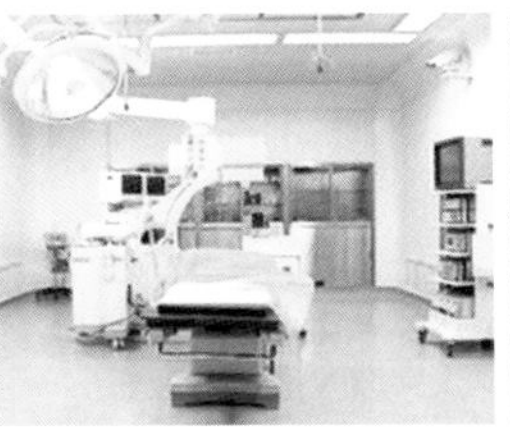

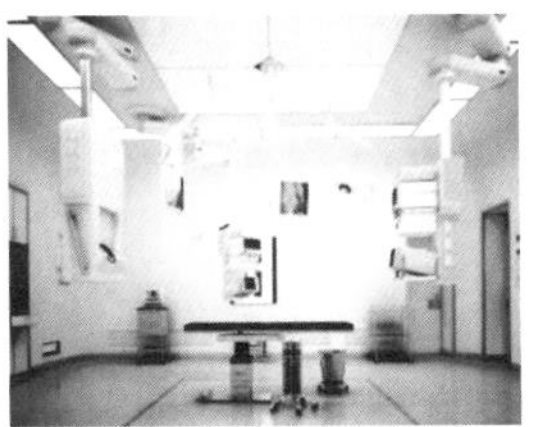

（医疗用房的基本色彩表现）

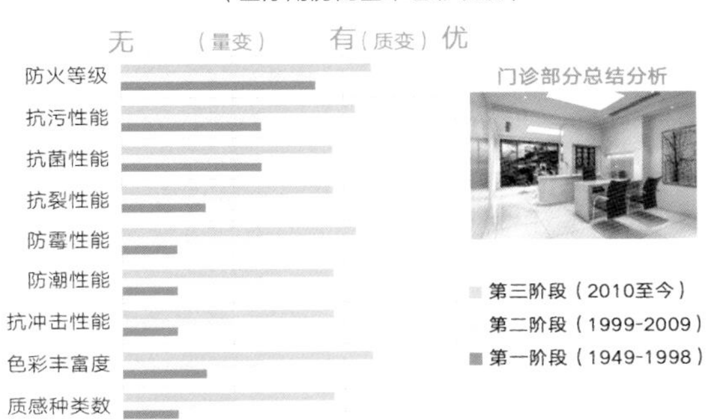

（门诊部分总结分析）

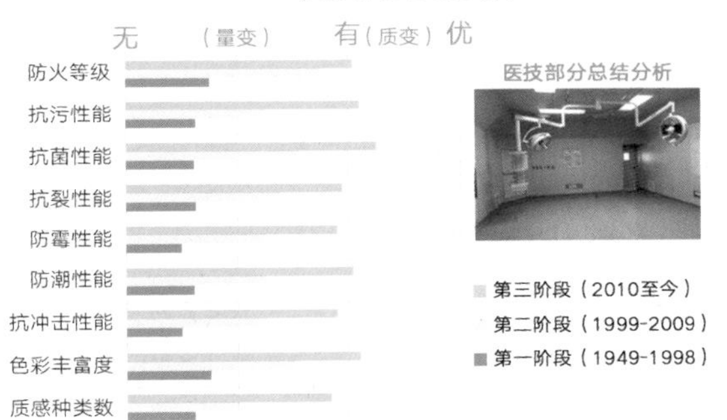

（医技部分总结分析）

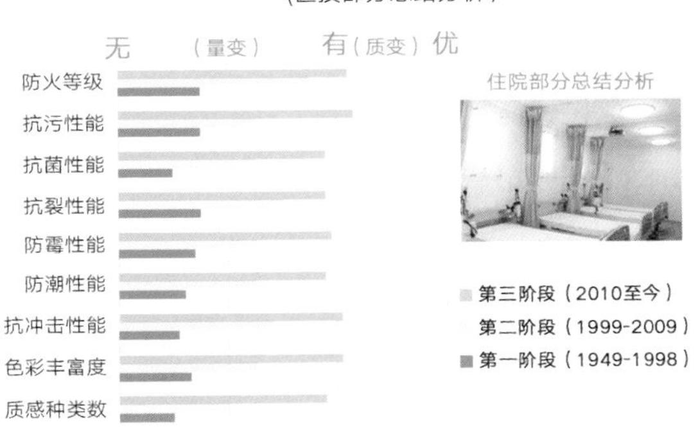

（住院部分总结分析）

透过三大时期下医疗建筑的演化过程，不仅能从中分析出各阶段色·材的发展特点，同时也能反观出现代医疗建筑整体的色·材变化趋势。随着经济时代的稳步发展，多学科、多维度的横向联系越来越广泛，先前医疗建筑设计的线性规划程序渐渐演变成以人为本的中心智能化模式，医疗建筑的规划设计也要考虑使其服务渠道能够适应这种新环境。因此，从科学技术与艺术设计的角度出发，让建筑用色与建筑材质两者和谐，更好地为医疗建筑、医疗事业及医患群体服务。

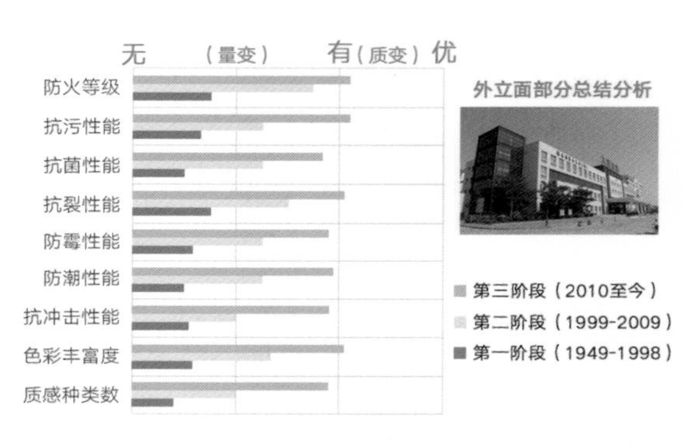

（外立面部分总结分析）

5.4建筑色·材对医疗建筑的影响

Effect of Color and Material on Medical Building

从新中国成立至今，我国医疗事业取得了长足发展，整体在数量和质量上都有了很大提升，这也标志着我国的医疗建筑的建设已经进入一个前所未有的快速攀升期，而医疗建筑作为建筑中的一种特殊类型，是最为复杂的民用建筑之一。人们对医疗环境要求的不断提高，促使医疗建筑设计不单要符合建筑功能的规范要求，同时还要满足现代化医疗建筑标准，尤其是影响医疗建筑设计本身的构成因子：即“光”、“色彩与材质”、“建筑质感”。找到促使相互联系的三者最终达向平衡的基点，以此觅得既符合视觉美感，又达到节能环保；既契合当下医疗建筑功能，又适宜人类身体机能的现代医疗建筑因子。

5.4.1 光的影响 Effect of Light

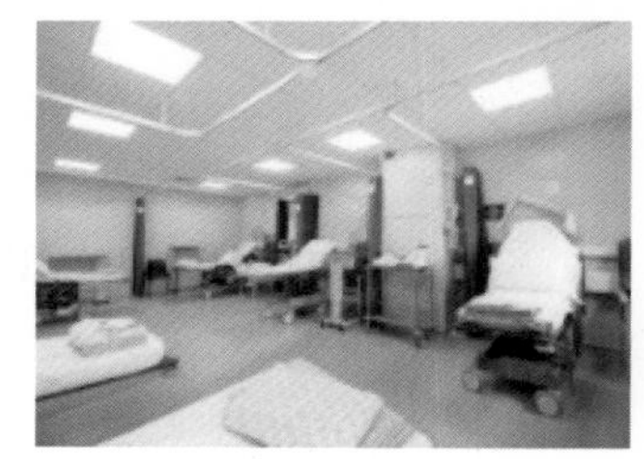
(光对医疗建筑的影响)

“光”是一栋建筑的灵魂，渗透在建筑主体的每一方面，对于建筑功能识别、色光感受、材质的光学性质等都产生一定的影响，是技术与艺术的结合，而对于医疗建筑来说，也有其相对应的建设标准。

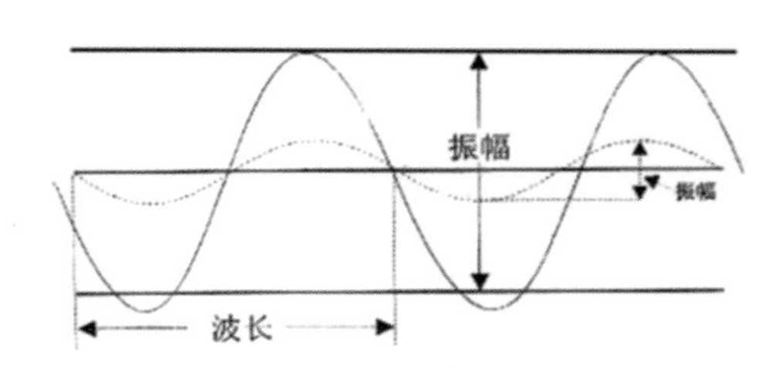

（光的物理性质由光波的振幅和波长两个因素决定）

依靠光来识别外部建筑功能，首要是以醒目为主，尤其在夜间充分发挥与周围环境的陪衬作用，其次是缓解医疗建筑的冷漠恐惧之感。因此多采用明亮的暖系色光，既能使人迅速找到目标源，完成近距离可观照建筑立面的色材质感，远距离又能看清建筑体积与立面，使建筑外观产生显著的立体感，特别是光影层次效果，带来柔和舒适的色光感知。在此基础之上，内部光源的使用则首要倾向医疗诊治过程中的安全可靠，并与周围色·材环境相配合，多使用冷光 LED 灯，以达成明亮理性的科学感受。

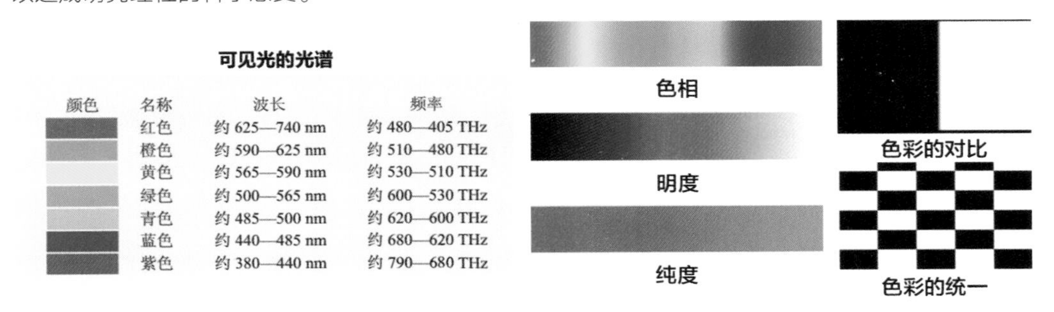

可见光的光谱

颜色	名称	波长	频率
	红色	约 625—740 nm	约 480—405 THz
	橙色	约 590—625 nm	约 510—480 THz
	黄色	约 565—590 nm	约 530—510 THz
	绿色	约 500—565 nm	约 600—530 THz
	青色	约 485—500 nm	约 620—600 THz
	蓝色	约 440—485 nm	约 680—620 THz
	紫色	约 380—440 nm	约 790—680 THz

(建筑色彩现象的基本理论）

5.4.2 色彩与材料的影响 Effect of Color and Material

建筑“色”与“材”的构成关系，既是建筑形态的重要载体，也是实现建筑功能的基础。因此，建筑色彩与材质的基本设计原理即是二者对建筑物（医疗建筑）的第一影响因素。

1. 建筑色彩的基本设计要素

色彩是建筑的视觉要素，也是表达建筑表情的方式之一，通过对建筑色彩几大设计要素的总结，找到影响现代医疗建筑的用色理念。

(1) 建筑色彩与自然环境的关系：如“光”等。

(2) 建筑色彩的三要素：包括“色相”、“明度”、“纯度”。

(3) 建筑色彩的对比与统一：“色彩的对比”主要指两种或两种以上的色彩，以空间或时间关系相互比较，因互相衬托而加强或改变；“色彩的统一”主要指两种或两种以上色彩，统一排列组合，使之具有整体感。

(4) 建筑色彩的视知觉现象：主要反应对象为“人”，指视觉感知系统摄取物象形态后，投放进大脑，进而反映在生理及心理表情上的现象。

2. 建筑材料的基本设计要素

建筑色彩的应用以建筑材料为前提，而建筑材料不仅含视觉因素、同时还有少部分触觉、嗅觉等。因此，“色”与“材”决定了建筑物的质感，只有明晰医疗建筑的基本建材特质（含色性特质）及技术原理，才能与色彩达成平衡，并以科学健康的色·材理念影响医疗建筑。

(1) 木材：质地轻，手感好；导热性能低，易加工；耐久性、耐磨性强；纹理温和传统，暖性色；多用于室内装潢，其天然特性也可与室外环境相连。

(2) 混凝土：属形态、大小及质地可随意塑造的无定形材料，具强耐压性，钢筋加固时，也具强大张力；表面肌理组织多变，色彩纯度系数较高，整体质感厚重；多用于柱、梁、屋顶、楼板和铺面，由于混凝土不会燃烧和腐烂，因此也多用于防火建造材料。

(3) 石材：普通石材质感光滑，冷色调居多；毛石或砂岩表面纹路粗糙，质感暖性、自然，多为室内设计所使用。

(木材、混凝土及石材的质感)

(4) 玻璃：轻盈通透，没有体量感，具传播及过滤光线的特性，能改变及强化色彩；抗腐蚀性高，并达 100% 可循环利用率；可作建筑物门窗玻璃，也可作墙体及屋顶使用，“磨砂玻璃”及“印花玻璃”可用于室内划分空间、限定人的行为路线及隔绝视线等 作用，同时能够保证室内有充足的光线。

(5) 金属：钢材、铝材等高分子金属材质，质感光滑，肌理组织精密，耐久性能优越；中性色感；相比土、木、石等建材工业机器感强，常规室内设计鲜少使用。

(6) 砖：砖类包括“普通黏土砖”与“高级装饰砖”，质感及重量感与“玻璃”和“金属”形成鲜明对比；带有天然细小的孔洞纹理；暖色（如红砖）及中性色居多，同时具色彩的统一感；砖多被用在室内局部墙面，用以改善普通贴面材料和涂料带来的冷调。

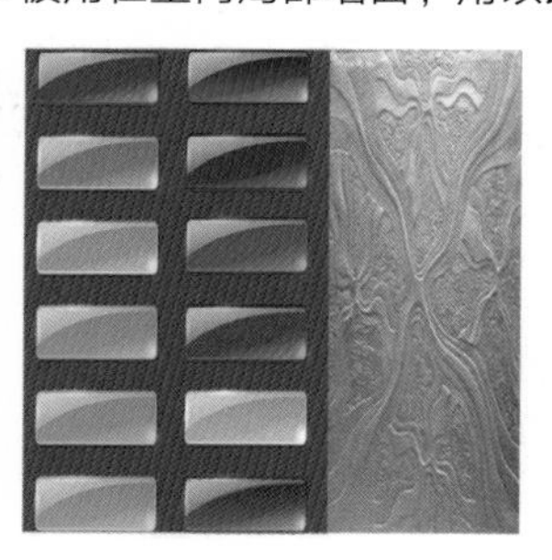

(玻璃、金属及砖的质感)

5.4.3 建筑质感的影响 Effect of Building Texture

医疗建筑的整体就像一个微缩的社会，内部各个功能区域内又分割成各类功能空间，而各个区域、空间在色彩与材质的应用上又必须既相互独立又相互联系。多样的组织元素有医用、公用、商用之分，各自功能属性都各有不同，却又要以应用价值优先排序，明确区分，而这也正是目前医疗建筑特殊的地方。如医院四大医用功能模块：“门急诊模块”、“医疗医技模块”、“住院模块”、“外立面模块”在色·材设计等就有本质区别。此外，各医护办公区、休闲区及医患生活区等也各有差别。非医用功能空间也在随之增多，如医院内设置的超市、娱乐活动室、停车区等。这些都是医疗建筑建材所要面对的设计对象，除此之外，也包括环境质

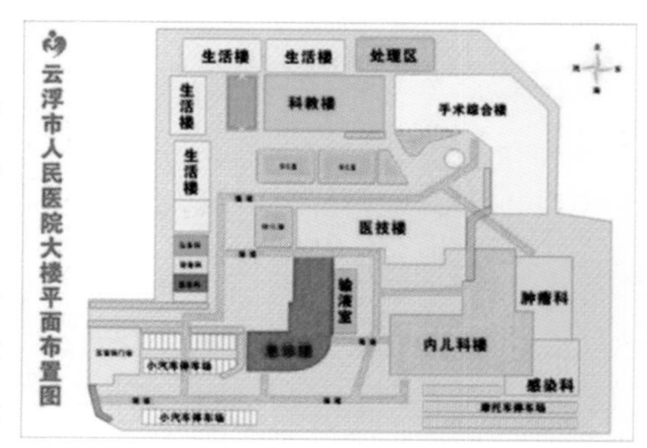

感的统一协调，如室内色·材设计风格与导向设计系统（包括医院内的软装部分、VI 系统、员工服装）等人工及自然条件下的各项应用设计。因此，色·材的设计运用也就影响着医疗建筑中各项元素的质感。

通过对医疗建筑色·材设计的系统分析，可以得出结论，即：目前我们所要面对的设计对象是一个整体性与开放化并包的现代医疗建筑类型。因此，医疗建筑色·材设计的功能性、联系性、科学性、美观性等综合因素将直接或间接地影响着医疗建筑的精神气质及医疗机构的专业水准。

（医疗建筑室内设计风格和导向系统）

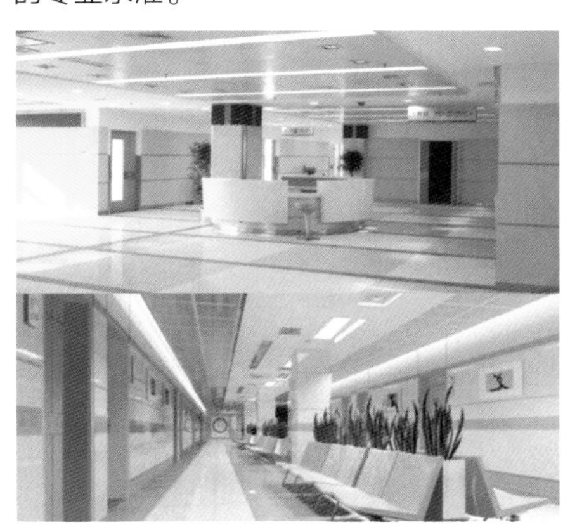

(统一协调的色彩设计系统）

5.5现代医疗建筑色·材运用分析
Analysis of the Use of Medical Building's Color and Material

医疗建筑的功能结构是随着时代发展及社会需求而演化的，建筑色彩与材质的运用自然也与所处时代的经济、技术的发展同步，除此之外，还要满足医疗建筑的多因素价值及人类身体机能等需求。因此，现代的医疗建筑的色·材运用理念即是利用“色·材”的物理属性，调节人的生理及心理状态，以此同步满足“以医为主，以人为本”的现代化医疗建筑理念。

通过对基本建筑色·材质感给人生理及心理带来的影响进行浅析，以了解现有医疗建筑中的四大医用功能模块：“门急诊模块”、“医疗医技模块”、“住院模块”、“外立面模块”的色·材运用现状，以此发现当下医疗建筑色·材的基本表现模式及给人带来的双重影响，为探讨未来医疗建筑色·材的发展趋势建立基础。

5.5.1 医疗建筑色・材对人生理及心理的影响 The Influence of Medical Building Color and Materialon Human on Physical and Mental

现代科学研究结果表明，人的生理机能、心理素质是否健康受视感知觉系统的明显影响，当视线接触物质 20 秒内，色感度为 80%；形态感受度仅 20%，在 20 秒至 3 分钟内，色感递减 60%，形态感递增 40%。因此，人类所观察到的第一视觉要素即是“色彩”，而色彩物理属性及人对其的反应都依靠光的存在（参照色彩的可见光的光谱），医疗用色特殊性即是“色彩光谱疗法”对人生理、心理所产生的影响，而材质带来的质感，同样受视感知觉（生理、心理）影响比率较大，触觉及嗅觉干扰比率相对较小。基于此，按色彩性质中的冷系色、暖系色、中性色对建筑色・材质感种类展开划分，找到对人身心带来的科学影响。

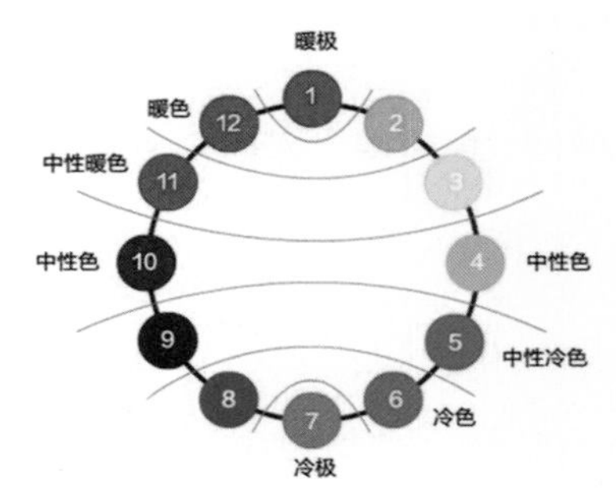

（色彩的冷暖分析）

1. 冷系色彩

(1) 蓝色波长影响咽部、甲状腺，降低血压，具有明显的镇定作用，给人以宁静、深邃之感。

(2) 绿色波长能使观者的皮肤温度降低 1 ～ 2 .2 ℃，脉搏平均减少 4 ～ 8 次 /min, 血液流速减缓，心脏负担减轻，呼吸平缓均匀，能使人产生凉爽清新之意，使人焕发出生命的活力，而“绿视率” 的理论认为绿色在人的视野中达到 25 % 时，人感觉最为舒适。

2. 冷系材质

(1) 本色・材类；(2) 大理石；(3) 花岗石；(4) 瓷砖（含马赛克，装饰性材料，可随意组合色块、色性）；(5) 各种金属等。整体给人冰冷、理性的感觉。

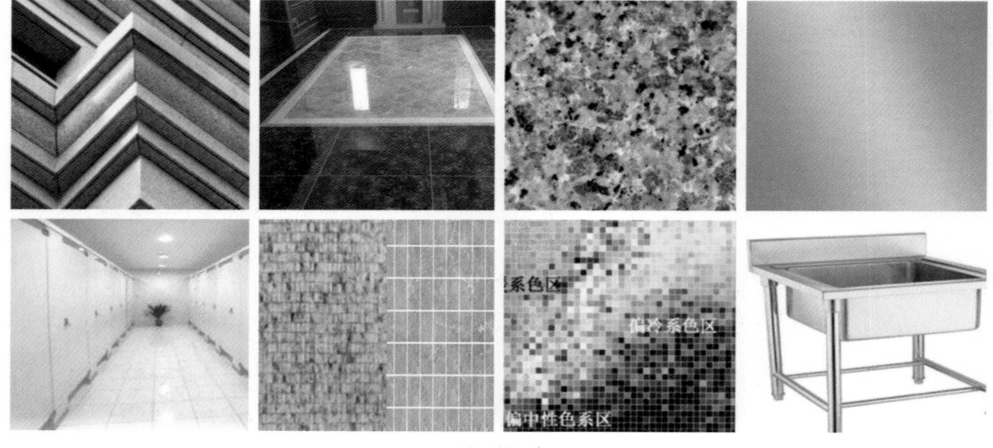

(冷系材质）

3. 暖系色彩

(1) 红色在可见光的光谱中波长最长，在所有色相中对视网膜刺激性最强，心脏、循环系统和肾上腺飙升，以此提升能量及耐力，使人产生激动、欢乐的心理情绪。

(2) 黄色波长能刺激大脑和神经系统，提高警觉，能活跃、放松肌肉，治疗如感冒、过敏及肝脏问题，促进血液循环，增加唾液腺的分泌，刺激食欲，能激发忧郁病患者的欲望和意志，使人想起阳光、希望。

(3) 橙色波长刺激腹腔神经丛、免疫系统、肺部和胰腺，增进食欲，注目性强，能消除人的抑郁沉闷，给人火焰般的暖意。

4. 暖系材质

(1)（黏土）砖类；（2）木材等。整体给人自然温暖、感性的感觉。

(暖系材质）

5. 中性色调（间色）

(1) 紫色可使孕妇的情绪得到安慰。

(2) 粉红色会影响大脑，减少肾上腺素的分泌，并能放松肌肉神经，有平息情绪的功效。

(3) 棕色能促进细胞的增长，使手术后的病人更快地得到康复。

(4) 棕黄色是精神病患者理想的医疗环境，具有安适宁静的力量。

(5) 赭石色有助于低血压病人血压升高。

(6) 白色是医疗常见色，能促使高血压患者的血压下降；若长时间置身于白色中，人的眼睛就会发生雪盲现象。整体给人以纯洁、静穆的感觉。

6. 中性材质

(1) 玻璃；(2) 水泥砂浆；(3) 清水混凝土；(4) 纸筋灰墙；(5) 沙灰墙；(6) 各色涂料等。

（中性材质）

5.5.2 四大医疗模块的色・材使用现状
Present Status of Use for Four Medical Module 's Color and Material

1. 现代门急诊模块的建筑色・材特点

（现代门急诊模块的色材使用现状）

21 世纪以后至今，随着市场经济的建立和发展，医疗建筑注重色・材技术的精致化。目前门急诊模块以人工采光和机械通风解决使用舒适性问题，尽量将诊室集中，缩短就诊路线，使物流系统更方便快捷，以此提高诊疗效率，做到将建筑色・材与自然环境相联系。在色彩的运用上，以白色、米黄色、灰蓝色、粉橘色、粉绿等为主，在色性上，利用建筑色彩的明度对比，以此减少原色带来的刺激性；在色感上给人以充满幻想、温柔、舒缓、平和的意味，减少急诊等状况带来的焦虑感。在材质的运用上，以马赛克、面砖、木材、金属板等高端材质为主，基本与色彩做到冷暖相宜。

2. 现代医疗医技模块的建筑色・材特点

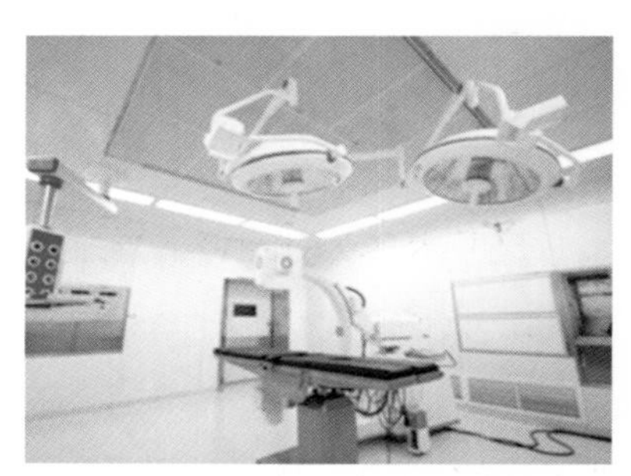
（现代医疗医技模块的色材使用现状）

医技科室色彩的运用上多倾向于白色，科技化的色彩感觉明显得冰冷、理性，偶有淡蓝色，以此消除在诊疗过程中的紧张感。在装潢材料中，除基本材质，主要以医疗器械特有的机械材质为主，因此在材质的运用上依然与色彩的使用方向相一致。

3. 现代住院模块的建筑色・材特点

现代病房型制一般有 3 人间、2 人间、单人间以及少数多人间。医院病房一般以 3 人间和 2 人间为主，病床设置床头柜和壁柜。多数窗户旁边设置带有边桌的座椅。墙面设置电器设备，也有特殊加护病房有医疗器械配备、卫生间等日常生活设施。病房门的尺寸以方便担架、病床及人流等进出为准 [基本宽为 1200 毫米（800 毫米 +400 毫米），净高为 3.2~3.4 米，不低于 2.8 米]。色彩多以白色、淡（灰）蓝色、米黄色为主，凸显住院环境的整洁卫生，有利于内心平静安宁。材质方面也与病房主基调相配合，家具、软装等设施偶有原木等天然暖性材质，以增加白基调房间的暖意，增进人文关怀。

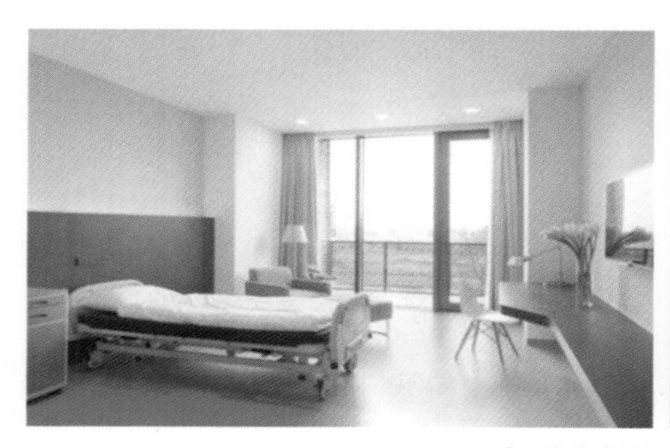
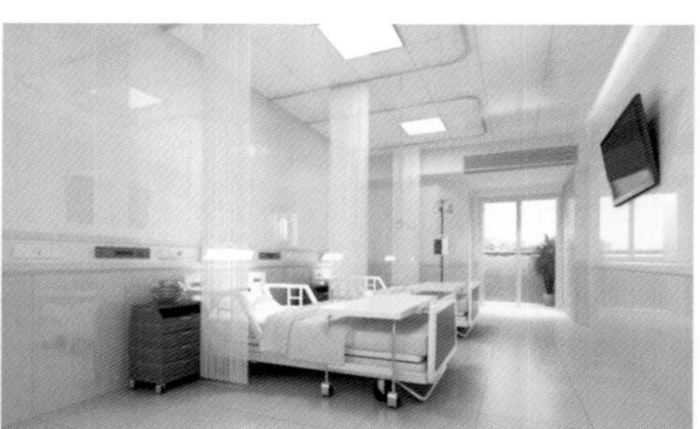
（现代住院模块的色材使用现状）

4. 外立面模块的建筑色・材特点

根据《中国医院建筑选编 (1989 — 1999)》的数据资料进行整理统计：其中约 50% 的医院建筑的外立面采用白色，35% 的医院建筑的外立面采用灰色，剩下的 15% 立面采用较明快的颜色与灰暗的颜色配合，而室内采用白色的高达 95%。20 世纪末到 21 世纪初，国际化的建筑理念互交频繁，以色・材设计辅助建筑个性表达的已越来越受到人们的重视，但对于医疗建筑的外立面来说，因需具备建筑功能辨识的特殊性质，大中城市的新建医院基本未摆脱固有的色彩形态的塑造方式，基本色彩倾向以白色为主，以延续医疗建筑的社会基本印象，少数运用砖红色及暖性材质，以凸显现代医疗气息对病患的关怀意识。

（外立面模块的色材使用现状——暖色及白色为主的设计）

5. 现代医疗建筑色・材的使用特点

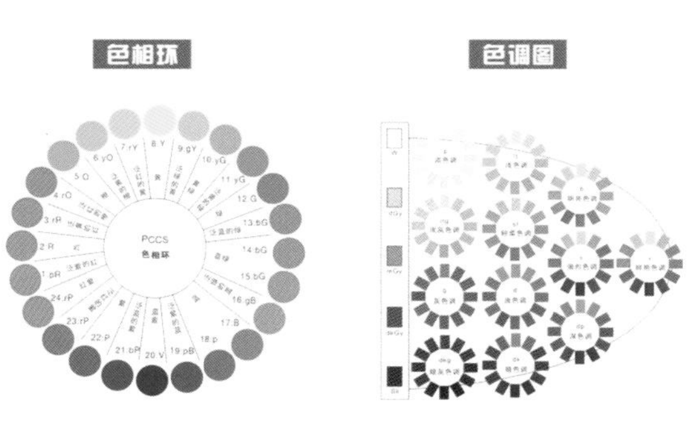

（色相与色调）

现代医学模式的变更、国民需求的提高，致使“色”与“材”的医用功效日益引起我国医学界的重视。现代的医院环境以色感调节为中心，利用色・材的物理属性与人的生理、心理性质，为医疗配备设施及医疗环境提供舒适美观、安全便利的配色设计，而对于医院建筑设计来讲，由于其极端复杂的功能性制约，整体建筑形态及各模块的色・材改变幅度较小，但通过从“医疗色彩”的角度出发，

医疗色彩

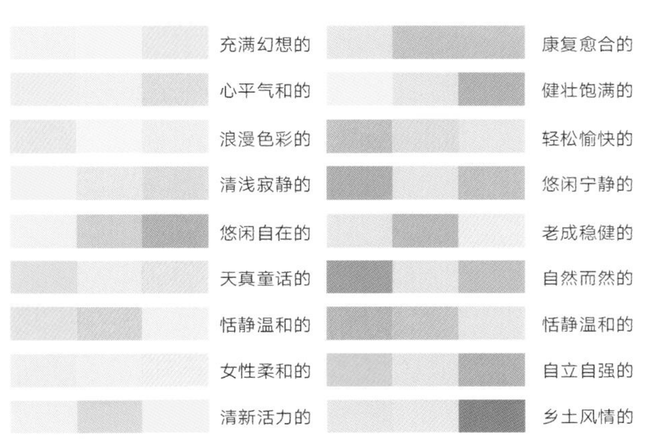

医疗色性

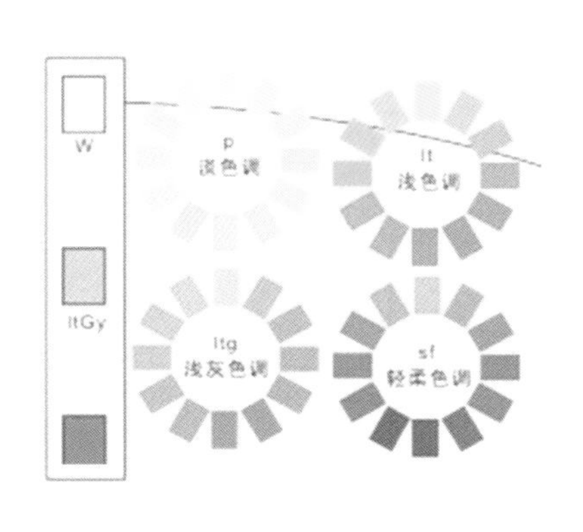

(医疗建筑主要色彩与色调的区域变化分析）

可以感知，“色彩的明度对比”及“色彩的面积对比”是医疗建筑色·材的使用特点，利用中、高明度色彩体系的组合搭配或点缀，降低视觉刺激，围绕色性做文章，使色·材整体组合呈现出淡雅、舒适的视觉效果，以此营造适宜医疗诊治的特殊化心理氛围，而这也为未来能彻底达到现代“医疗色·材”的功能表现找到方向上的指引。

（中、高明度色彩体系比对）

5.6未来医疗建筑色·材发展趋势

Development Trend of Future Medical Building's Color and Material

现代医学的全面发展不仅对医疗硬件设施提出了更高要求，更需以现代社会发展的标准去衡量医疗建筑体系的整体环境，即医疗空间的构成形式与医疗环境的舒适度等。这就涉及医疗建筑色·材在打造建筑各形式因素时，使之在物理属性完备的基础上，同时考虑到医患群体的生理、心理属性，简言之，即重视医疗建筑“环境卫生”的同时，也注重医疗人群的“生理卫生”及“心理卫生”。因此，面对未来医疗建筑的四大主要功能模块（“门急诊模块”、“医疗医技模块”、“住院模块”、“外立面模块”）“色”与“材”的结构设计，就需医疗功能与空间表现力相辅相成，开展医疗建筑、建设环境与病患三者间的互动交流，缩短“自然环境”到“家庭”再到“医院”的精神距离，使医院不单成为收治病患的医疗用房，更成为接待病人的放松、治愈空间，以自然化主导人性化，以健康舒适的温性治疗环境来淡化严峻冷漠的理性医疗形象，这种 “天然性＋科技性＋情感性”的医疗建筑特点将用以应对未来国际社会医疗事业的发展。

5.6.1 四大医疗模块的色·材发展趋势
Development Trend of Four Medical Module 's Color and Material

1. 门急诊模块的建设发展趋势

（1）未来模块的建构模式

新一代的门急诊部门将结合医疗需求及医务、医患人员的身心需求，将现代医疗和相关的诊疗、接待等服务组合在一个充满活力、舒适宜人的开放化社区环境中。在这里，医务工作者可以很容易开展医疗问诊等相关工作。此外，适当地隔断划分，既能区分功能所属，又能保证就诊人员在医疗事物进行时的个人隐私。

（2）未来色彩的发展趋势

门诊部人流量大、人群集中、环境嘈杂，此处的色彩宜用淡雅色系，以获得统一协调的基调，营造心平气和的氛围，局部利用绿化进行点缀，防止大厅内大面积的单一色彩给患者带来单调乏味的感觉。在此基础之上，局部小面积运用纯度相对较高的（如橘色、黄色、绿色、蓝色）健康色系，则可以给庸碌的大厅带来一丝活泼气息，使视觉产生对比，活跃空间氛围。另外一些特殊科室，如儿科，应给病人营造呵护的空间氛围，减小病人的焦虑，如春季色系的清亮原色，象征温暖、关爱，墙面装饰自然景物图形，目的是营造儿童熟悉的环境，使之心情愉悦。

（3）未来材质的发展趋势

门急诊区域内对于建筑材料的选用基本要求是洁净、耐用、耐腐蚀及地面需做防滑处理。

顶棚材料考虑清洁因素，应采用吸声较好的材料，如石膏板、铝扣板等；墙面材料应考虑到与色彩表现性质相配合，色泽图案达到装饰性效果，并保证耐刮、耐磨、抗撞击，防潮、耐酸碱腐蚀，韧性好、尺寸大且稳定性好，接缝少，造价较低，易清洁保养还可翻新。例如环保型PVC 墙面材料（俗称墙塑）或者橡胶卷材。

（环保型PVC 墙面材料）

地面材料考虑到绿色环保，色彩丰富，可任意设计拼图，起到良好的装饰性效果，而且轻质、韧性好，脚感舒适，降低摔倒及受伤比例，安装简单、快捷，无卫生死角，易清洁，还能隔绝噪音，可翻新处理。类似材料有 PVC 地面材料，其也是未来几年医院新建项目及旧楼改造、翻修的首选地材。

2. 医疗医技模块的建设发展趋势

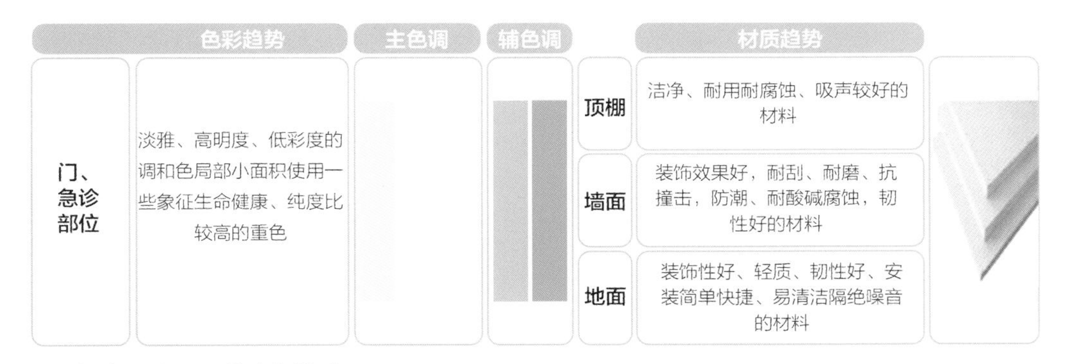

色彩趋势		主色调	辅色调	材质趋势	
门、急诊部位	淡雅、高明度、低彩度的调和色局部小面积使用一些象征生命健康、纯度比较高的重色			顶棚	洁净、耐用耐腐蚀、吸声较好的材料
				墙面	装饰效果好，耐刮、耐磨、抗撞击，防潮、耐酸碱腐蚀，韧性好的材料
				地面	装饰性好、轻质、韧性好、安装简单快捷、易清洁隔绝噪音的材料

（1）未来模块的建构模式

当今，在医学科技高速发展的浪潮中，医技科室也转向高度专业化、管理中心化和多学科进行协作的方向发展。一个综合性医院可以建立中心手术室、中心器械材料消毒室、中心检查室等，还可以将放射、超声、核医学三位一体，成立影像中心，将理疗、磁疗、激光及高压氧舱合而为一，并成立物理治疗中心。此外，在放射科中，各种设备及医疗用房需求更多，功能更加复杂，如手术室等需配备净化用房。在防护方面，各种新型防护材料的出现，使防护厚度减小。放射科的空间和室内设计应将活泼的色彩、装饰及暖性灯光照明引入室内，以改变以往人们对它的恐惧感与神秘感。

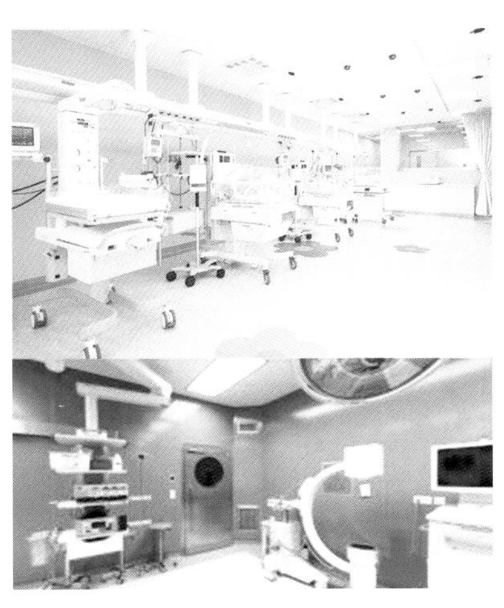

(医疗医技模块的建构趋势）

（2）未来色彩的发展趋势

医疗医技模块未来的色彩发展趋势主要体现在手术部门，手术室的色彩设计主要以营造医护人员理想的视觉环境为主，整体采用与血液红色互补的绿色等，甚至包括医护人员的服装等，以此达到补色残像，使手术过程始终以同色（绿色）加以缓和。墙面采用自然色，除常规的白色外，还可使用浅绿、浅蓝及清水色这一类冷色系色彩，为避免墙的色彩过于单调，可以在门、工作台等这些细节加入相近色系。同理，在准备间也可考虑用冷系色彩调节纯绿环境的单一。

（3）未来材质的发展趋势

医疗医技模块的洁净区域是医院建筑材料的重要部分，医院对洁净有要求的区域主要为：手术室、ICU、中心供应室及各种实验室等。根据我国目前洁净工程的整体水平及工程造价承受能力，在手术室的手术间、供应室洁净区、实验室中一般选用以下材料：

墙面材料应能够自动消除细菌、霉菌、真菌等病原微生物，灭菌能力高，时效期长，色彩种类多，装饰性强，防火阻燃，抗化学腐蚀、粘附性及加工性能好，并安装方便安全消毒板等。

顶棚材料以保护性的装饰涂层为主，其附着力强，色彩丰富，色调均匀，可长期保持新颖，装饰效果优异，保护层使用年限长，防腐，耐锈，耐污染，耐高、低温，耐沸水浸泡，加工性能良好，安装方便，如彩色涂层钢板等。

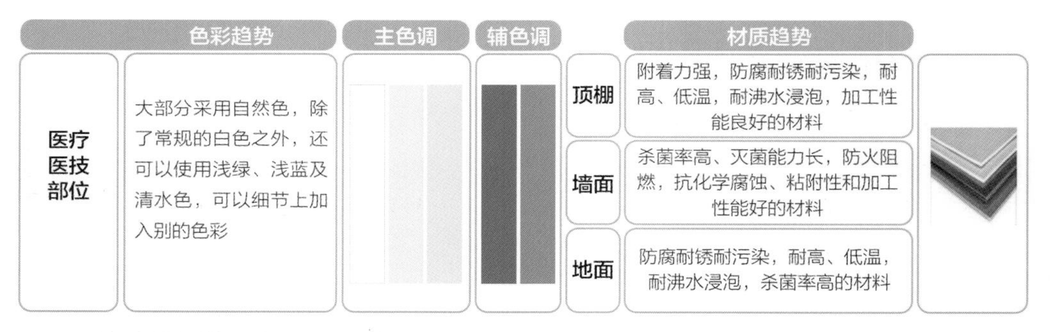

	色彩趋势	主色调	辅色调		材质趋势	
医疗医技部位	大部分采用自然色，除了常规的白色之外，还可以使用浅绿、浅蓝及清水色，可以细节上加入别的色彩			顶棚	附着力强，防腐耐锈耐污染，耐高、低温，耐沸水浸泡，加工性能良好的材料	
				墙面	杀菌率高、灭菌能力长，防火阻燃，抗化学腐蚀、粘附性和加工性能好的材料	
				地面	防腐耐锈耐污染，耐高、低温，耐沸水浸泡，杀菌率高的材料	

3. 住院模块的建设发展趋势

（1）未来模块的建构模式

随着经济和社会的发展、对人性化的追求，医院病房会更多朝宾馆客房的特性发展，单人病房和双人病房所占比例会越来越大。在公立医院与民营医院两大阵营中，公立医院由于医疗报销制度的制约，病房更多向经济实惠的连锁宾馆发展；而在民营医院中，由于没有这方面的制约，形态向更加多样靠拢，在条件较好的地区，病房朝着五星级酒店或者超五星级酒店客房发展。

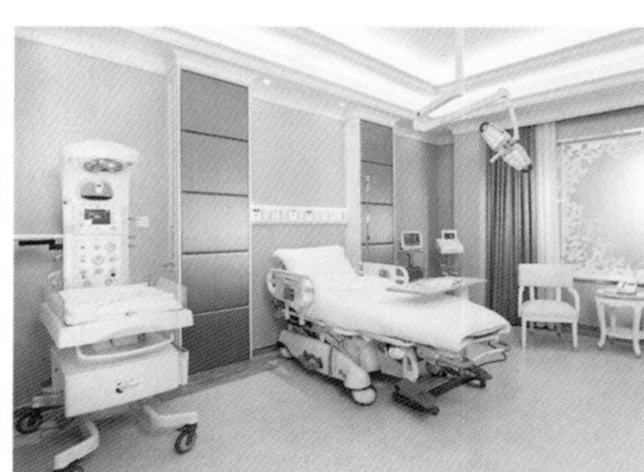

（“五星级”病房）

（2）色彩的发展趋势

对于色彩每个人的喜好不同，但为取得病人感受上的和谐，应当利用色彩的心理效应来调节室内情调，打破“白色病房”的垄断地位。针对病房的自然环境、治疗时间、相应病理特点等对相应病患群带来的预期影响来安排室内色彩，既以色彩辅助疾病治疗，又能使病患得到良好的放松和休息，给病人以轻巧、愉快、清净的身心感觉。

针对病患住院期及医疗所处的自然环境，进行病房陈设的不同色彩搭配。住院期短的病室，北向或北方寒冷地区的医院多用暖色调；住院期长的病室，南方炎热地区或南、东、西向的房间，宜用冷色调。

针对相应病理人群划分病房色彩，如孕妇房间的座椅、窗帘等多以紫色和粉色调为主，因为紫色环境可使孕妇感到安慰；与妇产科相连的走廊应特别注意使用让人充满期望及喜悦的色彩，以淡紫色为宜；阵痛室是产妇等候分娩的房间，强调放松，以表达关怀的暖色调为主；育婴室中以不与婴儿肤色冲突为主，选择偏向中度的轻弱色，如浅灰棕色、沙石色等，利于医护人员观察婴儿状况；儿童病室环境在大面积的背景色彩沉着淡雅的基础上，可用符合儿童心理的色彩，以亮丽、明快的家饰等以活跃气氛，如以蓝色为基础色彩，墙壁以补色系等为主；老年性疾病、重绝症患者、特殊物理治疗室、心理及精神病患者、美容外科恢复区等都以暖色调空间为主，中性冷系色为辅。

（3）未来材质的发展趋势

医院住院部位如墙面和地面的材料，应选择便于清洁、易于保养维护的材料。

顶棚材料的质地选择是多方面的，考虑易清洁、易于保养，抗酸碱性、耐磨性及压延性好，质感细腻，耐碱、耐水及透气性好，不易粉化等具重复性粉刷的涂料，如乳胶漆等。

病房材料要求色调柔和、淡雅，涂抹细腻、方便，耐碱、耐水及透气性好，不易粉化，且重涂性好，有装饰、保护和改善室内环境的作用，如合成树脂乳液内墙涂料、纳米涂料、水溶性涂料和多彩涂料。对常见微生物、金黄色葡萄球菌、大肠杆菌、白色念珠菌、霉菌等具有杀菌和抑制作用的材料，如抗菌乳胶漆。

（便于清洁和保养的材料抗菌材料）

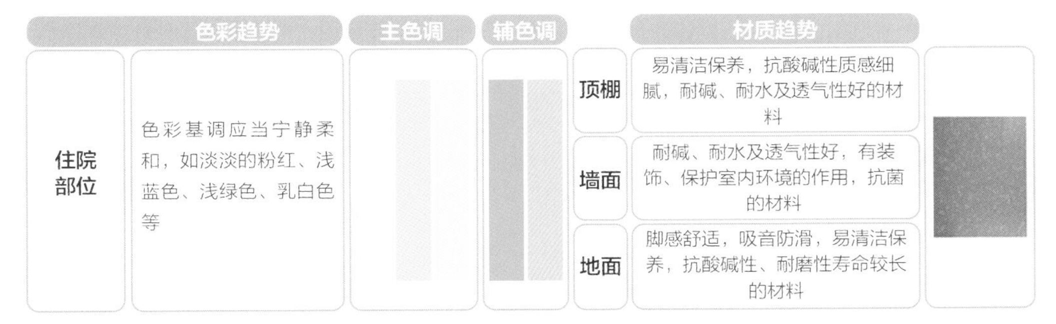

色彩趋势		主色调	辅色调	材质趋势		
住院部位	色彩基调应当宁静柔和，如淡淡的粉红、浅蓝色、浅绿色、乳白色等			顶棚	易清洁保养，抗酸碱性质感细腻，耐碱、耐水及透气性好的材料	
				墙面	耐碱、耐水及透气性好，有装饰、保护室内环境的作用，抗菌的材料	
				地面	脚感舒适，吸音防滑，易清洁保养，抗酸碱性、耐磨性寿命较长的材料	

地面材料讲究环保，不含甲醛、VOC、卤化物和重金属，脚感舒适，吸音，防滑，易清洁，易保养，抗酸碱性、耐磨性和压延性好，使用寿命较长，如 PVC 橡胶亚麻卷材或块材。

4. 外立面模块的建设发展趋势

（1）未来模块的建构模式

(医疗建筑外立面设计)

对于医疗建筑的外立面来说，采用分散与集中相结合的平面设计结构，通过内院的设置，解决大进深建筑的通风采光。建筑朝向充分利用室外自然光照明，优化室内物理环境，减少人工设计对室内环境的干预，以便节约能源，如不同朝向的合理开窗、各种电动遮阳系统的应用、新型节能通风幕墙的使用等。单体建筑充分进行立体绿化，包括屋顶、内院、建筑周边及室外阳台等。

（2）未来色彩的发展趋势

医疗建筑的外部色彩直接影响着医院整体的对外形态，同时也影响着病患及家属对医院整体的信任度，正确的外部色彩能达到内外呼应的感知效果。未来医疗建筑的外立面色彩一般采用浅蓝和白色，也有的采用浅黄和其他色彩，但是通常不使用单一性色彩，而是两三种色彩的搭配组合。

（3）未来材质的发展趋势

(医疗建筑外立面设计)

未来医疗建筑将采用弧形裙房和简洁主楼设计，以此展现宏伟、大气的建筑形象。同时也在建筑的整体态势上设计成南低北高，形成强烈的秩序感，在满足医疗功能的同时，又能使门急诊、医疗医技、住院模块等功能区域拥有良好的自然采光及通风。

(医疗建筑外立面设计)

外立面设计上采用简洁现代的风格，相互错落的窗户创造出有韵律感的立面形式，形成丰富光影变幻的同时，又不失传统意蕴。因此，在材质的选择上则要求较高，使用节能装饰保温一体板系统及花岗石等建筑材质穿插组合，使其具有保温节能、装饰美化、保护墙体等功效，色彩饱满丰富，材质又具自洁抗污疗效，安全系数高，以此将“色”与“材”的功能效果合二为一，使整个建筑群体协调统一，充满现代表现主义的建筑魅力。

除此之外，外立面建材设计的技术趋势也相当重要，基本定位在两方面：

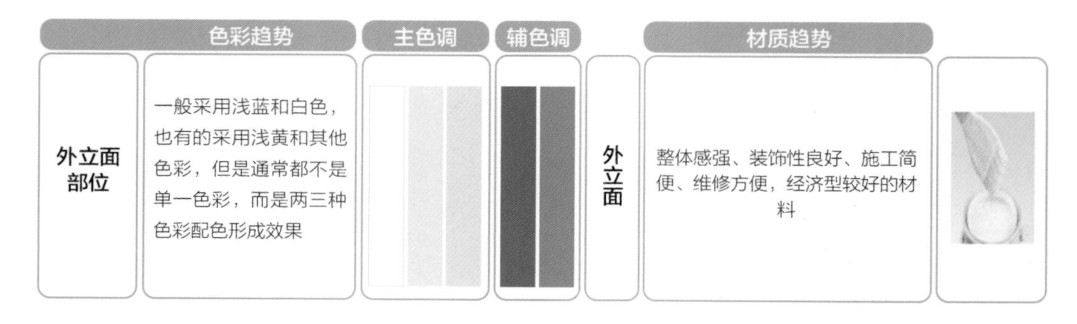

色彩趋势		主色调	辅色调		材质趋势	
外立面部位	一般采用浅蓝和白色，也有的采用浅黄和其他色彩，但是通常都不是单一色彩，而是两三种色彩配色形成效果			外立面	整体感强、装饰性良好、施工简便、维修方便，经济型较好的材料	

① PC 预制建筑技术（Precast Concrete/ 混凝土预制件）

在优势方面，材料构件通过机械化工艺生产，能更好地控制质量；预制构件尺寸及标准特性既定，生产速度快，势必建筑工程效率高；较传统现场制模相比，工厂模具可循环使用，综合成本低；PC 预制件无需现浇制模，因此现场作业量能明显减少粉尘、噪音污染。劣势方面，在工厂堆放成本、技术工培训资金及运输风险等方面较高。总而言之，PC 预制件建筑技术优势大于劣势，并在资源节约及环保方面更为突出，相信未来会被大量应用于含医疗建筑在内的各建筑领域。

（PC预制技术）

② 3D 打印建筑技术

（3D打印建筑技术）

这一新兴的建筑方式与传统建筑相比，在“打印”过程中不会产生建筑垃圾，更能通过水泥混合玻璃纤维等“油墨”材质，有效地节省材料及人工，做到节能环保。虽然目前 3D 打印技术在大批量生产、应用等方面还未成熟，但照我国目前的研究状况来看，基本在 5~10 年内有望成为引领新兴建材技术的主力军。

5.7从医疗建筑色·材发展反观医疗建筑发展

From Color and Material Development to Medical Building Development

通过对“医疗建筑”的存在背景及功能结构的分析阐释，回顾“建筑色彩”与“建筑材质”的发展历程及其对医疗建筑的影响，从而推导出“医疗色·材”的核心特质及未来趋势走向。在这一过程中，我们发现医疗建筑或者说医疗建筑的“色”与“材”一路以来紧随时代风向，各种客观环境因素都在潜移默化地制约或推进医疗建筑主体的发展态势，特别在全球经济共融的今天，作为构成医疗建筑本体及个体建筑元素的“色·材”，个中形态直接或间接地反映着社会进程

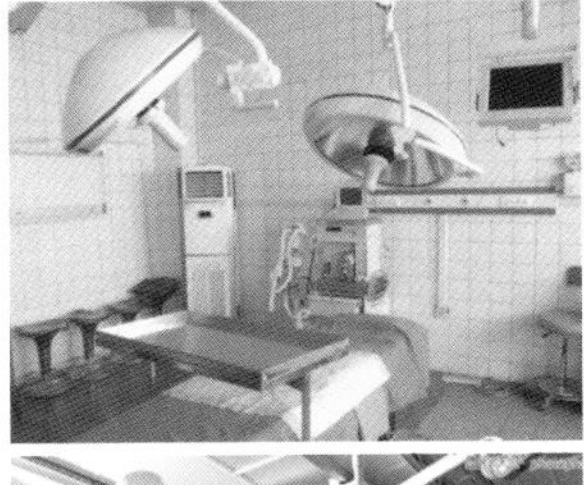

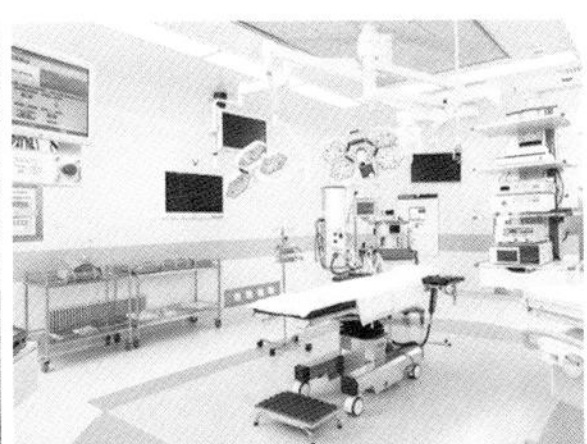

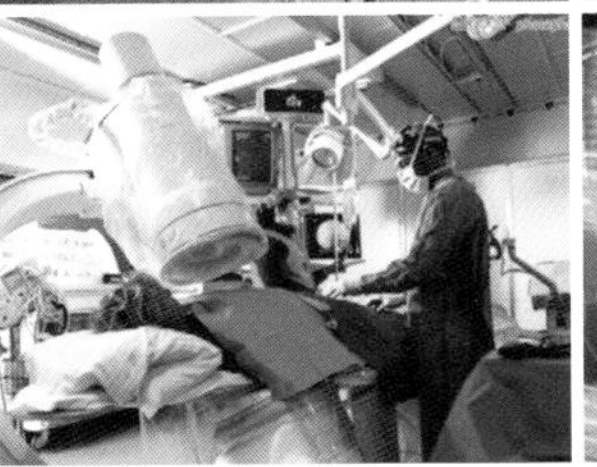

(医疗医技设施的演变）

中医疗事业的迥异面貌，而通过对四大医疗功能模块（“门急诊模块”、“医疗医技模块”、“住院模块”、“外立面模块”）“色”与“材”的分类详解、趋势预测等都迫使我们去反观主导“医疗建筑”整体发展态势、趋势下的重要因素。通过我国医疗建筑的现象演化、医疗建设规划及建筑设计的色·材实施经验来看，主要有三方面因素：医疗医技设施的国际先进性；医疗产业模式的互联网信息化；医疗建筑色·材的综合应用性。

5.7.1 医疗医技设施的国际先进性 The International Advanced Nature of Medical Facilities

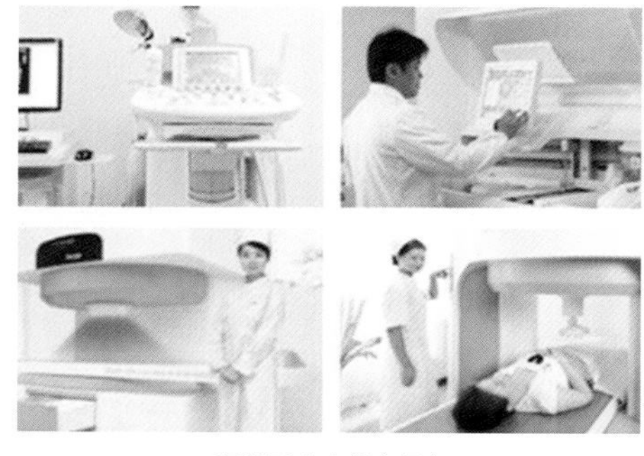
(现代医疗功能空间)

时代浪潮的不断冲击，带动着医疗产业的日益昌明，其背后不仅有大量医学人才在不间断地补充支撑，同时还有先进医疗医技设施的阶段性完善，而这也是医疗建筑设施中受“医疗色·材”影响的一部分。从前文医疗建设年代回顾中可一目了然，医疗设施配备升级主要受客观时间、空间环境影响，同期也受医疗单位资质条件的限制，在这一过程中，诊疗设施、医技设施、后期恢复设施及公用生活设施等由强化至进化，从传统人工化到人工智能化，时至今日，部分发达国家已出现全智能化的智慧型医疗器械理念。作为医疗产业重要的功能承载因素，医疗器械的更新换代也影响着未来医疗建筑的整体发展走向。

2015年8月，我国工业和信息化部、卫生计委等相关组织单位在北京联合召开推进国产医疗设备发展应用座谈会，并指出医疗医技设施是技术密集、功能关联度及带动性强的类型，而要推动国产医疗产业设备发展，应从“创新链”与“应用链”两方面下功夫。创新链上，紧随国际化医疗设施的脚步，突破原有医疗医技设备的核心部件，以此提升我国医用设施的质量水平；应用链上，将先进的医疗设施进驻各大实力相当的医院（含各专业性质及各经营性质的医院），以此展开应用验证，既建立先进性医疗设备应用示范基地，又构成具时代性的医疗功能空间。

因此，对于承载先进性医用设备的医疗建筑来说，宏观上，需使建构模式与功能属性相契合；微观上，设计的用色、用材与医用空间、医疗器械、医护及医患群体等结构组织紧密相联，使医疗建筑规模存在配合先进医用硬件的条件，并带动新型医疗医技为民众服务，以此为新时代医疗事业创造广阔的发展空间。

5.7.2 医疗产业模式的互联网信息化 The Internet Informatization of Medical Industry

当下所谓的“新时代”即科技智能的时代，区别于传统时代的元素之一即“互联网”的出现，而这也是全球共通的显著标志之一。如今，互联网信息化时代掀起的变革浪潮也正全面覆盖社会各项产业，既改变着企业生产模式，也改变大众的生活方式，而对于医疗行业来说，其传统的存在形式及功能模式也将以

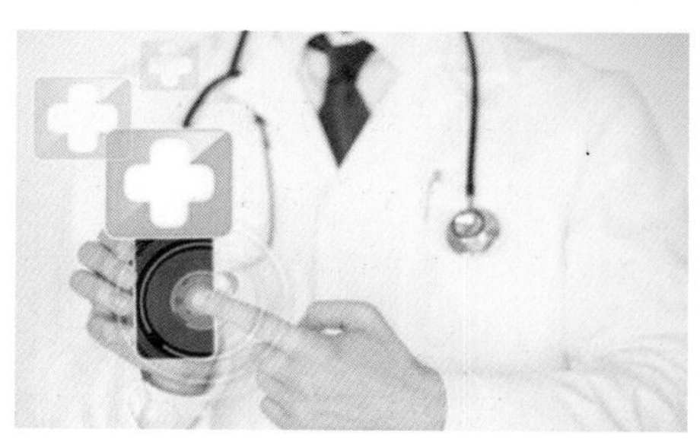
(医疗产业互联网化)

互联网信息产业模式为主导，借助科技力量，完善进化至“智能医疗”时代，而这也将成为未来医疗机构的建筑、建设趋势的主要形式之一。从目前医疗机构发展现状来看，主要表现在两大方面，即：(1) 智能化医疗服务系统；(2) 智能化（医疗）建筑设计软件。

1. 智能化医疗服务系统

医疗服务分支管理系统，是医疗机构依托互联网运营模式，建立系统平台，基本医疗服务体系分别建立数据库，既给患者群带来可靠便利的医疗服务，也为医疗机构运营管理搭建了精准、高效的工作平台。我们将其划分为硬件及软件两大部分：

硬件主要指在线医疗服务，基本包括：(1) 网络预约挂号；(2) 线上问诊；(3) 远程医学视教与医技协作；(4) 医患社区交流平台。

软件主要针对医疗机构的服务分支管理，基本包括：(1) 病患健康管理；(2) 医患档案管理；(3) 药物使用及药品监督管理；(4) 医用设施协助管理；(5) 医疗消费支付平台管理；(6) 医疗机构行政服务管理等。

综上所述，医疗智能化系统是将“病患”、“病患家属”、“医疗医护人员”、“医疗机构”等共同融进互联网模式的医疗空间中，而建立互动交流的社区性平台，既有助于医疗活动的开展，又符合时代步伐，且兼具人性关怀。虽然我国目前在上述相关的医疗智能领域方面还有所欠缺，但相信这将会成为未来医疗建构模式的必然趋势，而“智能医疗”的出现，也为后期医疗建筑的设计形式引进了更全面的思维理念。

(智能化医疗)

2. 智能化（医疗）建筑设计软件

医疗建筑设计的智能化软件主要指 BIM 建筑信息模型技术（Building Information Modeling)，即借助智能软件系统，以建筑工程中各项目相关数据信息为基础，通过仿真模拟建筑的真实信息，进行建筑物模型建立。将这一新兴建筑技术用于医疗建筑中，可使医疗建筑结构内复杂的部件信息完备汇总，更易找到元素间的区别性、关联性及一致性，以便于各结构组织建立，并且通过应用软件中的模拟视图，也可反复优化协调，最终保证建筑出图的优质性。

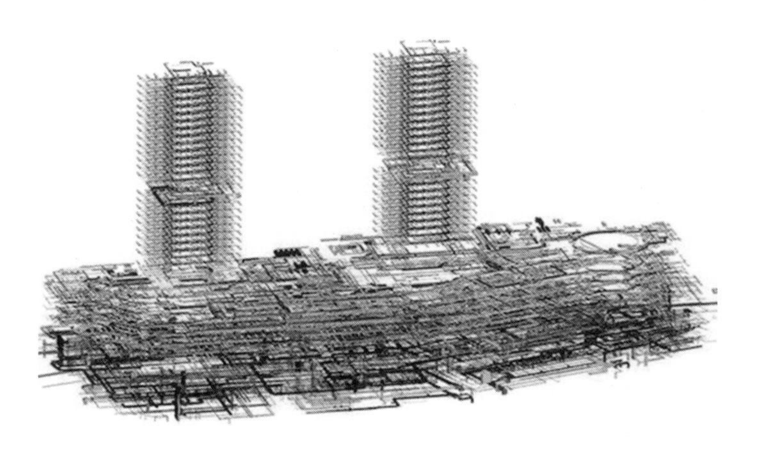

（BIM建筑信息模型技术）

5.7.3 医疗建筑色 · 材的综合应用性
The Comprehensive Nature of Color and Material on Medical Building

医疗建设结构的科技智能化的出现，也影响着医疗建筑的组织形式，在近几年兴起的“精准医疗”（Precision Medicine）方案中，就提出注重病患在诊疗过程中，周围环境等对个人身心状况带来的影响。因此，回顾医疗建筑色·材分类详解及两者在各功能模块中的表现形式，并联结“新医疗时代”下的医疗建构模式，能够看出，“医疗色·材”需要在“科技”与“人性化”的对立面中找寻平衡点，而这个“平衡点”既是共性也是特性，更将成为影响未来医疗建筑整体走势的重要因素之一。基本归纳为三点，分别是：(1) 医疗功能性；(2) 医疗建筑的审美性；(3) 医疗建筑的节能环保化。

（医疗建筑的“审美趋势”）

1. 医疗功能性

对于建筑物的“色彩”与“材质”的功能，一直被定义为“建筑附件”，认为是辅助“建筑物体”成型的组织部件，但医疗建筑体系复杂，区别于任何建筑类型，对于建筑色・材来说便有着更高的要求。如曾列举过的“色彩光谱疗法”；针对材质的冷色、暖色、中性色等的科学剖析；“医疗色性”给人身心状态造成的影响等。总之，回顾我们针对“医疗色・材”的分析阐释，结合当下及未来时代趋势，最终可得出结论，即：（1）建筑物的属性与造型；（2）契合智能化医疗空间的结构模式；（3）有效衡量各病种特性；（4）兼具一定程度的治愈功能。

2. 医疗建筑的审美性

由于医疗建筑的特殊性，在建筑设计及医疗活动的过程中，其辨识性、功能性大大高于艺术审美性，甚至人们习惯了印象中医疗机构固有的“美学特征”。而当现代人逐渐意识到，将医疗建筑与人们的审美特性结合，能从一定程度上达成对医疗人性化的追求之时，医疗建筑色・材的趋势预测中便衍生出丰富多彩的医疗空间，如主要体现在专科医院或特定类型的诊疗科室、病患群体等。与此同时，国际性的建筑美学特点及科技智能化的风格也将同步体现在新时代的医疗建筑中，使其在功能认知的基础上也兼具艺术表现能力。目前，一些较发达国家已对医疗建筑审美功能进行实验性操作，而我国也开始一定程度的造型构想，与此同时，近年来，我国已准许外商进行医疗建设产业的投资，这进一步表明医疗建筑注重审美性已是大势所趋。

3. 医疗建筑的节能环保化

目前，追求物质能源的节能、环保是现代都市人提升生活品质的需求之一，同时也是社会文明发展的有力佐证，对医疗建筑也不例外。鉴于其特殊性及智能化趋势的影响，对建筑设计用材、用色的节能性、健康环保力度及智能科技的合理应用等都提出了更高的标准。在医疗建筑现状中我们就曾阐释过，门急诊模块利用建筑色・材与自然环境相联系的设计法则，以解决建筑物人工采光及机械通风等问题，在医疗空间的软装及色彩应用方面等多以植被及倾向自然生命气息强的色系。此外，在趋势预测中我们也曾提到过，外立面模块的未来建构模式也以倡导减少人为设计的干预，以此节约能源；充分进行建筑的立体绿化，以增进绿视率及自然环保理念；使用新型材质及电子智能技术系统，以希达成“节材节能、新材新能”的医疗建筑理念。因此，反观整体医疗建筑发展态势，基本定位于两大点：(1) 循环再生能源设计；(2) 绿植建筑设计预想。

（节材节能 / 新材新能）

(1) 循环再生能源设计

循环再生能源设计，基本包括：a. 再生热系统；b. 高性能立面设计；c. 能源再生电梯；d. 循环再生材料；e. 冷却塔水循环设计；f. 雨水收集系统；g. 蓄冰系统；h. 公共交通站位设计等。综上所列，如能将循环再生能源理念合理应用于（医疗）建筑设计，即可做到科学的“节材节能”。

1 Heat Recovery System 再生热系统

利用排气热能加热冷新风，从而节约制冷能量消耗

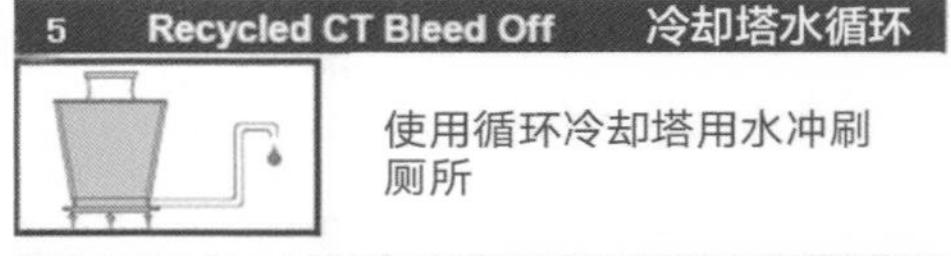

5 Recycled CT Bleed Off 冷却塔水循环

使用循环冷却塔用水冲刷厕所

2 High Performance Facade 高性能立面

良好储热保温系统避免热量流失，从而降低空调制冷造成的能源消耗

6 Rainwater Collection 雨水收集

在裙房屋顶安置雨水收集系统以降低消耗与操作成本

3 Regenerative Lift Drives 能源再生电梯

利用电梯下降重力再生能源，大量节省能源

7 Ice Storage System 蓄冰系统

蓄水系统利用昼夜能源消耗的不同降低能源成本

4 Recycled Materials 循环再生材料

利用循环再生材料降低污染，充分利用有限的能源

8 Public Transportation 公共交通

邻近的地铁与公交车站降低人们对机动车的依赖，改善空气质量

(2) 绿植建筑设计预想

植被设计常被用于各种家饰装修，如果用其进行医疗建筑形式设计，“绿植”也是最佳选择，它可被称为最佳的“天然色材”，不仅满足现代医疗建筑设计及建筑色·材所要求的“安全健康”、“环保绿化”、“节能省材”、“艺术美观”、“科学人性”等标准，更代表了新医疗时代下的“新材新能”理念。虽然，依靠绿植进行（医疗）建筑设计目前尚处于预想状态，但相信，利用现代科技智能技术，配合科学人性化的色·材，打造节能环保、健康时尚的建筑形式，已是未来国际色·材发展的总体趋势，也势必冲击新时代下的医疗建筑领域。

（绿植建筑设计预想）

通篇所述，21 世纪是我国卫生医疗产业迈向国际领域的“新医疗时代”，当下医疗建构模式及医疗建筑色·材所构成的表现趋势等都应与国际先进的建筑设计理念与管理运营模式展开对接，使医疗建筑与医学产业中心结合发展，积极建设具有中国特色的国际化先进医疗机构，这既是医疗建筑的发展趋势，更是社会大众未来所要迎接的挑战。

参考文献 Concluding Remarks

[1] 陈飞虎，彭鹏等．建筑色彩学．北京：中国建筑工业出版社，2006：22-30，32

[2] 王传杰．管窥医疗空间色彩之应用．中国建筑装饰装修，2006，(11)：174-179

[3] 王京红．城市色彩：表述城市精神．北京：中国建筑工业出版社，2013.

[4](英)菲奥纳·麦克拉克伦 (Fiona McLachlan)．专业调色板中的建筑色彩．申思译．北京：电子工业出版社，2016.

[5](德)梅尔文，罗德克，曼克．建筑空间中的色彩与交流．马琴，万志斌译．北京：中国建筑工业出版社，2009.

[6] 沈毅．设计师谈家居色彩搭配．北京：清华大学出版社，2013.

[7] 王广福．建筑立面美化语言：色彩墙．南京：江苏科学技术出版社，2013.

[8] 郭红雨，蔡云楠．城市色彩的规划策略与途径．北京：中国建筑工业出版社，2010.

[9] 吴松涛，常兵．城市色彩规划原理．北京：中国建筑工业出版社，2012.

[10](美)洛伊丝·斯文诺芙 (Lois Swirnoff)．城市色彩：一个国际化视角．屠苏南，黄勇忠译．北京：中国水利水电出版社，2007.

图书在版编目（CIP）数据

中国建筑色·材趋势报告 第一辑 / 建筑色·材趋势研究组编著. -- 北京 : 中国建筑工业出版社, 2017.2
ISBN 978-7-112-20411-3

Ⅰ. ①中… Ⅱ. ①建… Ⅲ. ①建筑色彩－趋势－研究报告－中国②建筑材料－趋势－研究报告－中国 Ⅳ. ①TU115 ②TU5

中国版本图书馆CIP数据核字（2017）第027450号

本书是通过对新中国成立后60多年中国建筑色彩和材料的研究，集成建筑师、室内设计师、色彩专家、材料专家跨领域整合建筑、色彩、材料的相关内容和案例，编著而成的一本研究报告。

本书从住宅建筑、商业建筑、教育建筑和医疗建筑这些建筑的色彩和材料演变中，探讨当代设计和人居环境的重要议题，这是一次多角度、多维度的分析探讨，填补目前建筑设计材料方面的空白，适合建筑师、设计师、建筑及相关专业院校师生等参考阅读。

责任编辑：杨　晓
责任校对：焦　乐　李欣慰

中国建筑色·材趋势报告 第一辑
建筑色·材趋势研究组 编著
*
中国建筑工业出版社出版、发行（北京海淀三里河路9号）
各地新华书店、建筑书店经销
北京顺诚彩色印刷有限公司印刷
*
开本：787×1092毫米　1/16　印张：13　字数：319千字
2017年5月第一版　2017年5月第一次印刷
定价：138.00元
ISBN 978-7-112-20411-3
（29963）
版权所有　翻印必究
如有印装质量问题，可寄本社退换
（邮政编码　100037）